前言

信息技术基础是中等职业技术学校全体学生必须学习的文化基础课程，也是一门重要的技能基础课程。

根据上海市教委教研室2015年修订的《上海市中等职业学校信息技术基础课程标准》(试行稿)，复旦大学出版社组织专家、学者、一线教师在前几版的基础上进行再一次修订。编写了《信息技术基础》(第五版)。

《信息技术基础》(第五版)是以项目和活动为单元编著的，强调项目设计、电子作品制作能力的培养；提倡“多种学习方式”，充分发挥学生的主体作用，提倡自主性、探究性和合作学习；关注培养和提升学生信息技术应用的文化素养；强调“综合评价”。为了促进项目教学的顺利进行，有利于学生的自主学习，有利于课程的考核，有利于教师课堂教学的组织和安排，特组织力量编写与《信息技术基础》(第五版)教材相配套的练习册《信息技术基础实践指导》(第七版)。

《信息技术基础实践指导》(第七版)教材共由3部分内容组成：第一部分习题集，第二部分综合测试，第三部分模拟题及解题分析。第一部分习题集共有31个活动，这些活动与《信息技术基础》(第五版)教材项目对应，活动任务明确，有相对应的素材，有参考操作步骤等。大多数活动是以学习或应用一种软件为主。例如，活动1学习虚拟光驱的安装和使用，活动2学习无线路由器，完成家庭WiFi上网，活动3、4以学习Windows 7的文件管理为主，活动5、6学习信息获取的多种手段和方法，活动7以学习利用互联网搜索信息为主，活动8～11以学习文字处理软件为主，活动12～14以学习多媒体信息处理软件为主，活动15～18以学习演示文稿处理软件为主，活动19～22以学习电子表格处理软件为主，活动23～25以学习思维导图处理软件为主，活动26～28是以学习信息交流处理软件为主，活动29～31以学习应用多种软件实现综合应用为主。

第二部分综合测试共11题。从解决实际问题的角度划分，综合测试题1是利用互联网搜索信息等技术完成个人职业生涯规划书的制定，综合测试题 2、3 利用文字处理技术分别完成艺术节入场券的设计和易班宣传页的设计，综合测试题 4 利用多媒体信息处理技术完成制作“飞向太空的航程”多媒体作品的制作，综合测试题 5～7 利用演示文稿处理技术分别完成宣传“敦煌旅游”演示文稿的设计、中国四大民间神话故事演示文稿的制作、中国世界遗产演示文稿的制作，综合测试题 8、9 利用电子表格处理技术分别完成第二课堂出勤率统计和英语口语成绩统计，综合测试题 10 是利用思维导图处理技术完成组织自驾旅游的思维导图的设计，综合测试题 11 是利用信息交流处理技术完成筹备“回到城隍庙”人文素养综合活动。需要强调的是综合测试题答案仅供参考。解决问题的方案有多种，手段也不尽相同，因此在教学过程中，应注重抓住项目的分析、解决问题的关键等。同时对学生的作品要进行点评，重视过程和方案的评价。

第三部分是模拟试卷及分析。首先介绍劳动局 DEMO 考试环境操作流程，然后给出前 4 套模拟试卷解决问题的步骤，最后给出 8 套模拟试卷，方便学生反复练习。

本教材由来自全国重点中等职业学校一线骨干教师组成的编写组共同完成。编写组成员由单贵、陈玉红、王其冰、吕宇国、郑燕琦、肖诩、谢慧玲、王忠润、谭征等 9 位教师组成。由肖诩担任主编。

由于编写经验不足，难免会有疏漏及不当之处，敬请读者指正批评。

本书所用到的实验素材和部分作品样张放在随书赠送的光盘里。

本书编写组

2015 年 6 月

中等职业学校教材试用本

信息技术基础实践指导

（第七版）

本书编写组　编

復旦大學出版社

内容提要

本书是中等职业学校《信息技术基础》课程的配套上机实验及能力考核指导书，由上海市中、高等职业学校的骨干教师和专家根据上海市教育委员会教学研究室2015年修订的《上海市中等职业学校信息技术基础课程标准》（试行稿）组织编写而成。

全书分为习题集、综合测试、模拟试卷及分析3个部分。第一部分为习题集，共有31个活动。在内容安排与课时安排上与本版《信息技术基础》（第五版）教材相配套；第二部分是综合测试，强调项目设计和综合能力的应用，与信息技术基础教学检查配套；第三部分是模拟试卷及分析，与信息技术基础学业水平考试及计算机操作员五级考证相配套，给出了12套试卷和部分参考答案，并对作品进行部分分析点评。

本书旨在帮助教师解决课程教学中的具体困难，帮助学生顺利通过相关的课程考核，适合学生课堂和课后练习使用。

Contents
目录

1

第一部分　习题集

活动 1　虚拟光驱 …… 3
活动 2　家庭 WiFi 上网 …… 6
活动 3　文件管理 …… 8
活动 4　创建学习小组快盘 …… 10
活动 5　利用书籍和传统媒体了解志愿者服务 …… 14
活动 6　利用信息工具获取制作宣传栏素材 …… 15
活动 7　利用互联网搜索信息,制作服务宣传栏 …… 17
活动 8　文字处理——制作“告家长书” …… 19
活动 9　文字处理——设计上博电子板报 …… 23
活动 10　文字处理——制作课程表 …… 27
活动 11　文字处理——名片制作 …… 30
活动 12　多媒体信息处理——图像和声音素材的获取和处理 …… 31
活动 13　多媒体信息处理——展翅高飞 …… 37
活动 14　多媒体信息处理——动漫欣赏 DVD 的制作 …… 40
活动 15　演示文稿——快速制作一份典型的产品宣传文稿 …… 43
活动 16　演示文稿——创建自由规划的产品宣传文稿 …… 46
活动 17　演示文稿——创建生动的产品宣传文稿 …… 49
活动 18　演示文稿——创建有声有色有个性的产品宣传文稿 …… 52
活动 19　电子表格——班级成绩统计 …… 55
活动 20　电子表格——1 000 米长跑成绩统计表 …… 58
活动 21　电子表格——筛选不及格同学名单、分组统计各门课程的成绩 …… 61
活动 22　电子表格——体育锻炼成绩统计 …… 64
活动 23　制作“完美学习计划”的思维导图 …… 66
活动 24　制作淘宝网开店步骤的思维导图 …… 69

活动 25　制作 Excel 学习总结的思维导图 …………… 72
活动 26　信息交流——QQ 聊天软件的使用 ………… 75
活动 27　信息交流——微信软件的使用 ………… 79
活动 28　信息交流——电子邮件的使用 ………… 81
活动 29　设计“如何制定人生规划”的思维导图 ……… 84
活动 30　制作“如何制定人生规划”的 PPT 讲解稿……… 88
活动 31　网络交流“如何制定人生规划”的 PPT 讲解稿 ………………………………… 90

2

第二部分　综合测试

综合测试 1　制作个人职业生涯规划 ………………… 97
综合测试 2　设计艺术节入场券 …………………… 100
综合测试 3　设计易班宣传页 ……………………… 104
综合测试 4　制作“飞向太空的航程”多媒体作品 …… 109
综合测试 5　宣传“敦煌旅游”演示文稿 …………… 113
综合测试 6　中国四大民间神话故事演示文稿的制作 ……………………………………… 117
综合测试 7　“中国世界遗产”演示文稿的制作 ……… 121
综合测试 8　第二课堂出勤率统计(素材整理、表格设计、格式设置) ……………………… 125
综合测试 9　英语口语成绩统计(函数运用、排序筛选、统计图设计和格式设置) ………………… 128
综合测试 10　制作组织自驾旅游的思维导图 ……… 131
综合测试 11　学校团委筹备“回到城隍庙”人文素养活动 …………………………………… 134

3

第三部分　模拟题及解题分析

劳动局 DEMO 考试环境操作流程 …………………… 145
模拟题 1 及解题分析 ……………………………… 153
模拟题 2 及解题分析 ……………………………… 158
模拟题 3 及解题分析 ……………………………… 162
模拟题 4 及解题分析 ……………………………… 168
模拟题 5 …………………………………………… 173
模拟题 6 …………………………………………… 177
模拟题 7 …………………………………………… 181
模拟题 8 …………………………………………… 184
模拟题 9 …………………………………………… 187
模拟题 10 ………………………………………… 190
模拟题 11 ………………………………………… 193
模拟题 12 ………………………………………… 195

第一部分

习　题　集

活动1　虚拟光驱

一、活动目的

1. 掌握虚拟光驱安装方法。
2. 掌握虚拟光驱使用方法。

二、活动任务

虚拟光驱是一种模拟CD-ROM工作的工具软件，可以生成和电脑上所安装的光驱功能一模一样的虚拟光驱。

网络学习资料多以镜像数据盘形式出现，需要在计算机上安装一款虚拟光驱，并使用该虚拟光驱学习相关内容。

三、参考操作步骤

1. 安装虚拟光驱

(1) 单击"IE浏览器"，进行"百度"搜索，输入一款虚拟光驱软件，如"DAEMON Tools Lite"，并将该软件下载到D盘。

(2) 在D盘中双击虚拟光驱软件文件"DTLite4461-0328.exe"，出现软件安装对话框，如图1-1-1所示。

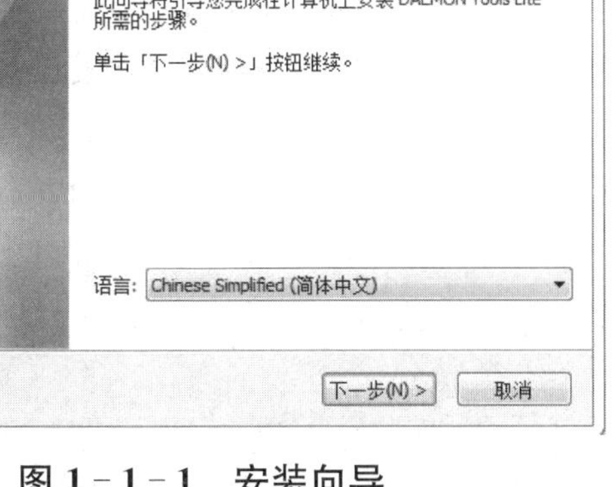

图1-1-1　安装向导

图1-1-2　许可协议

(3) 单击【下一步】按钮，出现"许可协议"对话框，如图1-1-2所示。

(4) 单击【我同意】按钮，出现"许可类型"对话框，如图1-1-3所示。

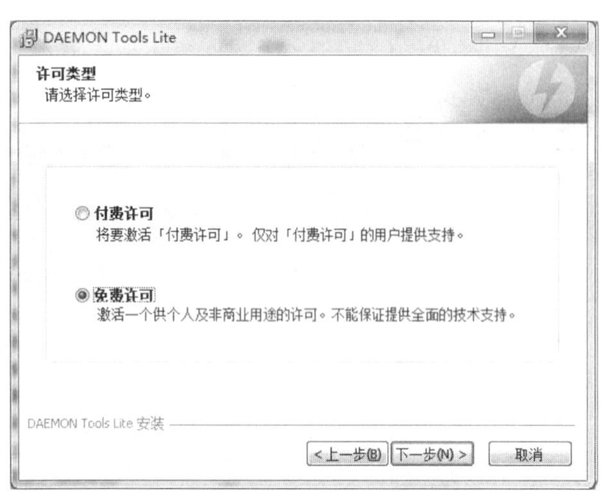

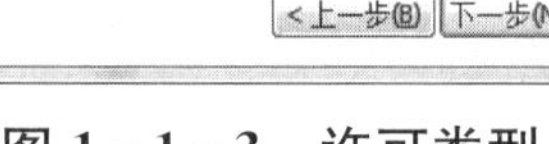

图 1-1-3　许可类型

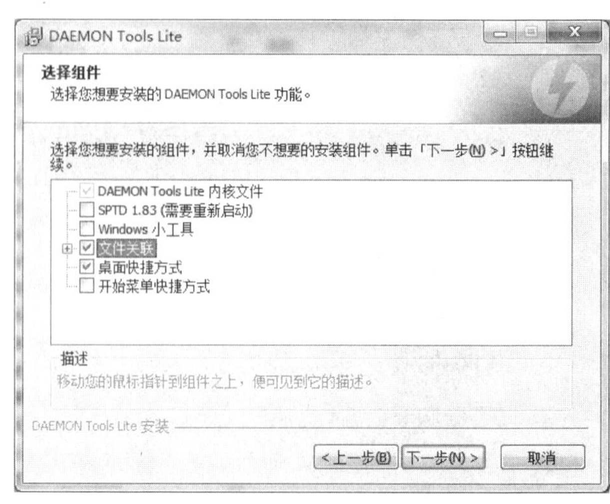

图 1-1-4　选择组件

(5) 选择“免费许可”单选项，然后单击【下一步】按钮，出现“选择组件”对话框，如图 1-1-4 所示。

(6) 选中“文件关联”和“桌面快捷方式”复选框，然后单击【下一步】按钮，出现“隐私设置”对话框，如图 1-1-5 所示。

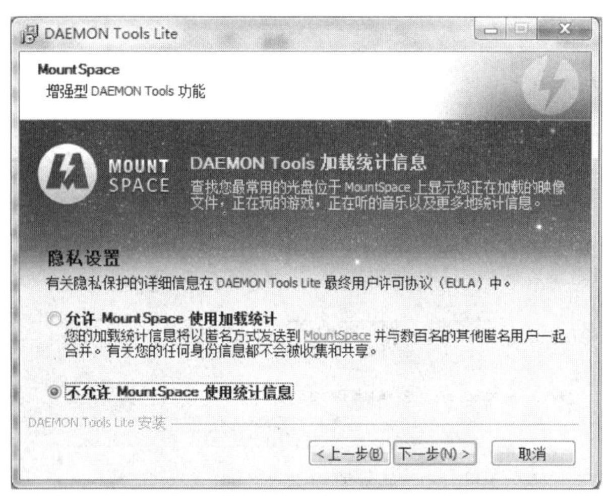

图 1-1-5　隐私设置

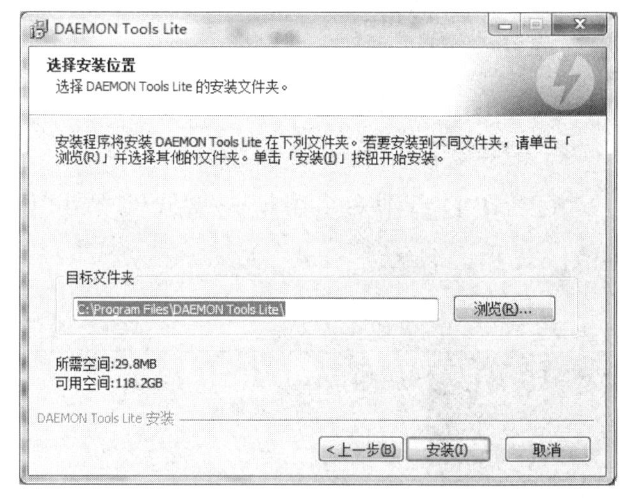

图 1-1-6　选择安装位置

(7) 选择“不允许 Mount Space 使用统计信息”单选项，然后单击【下一步】按钮，出现“选择安装位置”对话框，如图 1-1-6 所示。

(8) 浏览选择安装位置，然后单击【安装】按钮，稍等片刻就会出现“完成”对话框，如图1-1-7 所示，单击【完成】按钮，完成安装。

2. 使用虚拟光驱浏览镜像数据盘内容

(1) 在桌面双击“虚拟光驱”快捷图标，如图 1-1-8 所示。

图 1-1-7　完成安装

图1-1-8　快捷图标

(2) 出现“虚拟光驱操作”对话框，如图 1-1-9 所示。

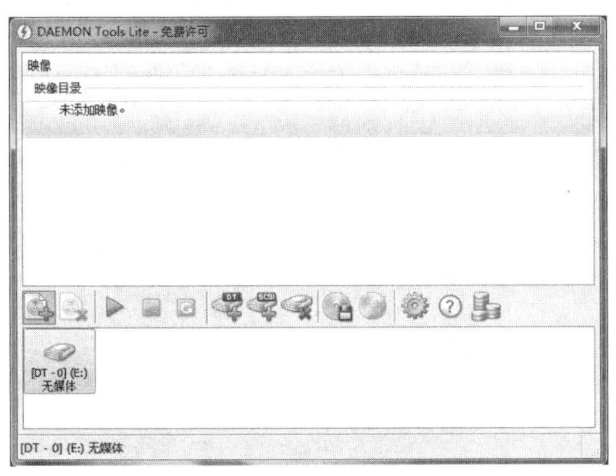

图 1-1-9　虚拟光驱

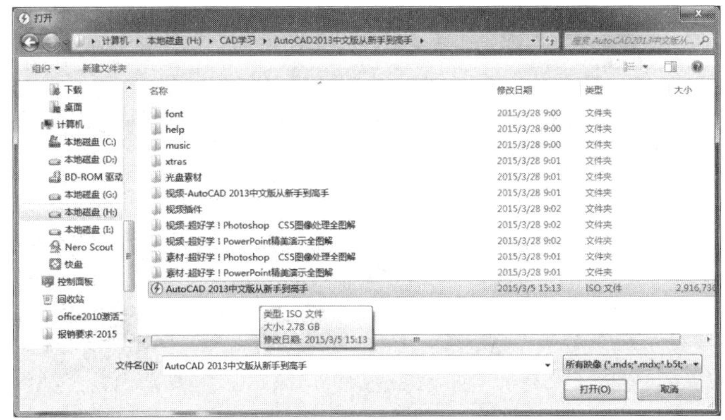

图 1-1-10　“打开”对话框

(3) 单击“添加映像”按钮，出现“打开”对话框，选择要浏览的文件，单击【打开】按钮，如图 1-1-10 所示。

(4) 返回虚拟光驱操作界面，单击“载入”按钮，选择要播放的文件，如图 1-1-11 所示。

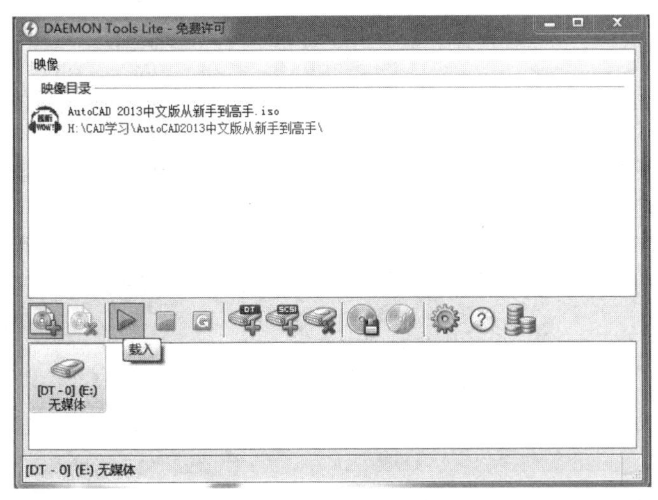

图 1-1-11　载入

图 1-1-12　自动播放

(5) 在出现“自动播放”对话框中，单击“打开文件夹以查看文件”项，如图 1-1-12 所示。

(6) 再打开“我的光盘”,浏览光盘内容,双击“play.exe”文件,如图 1-1-13 所示。

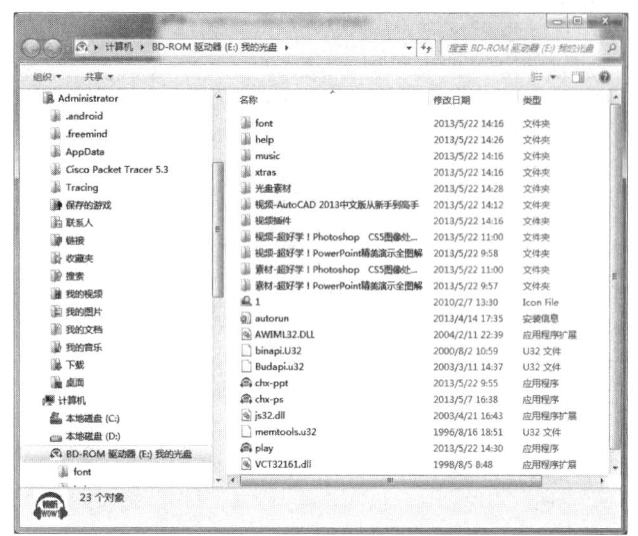

图 1-1-13 浏览光盘

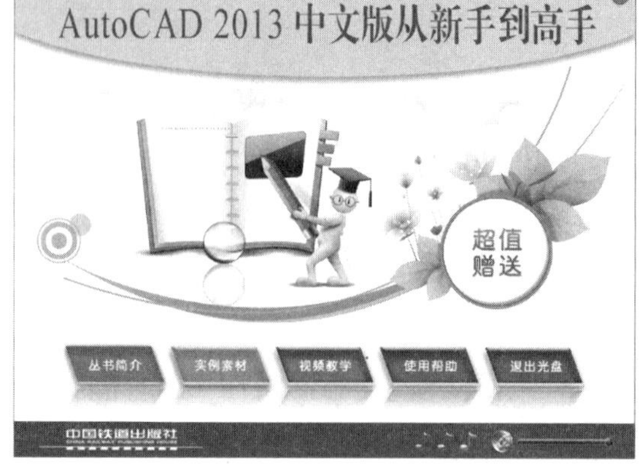

图 1-1-14 光盘学习

(7) 运行光盘,学习相关内容,如图 1-1-14 所示。

活动 2 家庭 WiFi 上网

一、活动目的

1. 掌握无线路由的基本设置方法。
2. 了解无线路由的安全设置。
3. 掌握无线信号查找与连接。

二、活动任务

为充分利用宽带资源,要构建 WiFi 网络环境,方便手机、iPad 等设备上网。现在需要你在自己家里建立 WiFi 无线网络环境。

三、参考操作步骤

1. 无线网络硬件连接

(1) 无线路由器通过 WAN 口与 Modem 连接。

(2) 无线路由器通过 LAN 口与计算机连接。

2. 无线路由器的设置。

(1) 打开网页浏览器,输入 IP 地址 192.168.1.1,输入用户名和密码(Admin)。

(2) 完成登录密码等相应的基本无线网络参数设置。

3. 验证无线网络连接。

(1) 运行 cmd 命令,输入 ipconfig/all 查看 IP 地址分配信息,如图 1-2-1 所示。

```
管理员: C:\Windows\system32\cmd.exe
本地链接 IPv6 地址. . . . . . . . : fe80::3158:b102:a763:f0e%11(首选)
IPv4 地址 . . . . . . . . . . . . : 192.168.5.107(首选)
子网掩码 . . . . . . . . . . . . : 255.255.255.0
获得租约的时间 . . . . . . . . . : 2015年6月8日 23:20:24
租约过期的时间 . . . . . . . . . : 2015年6月12日 23:19:31
默认网关. . . . . . . . . . . . : 192.168.5.1
DHCP 服务器 . . . . . . . . . . . : 192.168.5.1
DHCPv6 IAID . . . . . . . . . . . : 218111970
DHCPv6 客户端 DUID . . . . . . . : 00-01-00-01-18-75-BF-E7-00-23-AE-B4-EE-27

DNS 服务器 . . . . . . . . . . . : 192.168.5.1
TCPIP 上的 NetBIOS . . . . . . . : 已启用
```

图 1-2-1　ipconfig/all 命令

(2) 测试连接,输入 ping 192.168.1.1,如图 1-2-2 所示。数据包丢失率为 0,无线网络连接成功。

```
管理员: C:\Windows\system32\cmd.exe
C:\Users\Administrator>ping 192.168.1.1

正在 Ping 192.168.1.1 具有 32 字节的数据:
来自 192.168.1.1 的回复: 字节=32 时间=3ms TTL=63
来自 192.168.1.1 的回复: 字节=32 时间=1ms TTL=63
来自 192.168.1.1 的回复: 字节=32 时间=2ms TTL=63
来自 192.168.1.1 的回复: 字节=32 时间=1ms TTL=63

192.168.1.1 的 Ping 统计信息:
    数据包: 已发送 = 4, 已接收 = 4, 丢失 = 0 (0% 丢失),
往返行程的估计时间(以毫秒为单位):
    最短 = 1ms, 最长 = 3ms, 平均 = 1ms
```

图 1-2-2　ping 命令

4. 完成设备无线网络连接。

(1) 单击状态栏无线连接标志,如图 1-2-3 所示。

(2) 出现如图 1-2-4 所示界面,单击【连接】按钮。

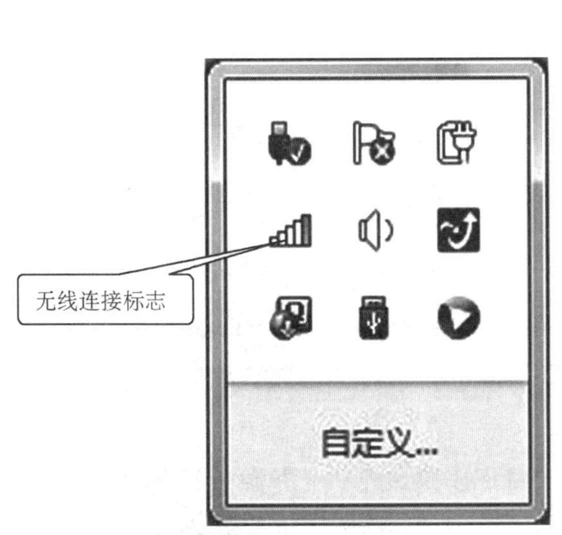

图 1-2-3　无线连接标志

图 1-2-4　无线路由

(3) 在出现如图 1-2-5 所示的对话框中,输入密码,单击【确定】按钮,输入正确则进入连接状态。

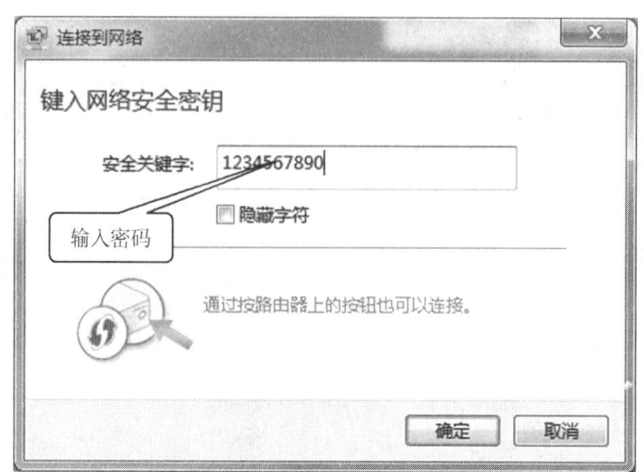

图 1-2-5 网络安全密钥

活动 3 文 件 管 理

一、活动目的

1. 掌握文件夹创建方法。
2. 掌握文件搜索方法和移动方法。
3. 掌握库的使用方法。

二、活动任务

部分数据信息保存在 U 盘中,现在需要你在 U 盘中查找"2015 年公司年度财务预算.docx"文件,并把该文件保存到 D 盘"数据"文件夹中,并把"数据"文件夹包含到"文档"库中。将文件或文件夹添加到库,不是将文件或文件夹复制到库中,而是存放到库中一个访问路径,文件或文件夹在原来的存放位置不动。

三、参考操作步骤

1. 创建"数据"文件夹

(1) 单击"开始"→"所有程序"→"附件"→"Windows 资源管理器"命令。

(2) 在资源管理器中单击 D 盘盘符,在工具栏中单击"新建文件夹"按钮。

(3) 在新建文件夹名称栏中输入"数据",然后单击[Enter]键,完成"数据"文件夹的创建。

2. 将 U 盘中数据文件复制到目标文件夹中

(1) 将存储数据的 U 盘插到计算机的一个 USB 接口上,在资源管理器中单击 U 盘盘符,再在搜索框中输入"2015 年公司年度财务预算",搜索该文件,如图 1-3-1 所示。

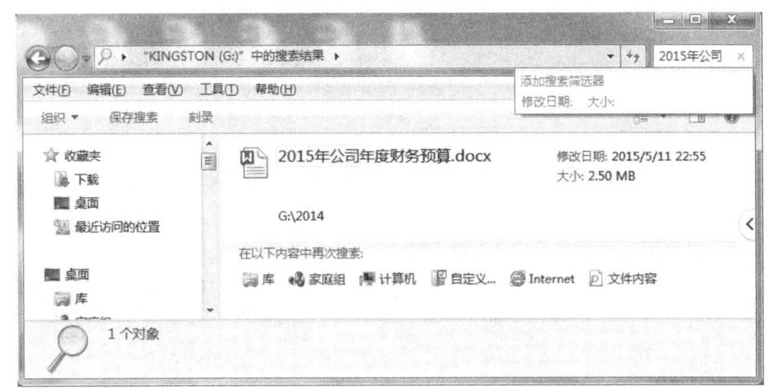

图 1-3-1 搜索文件

(2) 搜索到该文件在 U 盘“2014”文件夹中，在资源管理器中展开 U 盘“2014”文件夹，选中“2015 年公司年度财务预算. docx”文件。

(3) 单击工具栏中“组织”按钮下拉箭头，在出现对话框中单击“复制”命令，如图 1-3-2 所示。

(4) 在资源管理器中，展开 D 盘“数据”文件夹，单击“组织”中的“粘贴”命令，完成数据文件复制。

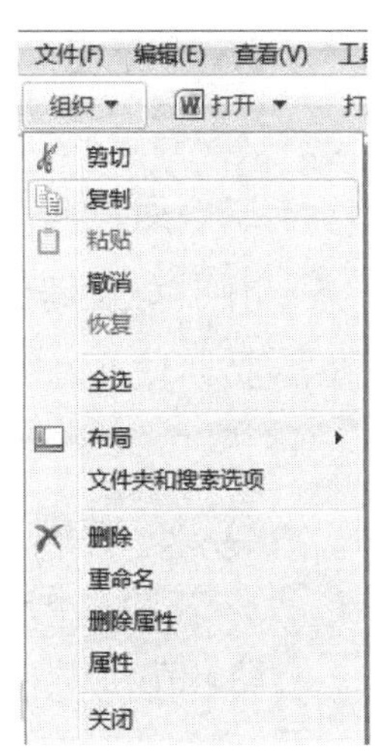

图 1-3-2 复制文件

3. 将“数据”文件夹包含到“文档”库中

(1) 在资源管理器中，展开 D 盘，选中“数据”文件夹，单击工具栏中的“包含到库中”右侧下拉箭头，在弹出的快捷菜单中单击“文档”按钮，如图 1-3-3 所示。

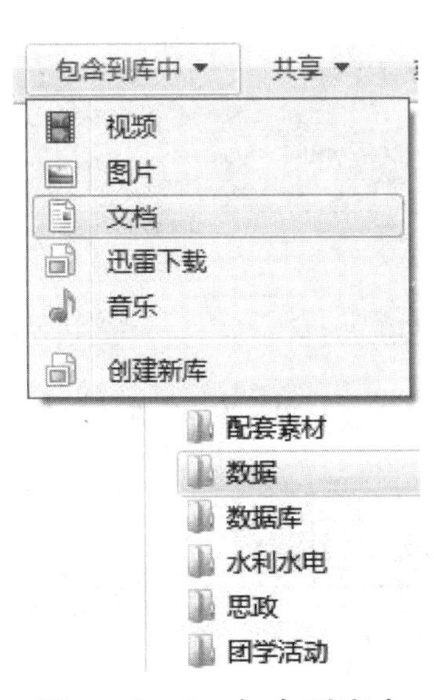

图 1-3-3 包含到库中

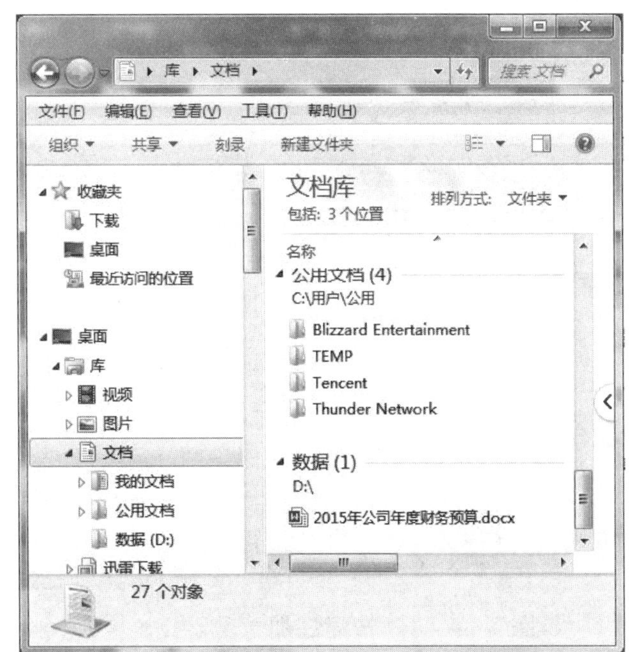

图 1-3-4 文档库

(2) 完成操作后，将“文档”库与“数据”文件夹相互关联，在两个地方操作实现同步。在资源管理器中，展开“文档”库，可以看到“数据”文件夹已含到其中了，如图 1-3-4 所示。

活动 4 创建学习小组快盘

一、活动目的

1. 掌握快盘的注册方法。

2. 掌握快盘协作设置的方法。

二、活动任务

由于专业课的学习大多以小组项目形式完成,小组成员之间要经常保持有效的沟通。现在需要你使用小组快盘,保证组员之间实现网络沟通。

三、参考操作步骤

1. 快盘账号注册

(1) 在浏览器地址栏输入 www. kuaipan. cn,打开界面后点击【免费注册】按钮,如图 1-4-1 所示。

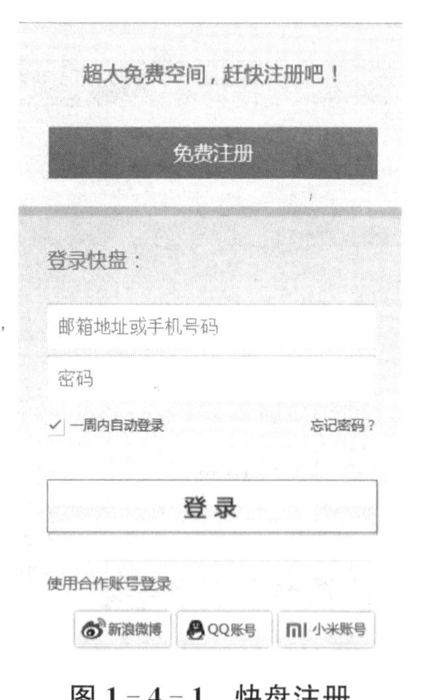

图 1-4-1 快盘注册

图 1-4-2 注册页面

(2) 出现注册界面后,点击"邮箱注册"选项卡,在邮箱地址栏输入常用邮箱,然后输入密码,再输入密码确认。根据图片的字母输入验证码后,点击【立即注册】按钮,如图 1-4-2 所示。

(3) 页面上方会出现注册的账号,表示已经登录。单击页面下方的【云 U 盘下载】按钮,进行云 U 盘下载,如图 1-4-3 所示。

图 1-4-3　云 U 盘下载页面

（4）进入快盘的平台选择页面后，选择“快盘(同步版)”选项，然后单击下方的【立即下载】按钮，如图 1-4-4 所示。

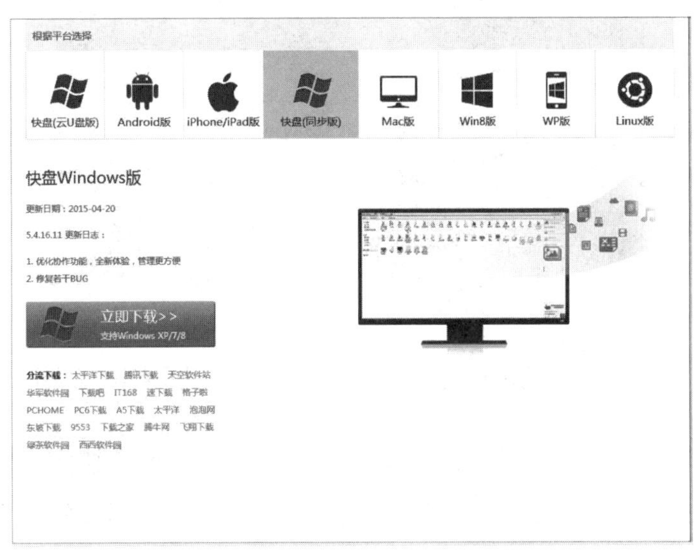

图 1-4-4　快盘的平台选择页面

（5）浏览器弹出下载界面后，点击【浏览】设置下载路径，在新建下载任务对话框中，单击【下载】按钮，该软件将下载到设置的路径。下载完毕后，对应的路径会出现绿色的快盘图标，即为快盘软件。双击【快速安装】按钮，该软件开始安装，如图 1-4-5 所示，完成安装，开始体验界面如图 1-4-6 所示。

图 1-4-5　快盘安装界面

图 1-4-6　快盘安装完毕开始体验界面

图 1-4-7 快捷图标

(6) 安装结束后,出现快盘重启生效对话框,单击【是】按钮,重启计算机使快盘组件生效。双击桌面启动快盘快捷图标,如图 1-4-7 所示,启动快盘程序,输入注册的邮箱账号和密码,然后单击【登录】按钮。进入快盘后,可以如本地磁盘一样使用。

2. 快盘同步使用

告诉学习小组所有成员快盘登录账号与密码,学习小组的成员可以在任何地方上网访问快盘空间。通过设置,也可以实现有针对性的协作关系。

(1) 首次登录会出现以下界面,生成快盘文件夹(此处会在 D 盘下自动生成名为"快盘"文件夹),如图 1-4-8 所示,单击【下一步】按钮。

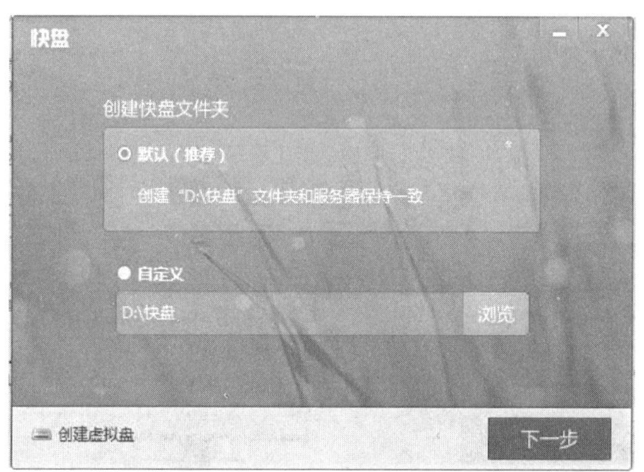

图 1-4-8 创建快盘文件夹

(2) 进入快盘设置锁定密码界面,选择"是否对上一步设置的快盘文件夹加密",如果选择加密需输入 2 遍密码。这里选择【是】单选按钮,然后单击【下一步】按钮,如图 1-4-9 所示。

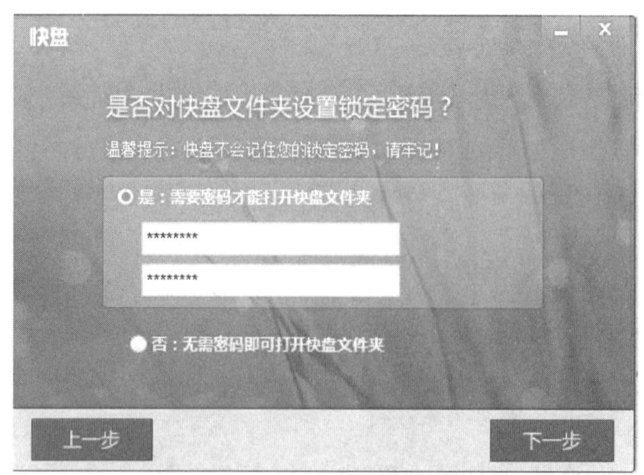

图 1-4-9 设置快盘文件夹锁定密码界面

(3) 进入登录界面,如图 1-4-10 所示。

(4) 在登录快盘后的界面中,单击"我的协作"按钮。创建用于不同账户间共享文件使用的文件夹,如图 1-4-11 所示。

图 1－4－10　快盘登录界面

图 1－4－11　协作文件夹

(5) 通过点击“我的协作”把小组成员的账号连接起来，如图 1－4－12 所示。

图 1－4－12　添加成员对话框

(6) 同步小组长的文件夹后，小组成员的账号内会出现组长设置的协作文件内容，如图 1－4－13 所示。小组成员放到协作文件夹以自己名字命名的文件夹里，快盘会自动同步到关

图 1－4－13　同步协作互通

联账户的文件夹下,从而实现有针对性的工作协作,如图 1-4-14 所示。协作成员之间可以实现用不同的账号登录访问相同文件夹中文件。

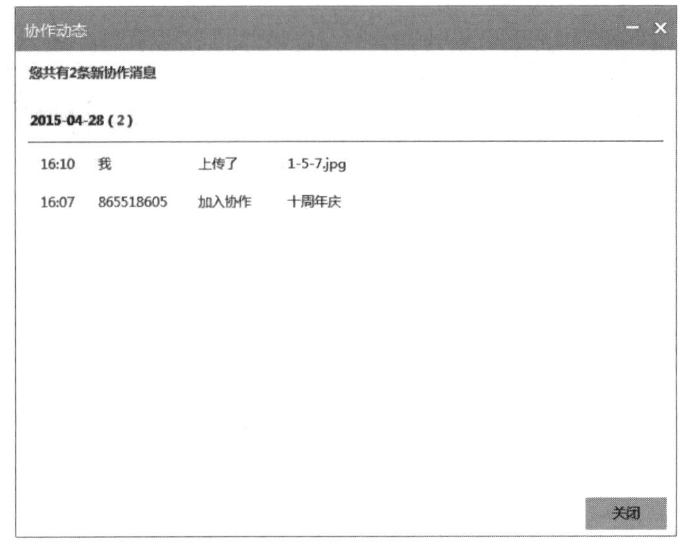

图 1-4-14 协作动态界面

活动 5 利用书籍和传统媒体了解志愿者服务

一、活动目的

1. 知道信息获取的一般步骤,能够规划信息获取的具体方案。
2. 学会利用书籍和传统媒体获取信息。

二、活动任务

志愿服务是一项高尚的工作。志愿者所体现和倡导的"奉献、友爱、互助、进步"的精神,是中华民族助人为乐的传统美德和雷锋精神的继承、创新和发展。学生可以尝试体验各种志愿者服务工作,如机场志愿者、社区志愿者、环保志愿者等。本活动,让我们体验做一次地铁志愿者活动,并制作地铁志愿者服务宣传栏。前期准备工作具体要求如下:

到学校图书馆,查阅相关书籍或者杂志,或者实地考察,了解志愿者服务工作及价值,不同领域志愿者的服务内容,对志愿者的素质和能力要求,以及所需要做的准备工作,以便更好地完成地铁志愿者服务。

三、参考操作步骤

1. 通过传统书籍或者杂志获取志愿者服务信息

做好志愿者服务工作,需要提前做好准备。先要对志愿者服务工作有所了解。有很多关于志愿者的相关书籍和杂志,请你到学校图书馆,找到和志愿者活动有关的书或者杂志,如

《雷锋精神与志愿者行动》《志愿者礼节》等，了解志愿者服务的价值意义，做好志愿者活动对志愿者本人素质、能力等方面有哪些要求，如何根据自己的兴趣、个性和能力选择志愿服务方式，志愿者服务的突发事件处理，做好志愿者服务工作的技巧等方面内容，为本次志愿者活动做好准备。

2. 通过传统媒体获取地铁志愿者的相关信息

如果关于如何做好地铁志愿者工作的书籍不多，可以通过其他途径间接获取这些信息，例如，相关杂志、广播电视、影视资料、与人沟通等多种途径，根据具体志愿者服务活动的内容选择合适的获取信息的方式。

活动6 利用信息工具获取制作宣传栏素材

一、活动目的

1. 掌握常用信息工具获取信息的基本操作方法。
2. 能够正确、合理地选择信息工具获取信息。
3. 能够将信息工具的数据备份到电脑。

二、活动任务

地铁志愿者服务的内容很多，包括向乘客宣传文明乘车理念，提醒乘客注意安全，提示地铁和公交的换乘信息，提醒乘客保管自身贵重安全，路面交通引导、缓堵保畅等。为了使服务更有针对性，并结合自己的个性、兴趣和能力特点选择服务内容，可以到地铁站实地考察，了解市民在乘坐地铁的过程中一般会遇到哪些困难，为确定志愿者服务内容及要制作的地铁志愿者服务宣传栏内容积累素材，并将这些素材利用信息技术工具（拍照、摄像、录音、扫描仪等工具）记录、拍摄或者录音，导入、保存到电脑中，为后续制作服务宣传栏所用。具体要求如下：

1. 明确信息需求，思考所需的素材及其获取方式。
2. 根据志愿者服务活动内容及所要制作地铁服务宣传栏的内容，使用适合的信息技术工具获取所需要的信息。
3. 将所获取的素材导入到电脑。

三、参考操作步骤

1. 明确信息需求，思考所需的信息及其获取方式

做好地铁志愿者服务工作，之前要先了解市民在乘坐地铁过程中所需提供的服务内容，可以先到地铁站实地调查，观察乘客的一般需求，这样就能根据乘客的需求有针对性地准备服务内容，为乘客制作有意义的服务宣传栏。可以参照表格 1-6-1 思考所要获取的信息及

获取方式。

表 1-6-1　地铁志愿者服务需求的获取

乘客需求信息	获取方式与方法
附近换乘交通	通过拍照或者其他途径获取附近交通信息
自动购票机的使用	拍摄购买的具体操作
……	……

2. 利用信息技术工具获取所需要的信息

在明确所需要获取的信息基础上，利用各种信息技术获取信息。

(1) 使用数码相机或者具有拍照功能的手机拍摄所需要的照片使用数码相机或者具有拍照功能的手机，在高峰时段对乘客排队、配合工作人员安检等文明乘车行为拍照，作为宣传栏的素材。

很多乘客在乘车过程中会寻找地铁出口及周边公交等，可以拍摄周边公交线路的照片信息；很多外地游客，不清楚验票闸机的具体使用，可以拍摄正确使用操作的照片。手机拍照的“相机”软件如图 1-6-1 和 1-6-2 所示。

还可以在“应用商店”(IOS 的“App Store”)中搜索关键字“照相”，利用第三方照相应用，比自带的照相程序功能更丰富，如图 1-6-3 所示。

图 1-6-1　相机软件

图 1-6-2　拍照软件的使用

图 1-6-3　应用商店软件

要取得较好的拍摄效果，还要学会一些简单的拍摄技巧，如曝光要准确，在光线充足的情况下能拍摄效果好的照片；合理构图，将事物和人在画面框架里安排好，画片要有层次，要充分考虑前景、中景、背景与被摄主体的主从关系；寻找不同的拍摄角度来打破画面的单一性，正面、侧面、平视、仰视等多视角尝试。

(2) 使用 DV 机或者具有摄像功能的手机进行录像　针对乘客遇到的常见问题，如自动售票机的使用等，可以使用 DV 机或者具有摄像功能的手机录像，为乘客乘车购票提供指导。要根据主题的需要，确定录像的内容并具体操作。

手机摄像的具体操作方法如图 1－6－2 所示，点击上面的拍摄/摄像功能切换键，如图 1－6－4 所示，点击录像按钮录像，再次点击结束录像，录像后的视频保存在手机中。

3. 将利用信息技术工具所获取的素材导入电脑中。

(1) 准备好与信息获取设计匹配的数据线，将设备与电脑相连。

(2) 在电脑“我的桌面”上新建“地铁志愿者服务活动”文件夹，将所获取的素材导入到电脑中刚才所建立的“地铁志愿者服务活动”文件夹中。

图 1－6－4　录像功能界面

活动 7　利用互联网搜索信息，制作服务宣传栏

一、活动目的

1. 熟练使用搜索技巧获取图片、文字等信息。
2. 学会保存因特网上的各种信息。
3. 掌握信息评价、筛选技能。

二、活动任务

还可以利用互联网搜索一些关于地铁志愿者服务的相关信息，精心设计宣传栏的内容，更好地体现服务宣传栏对市民的服务作用。根据获取的信息，设计宣传栏的版面结构和内容，利用 Word 软件(可以选择其他软件)制作服务宣传栏。

具体要求：

1. 利用互联网搜索有关地铁志愿者服务内容的信息。
2. 将搜索结果保存到电脑中。
3. 利用所获取的素材制作地铁服务宣传栏。

三、参考操作步骤

1. 利用互联网获取更多关于地铁志愿者的相关信息

为使地铁志愿者服务宣传栏尽可能满足市民需求，可以利用互联网获取更为丰富的关于地铁志愿者的内容。

(1) 打开浏览器，在 IE 的地址栏中输入“www.baidu.com”，在百度的搜索输入框中输入

“地铁志愿者服务”，如图 1－7－1 所示。

图 1－7－1　使用百度搜索地铁志愿者相关信息

可以变换其他关键字获取更为准确、满足所需内容的结果，如使用关键字“地铁志愿者服务内容”“如何做好地铁志愿者服务”“地铁志愿者心得”等。

(2) 点击图 1－7－1 的“图片”，可以搜索得到关于地铁志愿者服务的图片信息，如图 1－7－2 所示。

图 1－7－2　图片搜索结果

通过百度“相关搜索”提供的和所输入搜索相似的一系列查询词，可以获取更多与主题相关的内容。

2. 将搜索结果保存到电脑中

(1) 文字信息的保存　打开具有文本的网页，选择所需要保存的文字，单击鼠标右键，在弹出的菜单中选择“复制”，如图 1－7－3 所示。

新建 Word 文档，并打开。空白处单击右键，在粘贴选项中选择 A ，如图 1－7－4 所示。保存结果如图 1－7－5 所示。

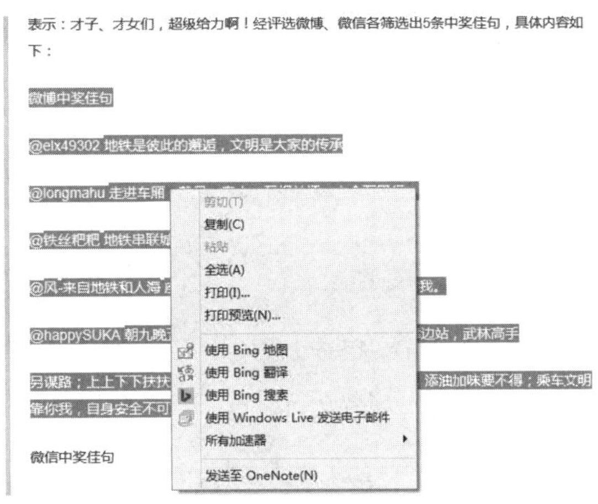

图 1-7-3　网页中文字信息的保存

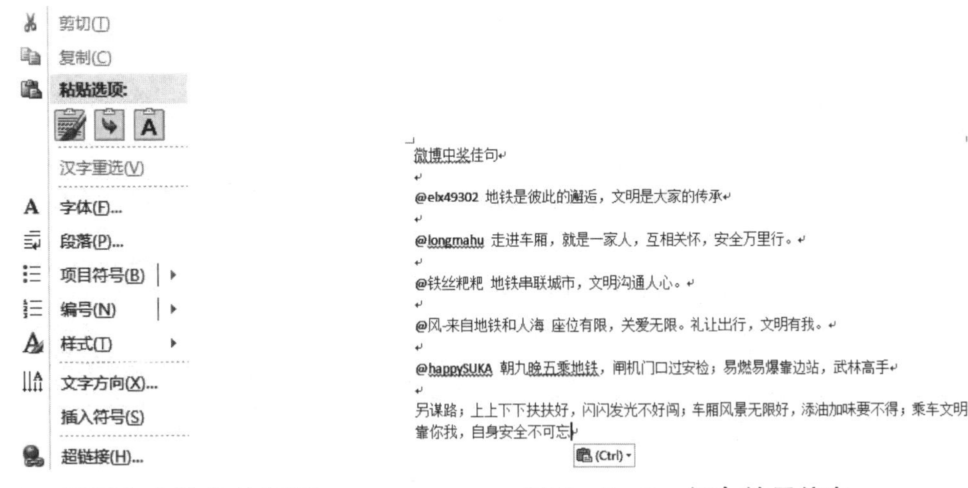

图 1-7-4　网页文本信息的复制　　　　图 1-7-5　保存结果信息

(2) 图片信息的保存　在所需保存的图片上单击鼠标右键，在弹出的快捷菜单中执行“图片另存为(S)”命令，在“保存图片”对话框中，选择适当的位置和文件名，单击【保存】按钮，可将图片保存下来。

3. 利用所获取的素材制作地铁服务宣传栏

(1) 确定宣传栏的标题，设计版面结构和内容

(2) 在 Word(也可以使用其他软件)中利用文本框，进行版面设计，并复制内容到 Word 中。美化和编辑复制的文字和图片，调整文本框位置、图片和文字混排效果、设置字体及大小等，结合主题内容对宣传栏进行个性化的编辑操作。

活动 8　文字处理——制作“告家长书”

一、活动目的

1. 掌握文字录入方法。

2. 掌握文字格式设置方法。

3. 掌握段落格式设置方法。

4. 掌握艺术字的插入与设置方法。

5. 掌握图形绘制方法与设置方法。

二、活动任务

国庆节即将来临,上海电信学校为告知学生家长学校“国庆”假期安排及对学生的相关要求,特印发了“告家长书”发给每位家长。“告家长书”的效果如图 1-8-1 所示。

告 家 长 书

尊敬的学生家长:

“国庆节”即将到来,为了帮助孩子调节身心,度过一个健康、愉快、安全、有收获的假期。根据国务院要求,结合我校实际,现将我校放假安排告知您,请您做好安排:

1. 10 月 1 日——10 月 7 日放假、休息。

2. 10 月 8 日开始正常上课。

3. 假期要求:

(1) 积极支持上海城市文明建设,争做文明市民。

(2) 合理安排假期学习、生活、娱乐、锻炼的时间。

(3) 关心国家大事,要养成天天看报纸或收听新闻习惯。

(4) 要用中学生行为规范约束自己,在外遵守社会公德,遵守国家法律;在家尊敬父母,做力所能及的家务。

(5) 不进营业性舞厅、卡拉 OK、酒吧等娱乐场所;不进游戏机房和网吧。

(6) 重视安全,外出遵守交通规则,不到危险区域活动,注意饮食卫生。

上海电信学校

2015.9.25

图 1-8-1 活动 8 效果图

三、参考操作步骤

(1) 打开 Word 2010,新建一个空白文档,输入“告家长书”,录入速度应达到汉字 20 字/分钟。样张参加“告家长书”文档。

(2) 按[Ctrl]+[A]组合键,选中整篇文档,在“开始”选项卡的“字体”工具组中,单击“字号”下拉列表框,选择“四号”。

(3) 选中标题“告家长书”,单击鼠标右键,在“开始”选项卡的“字体”工具组中,单击右下角的“字体对话框启动器”,在弹出的“字体”对话框中选择“字体”选项卡,设置字体为楷体,字形加粗,字号一号;单击“高级”选项卡,设置间距加宽,磅值 10,如图 1-8-2 所示;单击【确定】按钮。再单击“段落”工具组中的“居中”按钮。

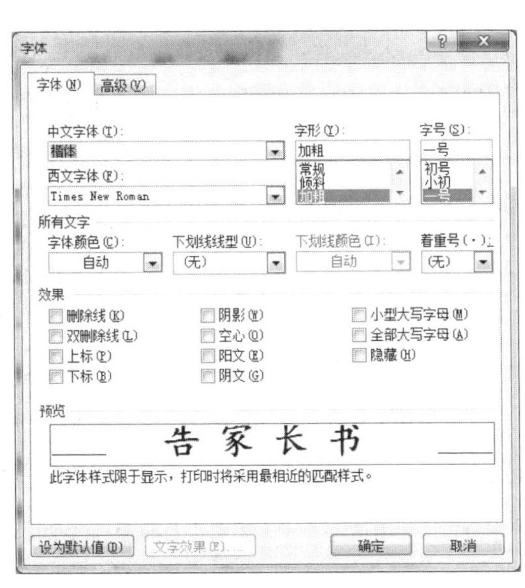

图 1-8-2　设置字体

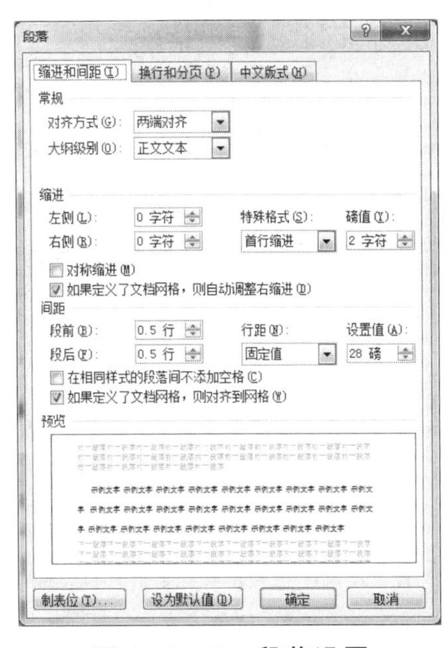

图 1-8-3　段落设置

(4) 选中从“国庆节即将到来”到“请您做好安排:”之间的文本内容，单击“段落”工具组右下角的“段落对话框启动器”　。在弹出的“段落”对话框中单击“缩进和间距”选项卡，单击“特殊格式”下拉列表框，选择“首行缩进”2 字符；行距：固定值、28 磅；段前距：0.5 行；段后距：0.5 行，如图 1-8-3 所示。单击【确定】按钮。

(5) 选中“10 月 1 日”到“假期要求:”3 段，单击“段落”工具组中编号按钮　右边的下拉箭头，在弹出的“编号库”对话框中单击第一行第二个编码格式，如图 1-8-4 所示。单击“增加缩进量”按钮　，调整合适的缩进量。

(6) 选中“积极支持”到“重视安全”6 个段落，单击鼠标右键，在快捷菜单中选择“编号”命令中第一行第三个；同样步骤选择“定义新编号格式”命令，弹出“定义新编号格式”对话框，如图 1-8-5 所示。在“编号格式”中“1”后面输入“)”，选择对齐方式为“居中”，单击【确定】按钮。单击“增加缩进量”按钮　，调整合适的缩进量。

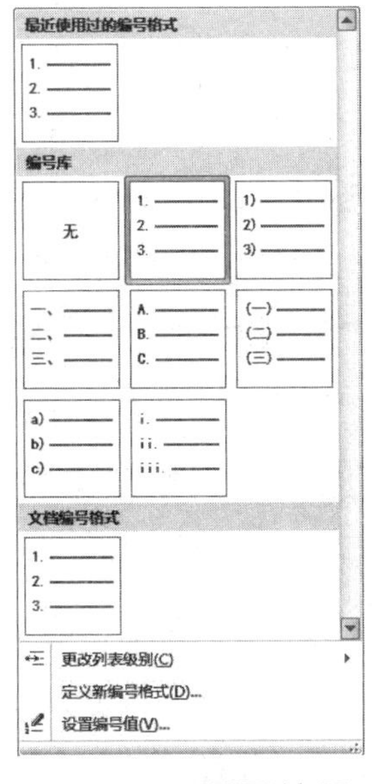

1-8-4　项目编号

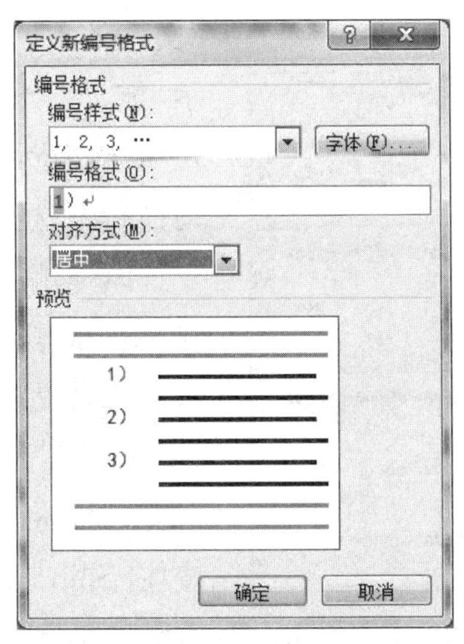

1-8-5　定义编号格式

(7) 光标移到“上海电信学校”段首,单击[Enter]键在该段上面生成一个空行。单击鼠标右键,选择“字体”命令,在弹出的“字体”对话框中选中“字体”选项卡,设置字体为楷体,字形加粗,字号为二号,单击【确定】按钮;单击鼠标右键,选择“段落”命令,在弹出的“段落”对话框中单击“缩进和间距”选项卡,在“缩进”选项区中设置“左侧”为 24 字符,如图 1-8-3 所示,单击【确定】按钮。

(8) 选中“2015.9.25”,设置字体为二号,段落左侧缩进为 24 字符,如图 1-8-3,单击【确定】按钮。

(9) 单击“插入”选项卡,在“插图”工具组中单击“形状”按钮,选择“椭圆”命令,按住[Shift]键在文档下部画一个正圆,在圆上单击鼠标右键,选择“设置形状格式”命令。在弹出的“设置形状格式”对话框中设置填充为“无填充”,线条颜色为“实线、红色”、线型宽度为 1.5 磅,如图 1-8-6 所示。在圆上单击鼠标右键,选择“其他布局选项”命令,在弹出的“布局”对话框中单击“大小”选项卡,设置高度和宽度均为 4 厘米,如图 1-8-7 所示,单击【确定】按钮。

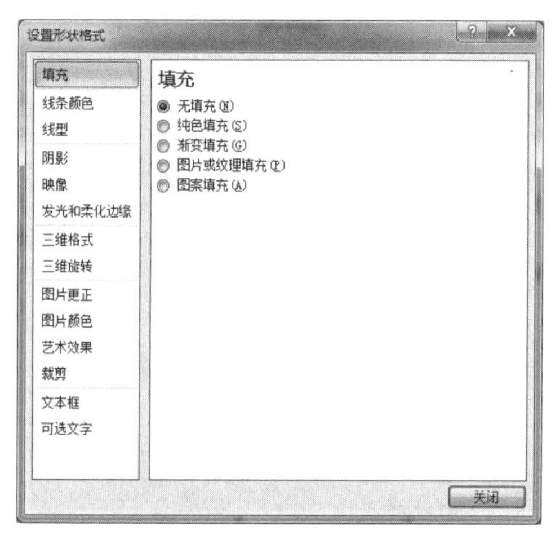

图 1-8-6 设置形状格式

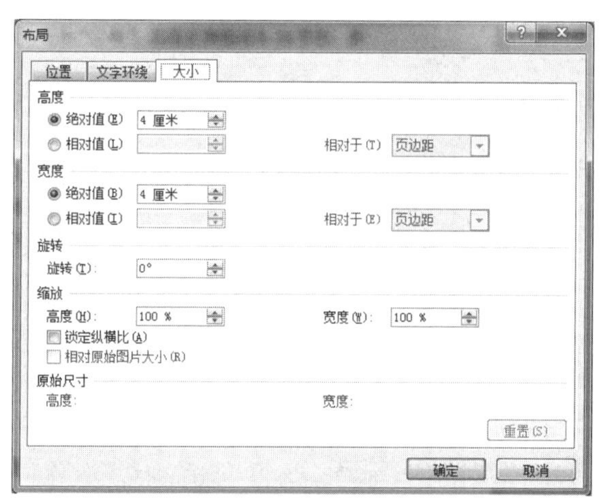

图 1-8-7 设置形状大小

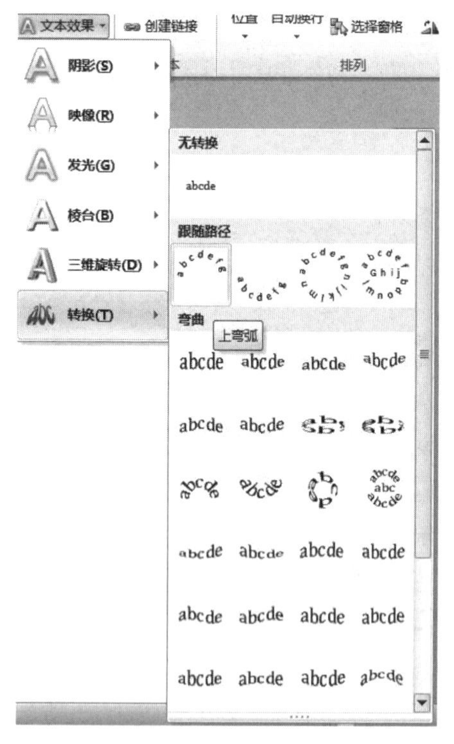

图 1-8-8 选择艺术字形状

(10) 单击“插入”选项卡,在“文本”工具组中单击“艺术字”按钮,选择第三行第三列的艺术字,输入“上海电信学校”,设置字体为“楷体”。在“格式”选项卡“艺术字样式”工具组中设置“文本填充”“文本轮廓”均为红色;单击“文本效果”,在“转换”中选择“上弯弧”,如图 1-8-8 所示,拖动控制点和紫色的圆弧点,使艺术字达到如图 1-8-1 所示效果。选中艺术字,单击鼠标右键,单击“自动换行”,选择其文字环绕方式为“衬于文字下方”。

(11) 单击“插入”选项卡“插图”工具组的“形状”按钮,在“星与旗帜”中选择“五角星”图形,在圆的中心画一个五角星。设置“五角星”的高度和宽度均为 1.2 厘米,设置其“填充颜色”和“线条颜色”均为红色。

(12) 将艺术字“上海电信学校”移到圆的合适位置,按住[Shift]键,分别选中圆、艺术字和五角星,单击鼠标右键,选择“组合”中的“组合”命令,完成学校公章的制作。

(13) 移动公章到“上海电信学校”和“2015 年 9 月 25 日”两段文字上方，在公章上单击鼠标右键，选择“自动换行”，将其文字环绕方式设置为“衬于文字下方”。

(14) 单击“文件”→另存为”命令，在弹出的“另存为”对话框中，选择保存位置及类型，输入文件名，如图 1 - 8 - 9 所示，单击【保存】按钮保存文档。

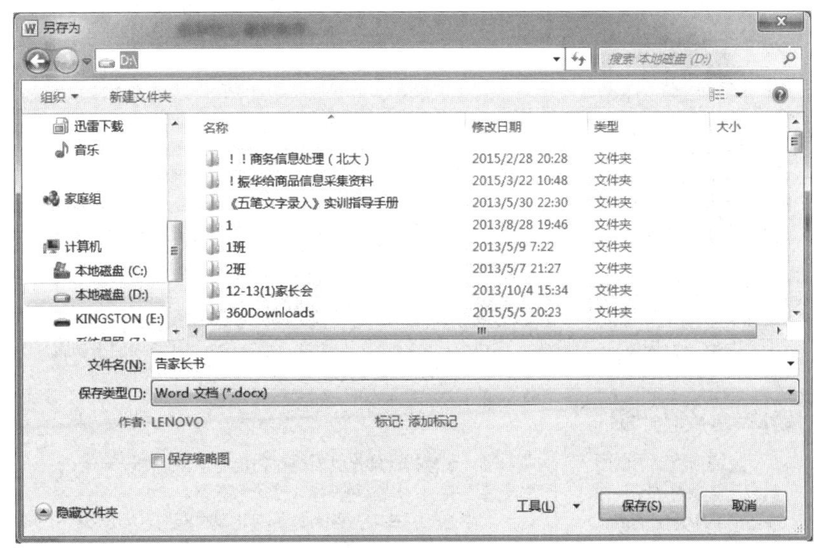

1 - 8 - 9 保存文件

活动 9 文字处理——设计上博电子板报

一、活动目的

1. 掌握图文混排的方法。

2. 掌握文档页面设置操作。

二、活动任务

作为一流的综合性艺术博物馆，多年来，上海博物馆以其收藏的大量精美的艺术文物而享誉国内外。上海博物馆是爱国主义教育基地，是精神文明建设的窗口。为了宣传上博，要求制作一份关于上博的电子板报。“上博电子板报”的效果图如图 1 - 9 - 1 所示。

三、参考操作步骤

(1) 打开素材中“上博. doc”文档，发现文档中有一些空格要删除，使用替换方式完成。选中一个空格并按[Ctrl]+[C]复制空格，点击“开始”选项卡，在“编辑”工具组单击“替换”命令。在出现的“查找和替换”对话框中单击“替换”选项卡，在查找内容栏中按[Ctrl]+[V]粘

欢迎参观上海博物馆

上海博物馆

上海博物馆是一座大型的中国古代艺术博物馆。馆藏珍贵文物十二万件，包括：青铜器、陶瓷器、书法、绘画、玉牙器、竹木漆器、雕塑、玺印、钱币、少数民族工艺等等二十一个门类。其中青铜器、陶瓷器、书画为馆藏三大特色。

关于上博的一些小常识

上博的外型为什么是这样的？——上博新馆的外观具有汉代的建筑风格，由方体基座与圆形出挑组合起来，具有中国古代"天远地方"的寓意。

这些姓名代表什么？——上博的各个展览厅一般都以该厅装潢的赞助者命名，如邵逸夫绘画馆、何鸿卿玉器馆等。另外，在南门大厅的大理石墙上，还有为筹建上博新馆慷慨解囊的人士的姓名。上博新馆总投资的百分之十五左右，即约八千五百万元左右资金在海内外募集。

参观讲解是免费的吗？——当然是免费的。您可以在来参观前预先来电登记，预约讲解一般对团体观众服务。另外在展厅中也有我们的当值讲解员，会根据您的要求为您讲解服务。

南广场雕塑介绍

上海博物馆南面两侧的八件雕塑是以几百件石刻品中选出的汉、魏晋南北朝、隋唐时期的八件石刻为仿制模型，加以放大。其中一件天禄，一件辟邪，六件石狮。天禄和辟邪是以石狮作为仿制原型，加以神化而塑造出来的。双角为天禄，独角为辟邪。

六件石狮的其中二件为魏晋南北朝时期的石狮，头较小，腹部较细，胸部不太突出，展现了魏晋南北朝时期以瘦为美的艺术特征。四件为隋唐时期的石狮。唐代石狮头较大，胸部发达，腹部较粗壮，四肢肌肉发达，体现了唐代以胖为美的艺术风格。

2015 年 5 月 13 日星期三

图 1-9-1　活动 9 效果图

贴空格。鼠标在"替换为"栏中单击，单击【全部替换】按钮，弹出完成替换的消息框后，点击【确定】按钮，完成删除空格操作。

(2) 选中标题"上海博物馆"，在"字体"工具组设置：字体为楷体，字号为一号，单击"加粗"按钮；在"段落"工具组中单击"居中"按钮。

(3) 选中小标题"关于上博的一些小常识"，在"字体"工具组设置：黑体、小三号。单击"剪切板"工具组"格式刷"按钮，刷过另一个小标题"南广场雕塑介绍"。

(4) 选中第一段首字"上"，单击"插入"选项卡"文本"工具组的"首字下沉"按钮，单击"首字下沉选项"，弹出"首字下沉"对话框，如图 1-9-2 所示。

(5) 在"首字下沉"对话框中，位置选"下沉"，字体为宋体，下沉行数为 2，据正文 0 厘米，单击【确定】按钮。

(6) 光标移至第一段尾，单击"插入"选项卡"插图"工具组中"图片"按钮，在出现的"插入图片"对话框中，选择要插入的图片"鼎. bmp"，单击【插入】按钮，将图片插入到文档中。

(7) 右击图片，选择"设置图片格式"命令，在出现的"设置图片格式"对话框中，单击"版式"选项卡，环绕方式选中"紧密型"，如图 1-9-3 所示。

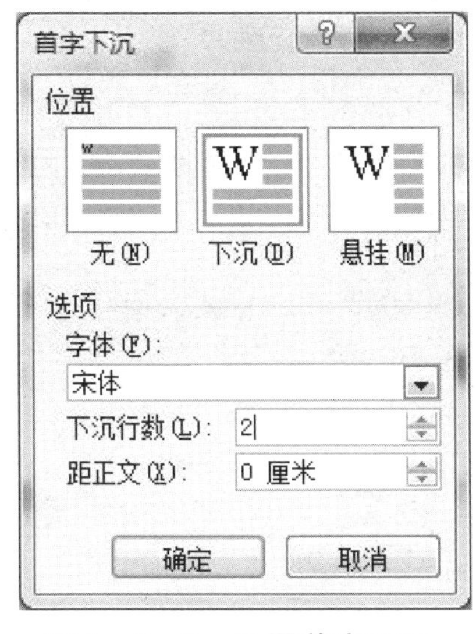

图 1-9-2　设置首字下沉

图 1-9-3　设置图片格式

(8) 单击【高级】按钮,出现“布局”对话框,单击“文字环绕”选项卡,在“自动换行”区选择“只在左侧”项,如图图 1-9-4 所示,单击【确定】按钮。返回“设置图片格式”对话框中,再单击【确定】按钮。图片移至第一段右侧。

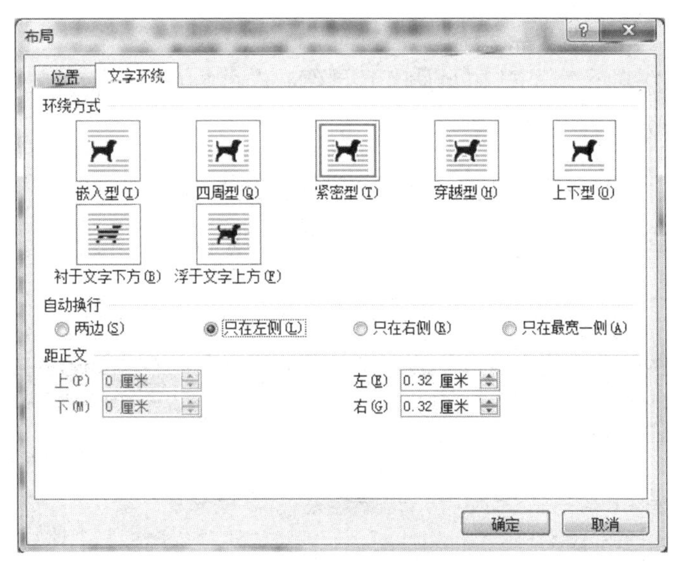

图 1-9-4　设置图片布局

(9) 选中第一个小标题下面的 3 段文字,单击鼠标右键,选择“段落”,设置首行缩进为 2 字符,单击【确定】按钮。

(10) 参照步骤(6)(7)(8)在文档中间插入另一张图片,图片位置参照样张。

(11) 选中第二个小标题下面的两段文字,单击鼠标右键,选择“段落”,设置首行缩进为 2 字符,单击【确定】按钮。

(12) 单击“页面布局”选项卡“页面设置”工具组中“分栏”按钮,选择“更多分栏”命令,打开“分栏”对话框,如图 1-9-5 所示。在预设区域选择“左”,栏数为 2,勾选“分隔线”项,单击【确定】按钮。

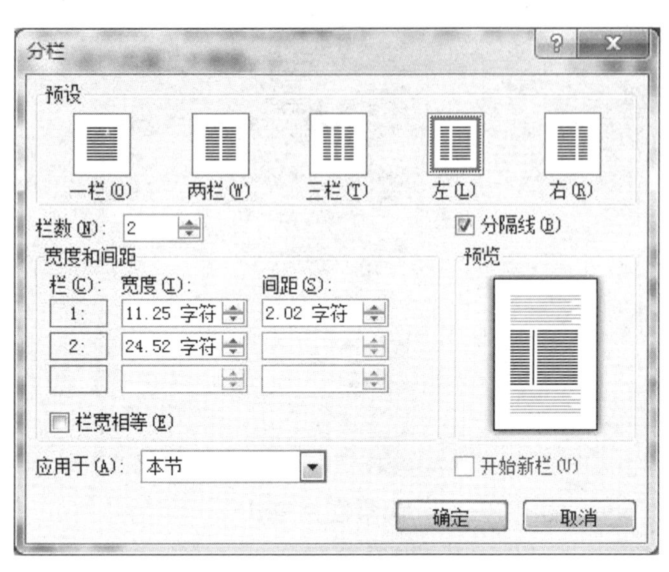

图1-9-5　分栏设置

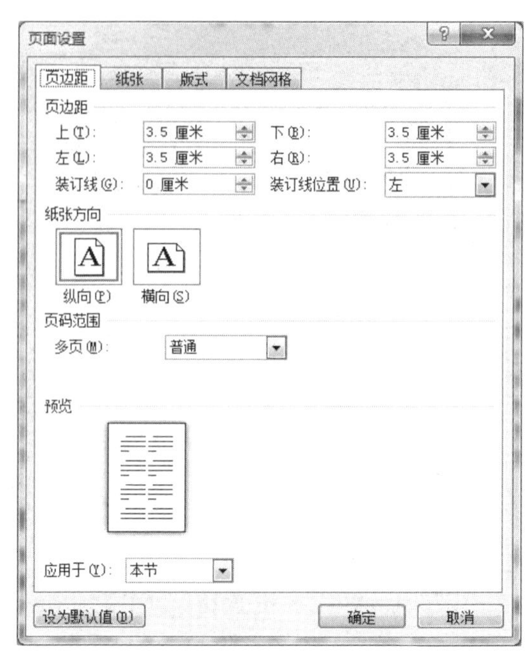

图1-9-6　页边距

(13) 单击“页面设置”工具组右下角“页面设置”按钮，出现“页面设置”对话框，单击“页边距”选项卡，设置上、下、左、右页边距均为3.5厘米，如图1-9-6所示，单击【确定】按钮。

(14) 单击“插入”选项卡“页眉和页脚”工具组的“页眉”按钮，单击“编辑页眉”，在页眉处输入“欢迎参观上海博物馆”，文字设置为华文行楷、二号、居左。在动态工具栏“页眉和页脚工具”中单击“导航”工具组的“转至页脚”按钮，设置页脚为日期和时间、居右、字体为四号；在“位置”工具组设置“页脚底端距离”为8厘米，如图1-9-7所示。单击【关闭页眉页脚】按钮。

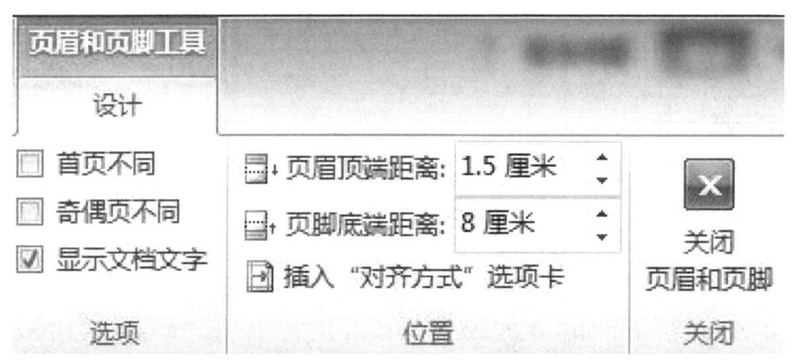

图1-9-7　设置页眉页脚

(15) 单击“文件”→“另存为”命令，在出现的“另存为”对话框中，选择保存位置及类型，输入文件名，单击【保存】按钮，保存该文档，关闭Word程序。

活动 10 文字处理——制作课程表

一、活动目的

1. 掌握表格创建的方法。
2. 掌握表格编辑的方法。
3. 掌握边框和底纹的设置方法。

二、活动任务

上海电信学校 1500bl 班要制作一个班级的课程表。课程表的效果图如图 1－10－1 所示。

课 程 表

（上海电信学校 1500b1 班 2015/2016 学年 第一学期 2015.9）

星期 时间	星期一	星期二	星期三	星期四	星期五
1-2 节 （8：30~9：50）	英 语	语 文	品 德	计算机	数 学
3-4 节 （10：10~11：30）	数 学	电工基础	数 学	语 文	英 语
午餐、午休					
5-6 节 （13：00~14：20）	艺术体操	计算机	英 语	电工基础	班 会
7-8 节 （14：40~16：00）	普通话	自 习	艺术欣赏	体 育	

图 1－10－1 活动 10 效果图

三、参考操作步骤

（1）打开 Word 2010，新建一个空白文档。

（2）单击“页面布局”选项卡“页面设置”工具组右下角的按钮，在弹出的“页面设置”对话框中单击“纸张”选项卡。在纸张大小下拉列表中选择“自定义大小”选项，设置纸张宽度 21 厘米，高度 16 厘米，如图 1－10－2 所示。单击“页边距”选项卡，设置纸张方向横向，上边距和下边距均为 2 厘米，单击【确定】按钮。

（3）输入标题“课程表”，选定标题，单击鼠标右键，选择“字体”，在“字体”设置对话框中，设置字体：黑体、一号，单击【确定】按钮；在“段落”工具组中单击“居中”按钮；用空格键调整标题文字间距，单击[Enter]键换行。

（4）输入“（上海电信学校 1500bl 班 2015/2016 学年第一学期 2015.9）”，并选中该部分内容，设置字体宋体、四号。然后单击[Enter]键。

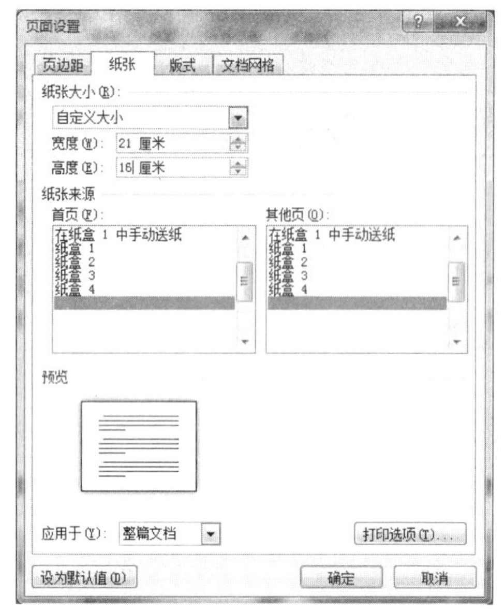

图 1-10-2 纸张设置

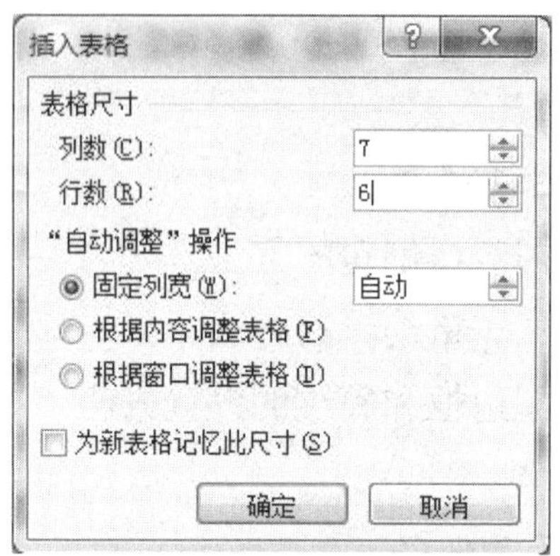

图 1-10-3 插入表格

(5) 选择“插入”选项卡,单击“表格”按钮,单击“插入表格”命令。在出现的“插入表格”对话框中,设置表格:列数为 7,行数为 6,选中固定列宽,自动,如图 1-10-3 所示,单击【确定】按钮;选中整表,设置字号为五号,对齐方式为居中。

(6) 选中第一行第一列单元格,输入“星期”,光标放在该单元格内,单击“表格工具”动态选项卡中的“布局”选项卡,单击选择“对齐方式”工具组的“靠上右对齐”命令,如图 1-10-4 所示。

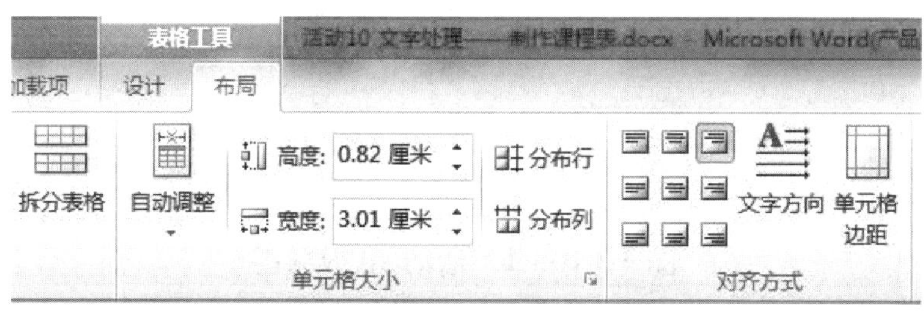

1-10-4 表格工具

(7) 选中第一行第二列单元格,输入“时间”,单击选择“对齐方式”工具组的“靠下两端对齐”命令,如图 1-10-4 所示。

(8) 拖动鼠标选中表格第一行第一列和第二列单元格,字号设置为小四,单击鼠标右键,在快捷方式中选择“合并单元格”命令,切换至“表格工具”动态选项卡中的“设计”选项卡,单击“绘图边框”工具组的“绘制表格”命令,在该单元格绘制斜线。

(9) 选中表格第三列到第七列,右击选择“表格属性”命令,在出现的“表格属性”对话框中,选择“单元格”选项卡,选择垂直对齐方式为“居中”,如图 1-10-5 所示,单击【确定】按钮。

(10) 分别选中第二、三、五、六行的第一列和第二列的单元格,右击选择“合并单元格”命令;选择第四行,右击选择“合并单元格”命令。

(11) 选中第一行,右击选择“边框和底纹”命令,在出现的“边框和底纹”对话框中选择“底纹”选项卡,在“填充”中选择第三行第一列色块,如图 1-10-6 所示,单击【确定】按钮。

图 1－10－5　设置表格属性

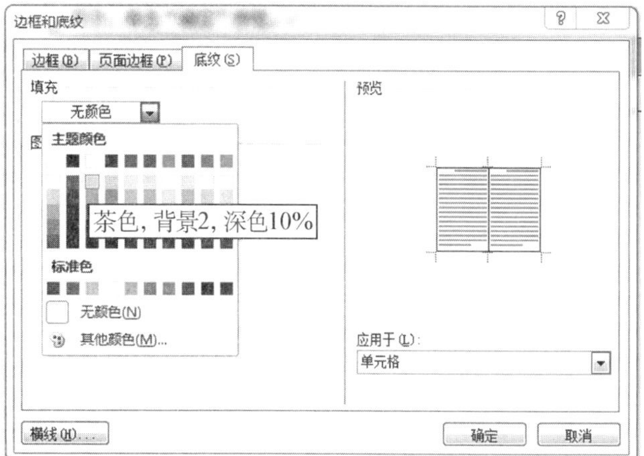

图 1－10－6　设置底纹

(12) 同样设置第四行和第一列的填充底纹。

(13) 选中第二行第一列单元格，输入“1—2 节”，按[shift]＋[enter]键得到手动换行符，再输入“(8:30～9:50)”内容，依次输入课程表中的其他内容。

(14) 选中整张表格，右击选择“边框和底纹”命令，在出弹出的“边框和底纹”对话框中单击“边框”选项卡，设置线型为“第九种”，宽度为“1.5 磅”，颜色为蓝色，边框设置为“虚框”，如图 1－10－7 所示，单击【确定】按钮。

图 1－10－7　设置边框

(15) 单击“文件”→“另存为”命令，在出现的“另存为”对话框中，选择保存位置及类型，输入文件名，单击【保存】按钮，保存该文档，关闭 Word 程序。

活动11 文字处理——名片制作

一、活动目的

1. 掌握图片的插入与设置方法。

2. 掌握文本框的使用技巧。

二、活动任务

为了方便业务的往来，上海安达客运公司的王斌经理需要制作名片。名片不仅要美观大方，还要体现公司的特点和王经理的个性，效果如图 1-11-1 所示。

图 1-11-1 活动 11 效果图

三、参考操作步骤

(1) 打开 Word 2010，新建一个空白文档。

(2) 单击“插入”选项卡，在“文本”工具组中单击“文本框”按钮，单击“绘制文本框”命令，鼠标指针变成十字形，拖动鼠标绘制一个文本框。

(3) 选中文本框，在出弹出的“绘图工具”中单击“格式”选项卡，在“大小”区域，设置高度为 5.5 厘米、宽度为 8.9 厘米，如图 1-11-2 所示。

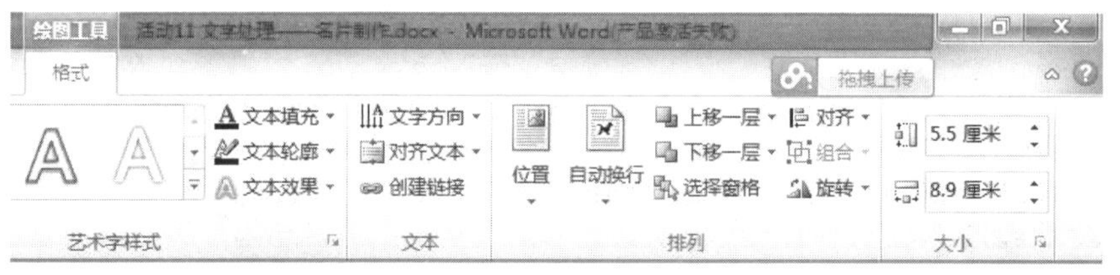

图 1-11-2 设置文本框大小

图 1-11-3 设置形状格式

(4) 单击“插图”工具组中的“图片”按钮，在出现的“插入图片”对话框中，选择要插入的图片，单击【插入】按钮，将图片插入文本框中。

(5) 在大文本框中上部绘制一个文本框，输入“上海安达客运公司”，选中输入内容，设置格式楷体、二号，并单击“加粗”、“居中”按钮。

(6) 选中小文本框，右击选择“设置形状格式”选项卡，选择“填充”为“无填充”；选择“线条颜色”为“无线条”，如图 1-11-3 所示，单击【关闭】按钮。

(7) 参照步骤(5)在大文本框中间再绘制

一个文本框，输入“王斌经理”。选中“王斌”进行格式设置：隶书、小一号；选中“经理”进行格式设置：楷体、小二号；选中“王斌经理”单击“居中”按钮。

(8) 参照步骤(6)的方法设置该文本框。

(9) 参照步骤(5)的方法在大文本框中下部，再绘制一个文本框，输入相应信息。并参照步骤(6)的方法设置文本框。

(10) 参照步骤 5 的方法在大文本框左上角，再绘制一个文本框，参照步骤 4 插入公司标志，并参照步骤 6 的方法设置文本框。

(11) 参照步骤 6 的方法设置大文本框。

(12) 按[shift]键，依次选中所有的文本框，右击选择“组合”菜单的“组合”命令，把它们组合成一个整体，如图 1-11-4 所示。

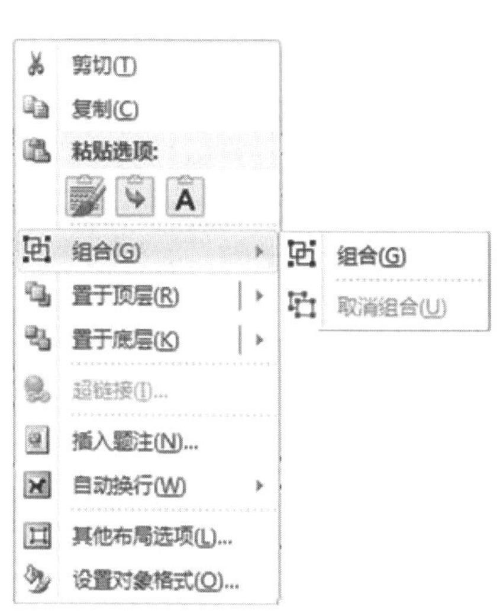

图 1-11-4　组合设置

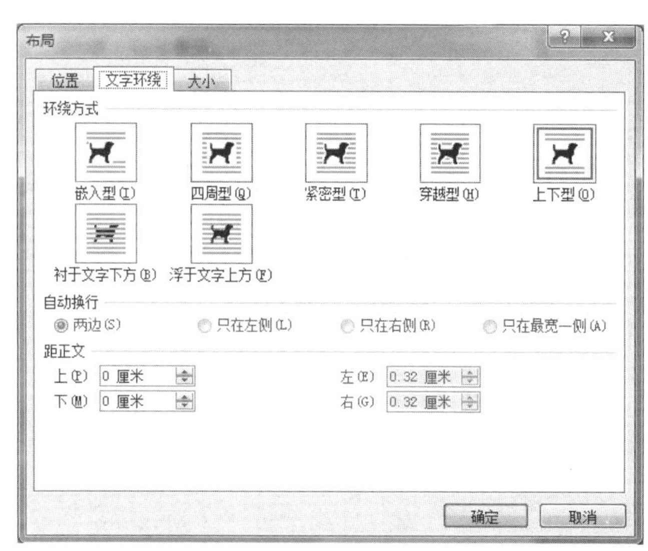

图 1-11-5　设置文字环绕方式

(13) 单击鼠标右键，在快捷方式菜单中选择“其他布局选项”命令，出现“布局”对话框，单击“文字环绕”选项卡，设置环绕方式为“上下型”，如图 1-11-5 所示，单击【确定】按钮。

(14) 单击“文件”→“另存为”命令，在出现的“另存为”对话框中，选择保存位置及类型，输入文件名，单击【保存】按钮，保存该文档，关闭 Word 程序。

活动 12　多媒体信息处理
——图像和声音素材的获取和处理

一、活动目的

1. 掌握使用 ACDSee 获取和浏览图像的方法。
2. 掌握使用 ACDSee 获取图像批量处理的方法。

3. 掌握 Adobe Audition 中声音的录制。

4. 掌握 Adobe Audition 中音频的处理与合成。

二、活动任务

在配套素材中有一些不同格式的图像素材,使用 ACDSee 将素材有选择地导入到计算机中。使用 ACDSee 浏览这些图像,查看各种不同格式的图像文件,了解它们的特点及不同,并批量处理部分图像素材。

三、参考操作步骤

1. 获取外部图像

(1) 启动 ACDSee 10,选择菜单栏中"文件"→"获取相片"→"从相机或读卡器"命令如图 1-12-1 所示。

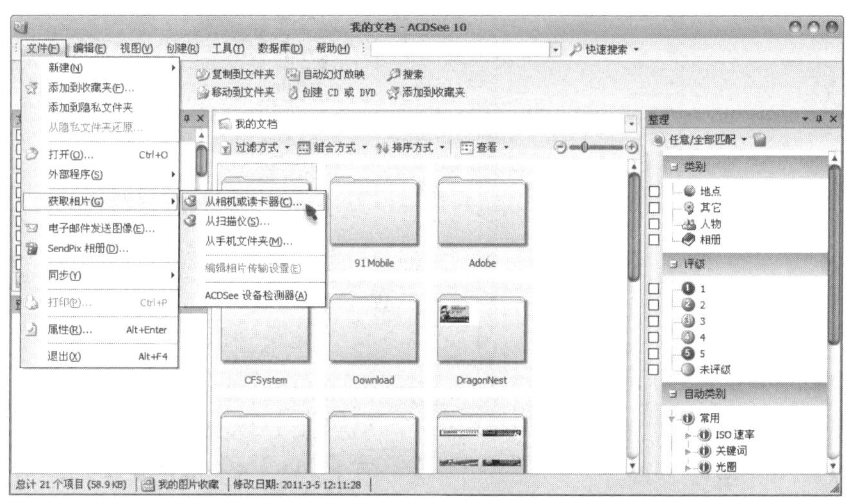

图 1-12-1 从相机或读卡器获取相片

(2) 在弹出的"获取相片向导"对话框中单击【下一步】按钮,如图 1-12-2 所示。

(3) 在对话框中选择素材所在盘符,然后单击【下一步】按钮,如图 1-12-3 所示。

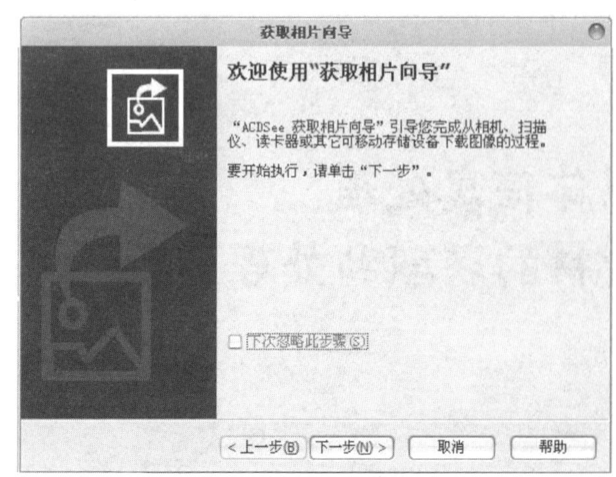

图 1-12-2 获取相片向导

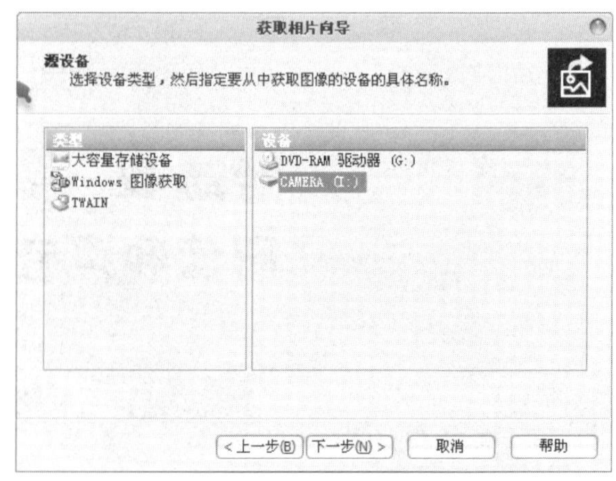

图 1-12-3 选择素材所在盘符

(4) ACDSee 会扫描素材所在盘中的文件，并将所有的图像文件显示在“获取相片向导”对话框中，如图 1－12－4 所示。默认选择了所有图像文件。单击下方的【全部清除】按钮，则取消对所有图像文件的选择，仅将 SAM_2820. wmf、SAM_2821jpg、SAM_2822jpg、SAM_2823jpg、SAM_2824jpg、SAM_2825jpg、SAM_2826jpg、SAM_2827jpg、SAM_2828. wmf、SAM_2829jpg、SAM_2830. wmf、SAM_2831. bmp、SAM_2832. jif、SAM_2833. wmf 等 14 个文件勾选，单击【下一步】按钮。

图 1－12－4 选中图片

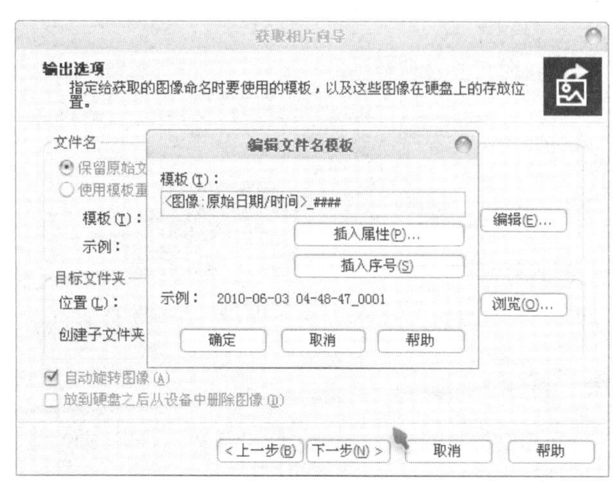

图 1－12－5 创建以当前日期命名的文件夹

(5) 如图 1－12－5 所示，在“获取相片向导”对话框中，ACDSee 默认会在“我的文档”→“我的图片收藏”文件夹中建立一个以当前日期命名的文件夹（如“2012－12－10”），并将图像文件保存其中。不要更改这些默认设置，直接单击【下一步】按钮。

(6) ACDSee 开始复制选择的文件，如图 1－12－6 所示。复制结束后选中“浏览新图像”复选框，如图 1－12－7 所示，单击【完成】按钮。此时已将所有选择的图像导入至指定文件夹中，ACDSee 会使用相片管理器打开图像所有文件夹，浏览新图像。

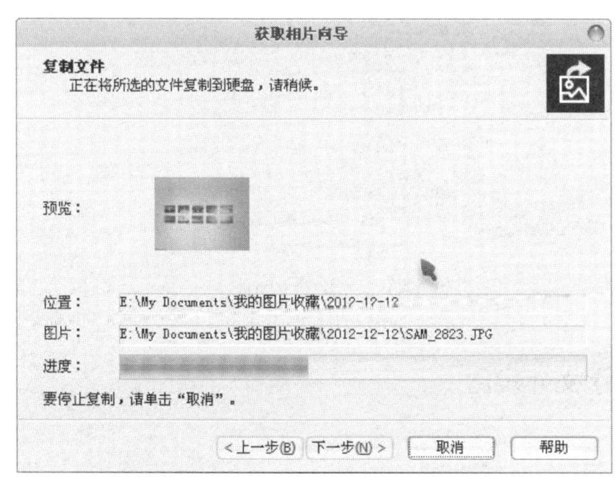

图 1－12－6 复制选择的文件

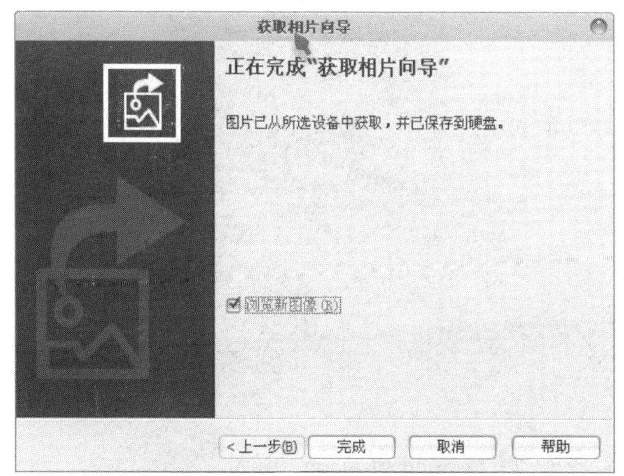

图 1－12－7 完成复制

2. 图像的浏览

(1) ACDSee 相片管理器窗口的查看模式 在“相片管理器窗口”菜单栏的“视图”→“视图”命令中选择查看模式为“详细信息”或按快捷键[F12]，找到图像大小为 2,227 kB 的文件，其文件名为______________。

在菜单栏的“视图”→“视图”命令中选择查看模式为“略图”,或按快捷键[F8],找到图像内容是照片墙的文件,其文件名为______________。

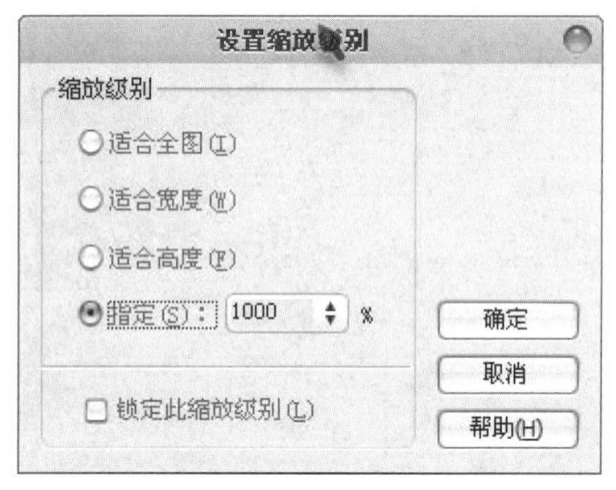

图 1-12-8　图片缩放

(2) 位图与矢量图　在相片管理器窗口中双击“SAM_2827. jpg”文件,进入查看器窗口,右击图片,选择快捷菜单中“缩放”→“缩放到...”命令。在弹出的“设置缩放级别”对话框中选择缩放级别为“指定:1 000%”,如图 1-12-8 所示,即放大 10 倍。此时图片已变得模糊不清,关闭查看窗口,返回 ACDSee 相片管理器窗口。

在相片管理器窗口中双击“SAM_2828. wmf”文件,同样设置放大 10 倍,此时图像边缘仍然清晰。这是因为 SAM_2828. wmf 是矢量图像,而 SAM_2827. jpg 是位图。

比较 SAM_2830. wmf、SAM_2829. jpg 这两个图像文件,__________是位图,__________是矢量图。矢量图和位图相比,__________色彩逼真。

(3) 查看不同分辨率的图像　在相片管理器窗口中查看 SAM_2830. jwmf、SAM_2833. jwmf 两个图像文件,如图 1-12-9 所示,发现两个文件内容相同。分别选中单个文件,在相片管理器下方的状态栏显示分辨率参数为__________、__________。同时选中两个文件,选择菜单栏中的“工具”→“比较图像”命令,使用工具栏中的放大按钮多次放大图像,比较发现,文件__________放大多次后仍然较清晰,这是因为该图像文件分辨率较高。

(a) SAM_2830. jwmf
1024×768b

(b) SAM_2833. jwmf
640×480b

图 1-12-9　两个文件对比

3. 图像的批量处理

(1) 批量转换文件格式　在相片管理器窗口中选中“SAM_2831. bmp”“SAM_2830. wmf”“SAM_2832. jif”3 个不同图像格式的文件,选择菜单栏中的“工具”→“转换文件格式”命令,在弹出的“设置格式”对话框中选择“JPG”格式,如图 1-12-10 所示。单击【下一步】按钮,在“输出设置选项”对话框中保持“将修改后的图像放入原文件夹”的默认设置,单击【下一步】按钮，在“设置多页格式”对话框中单击【开始转换】按钮。转换结束后单击【完成】按钮。转换后的图像文件存放在原文件夹中，比较转换前后的文件，发现一般 JPG 格式的文件占用磁盘空间__________。

（2）批量调整图像大小　在相片管理器窗口中选中文件“SAM_2831. bmp” “SAM_2830. wmf” “SAM_2832. jif”，选择菜单栏中的“工具”→“调整图像大小”命令，如图 1－12－11 所示。在弹出的“批量调整图像大小”对话框中选择“以像素计的大小”，设置“宽度”为 800，勾选下方的“保持原始的纵横比”，在“适合”处选择“仅限宽度”。单击【开始调整大小】按钮，ACDSee 将选中图像按原有比例生成宽度为 800 像素的新文件，新文件名在原有文件名后加“调整大小”以示区别。

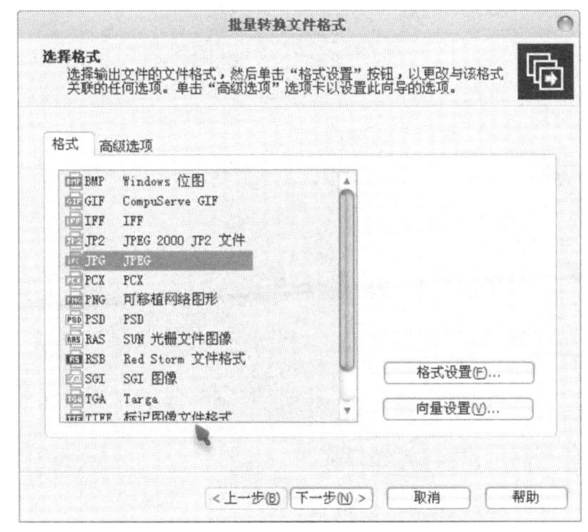

图 1－12－10　选择“JPG”格式

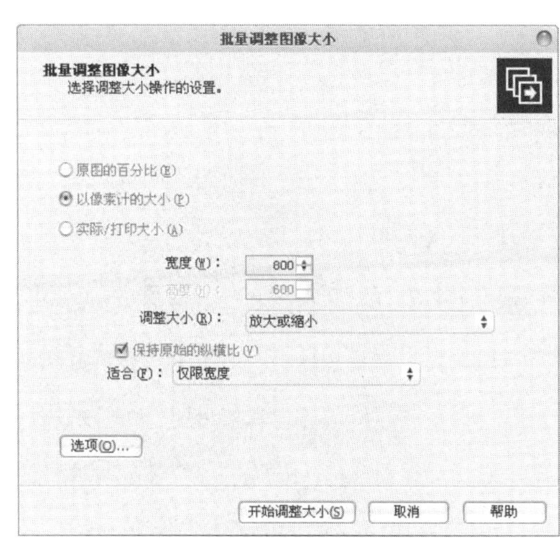

图 1－12－11　调整大小

4．声音的录制

（1）将音频话筒插头正确连接到计算机声卡上，选择 Adobe Audition 3.0 菜单栏中“选项”→“Windows 录音控制台”命令。在弹出的“录音控制”窗口中勾选“麦克风音量”下方的“选择”复选框，并将滑杆调整到适当的位置，关闭窗口。

（2）选择菜单栏中“视图”→“多轨视图”命令，将主窗口切换到多轨视图，选中左侧文件面板列表下的“飞的更高（音乐伴奏）. mp3”，拖入“音轨 1”，如图 1－12－12 所示。单击工具栏

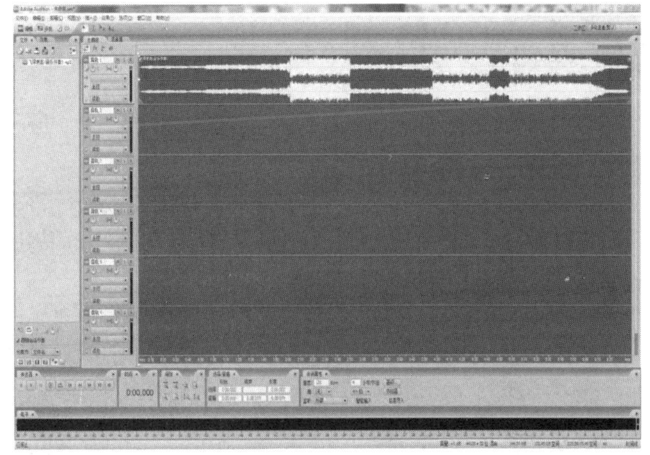

图 1－12－12　拖入音轨

中“移动/复制”剪辑工具,将影片移至音轨开始处。选择菜单栏中“文件”→“保存会话命令”,将会话文件以“音乐小样.ses”为名保存在“我的文档”中。

图 1-12-13 录音

(3) 单击“音轨 2”面板上的“录音备用”按钮,在弹出的“备用飞 ASIO 设备”对话框中单击【确定】按钮,此时“录音备用”会变成红色。音频话筒准备好之后,单击主窗口传送面板上的录音按钮,如图 1-13-13 所示。配合伴奏演唱,录音完后再次单击“录音”按钮停止录音。

(4) 在传送器面板单击“转到上一个标记”按钮,回到音轨开始处,单击“从指针处播放至文件结尾处”按钮试听,若不满意可使用“移动/复制”剪辑工具,选中录音,按下删除键。重新录制。

(5) 若没有合适的录音,可选菜单栏中“文件”→“导入”命令,将“录音.mp3”文件导入,并从文件面板拖至音轨 2,使用“移动/复制”剪辑工具将录音移至音轨开始处。

5. 音频的处理与合成

(1) 录制中难免有些杂音,需要降噪处理。双击文件面板列表下的“录音.mp3”文件进入编辑视图,单击工具栏中的“时间选择”工具,选中文件录音起始处一段没有人声的噪音波形,如图 1-12-14 所示。选择菜单栏中“效果”→“修复”→“降噪器(进程)”命令,在弹出的对话框中单击【获取特性】按钮,稍后会显示捕获的噪音特性曲线,如图 1-12-15 所示,单击【关闭】按钮返回(注意不是【确定】按钮)。

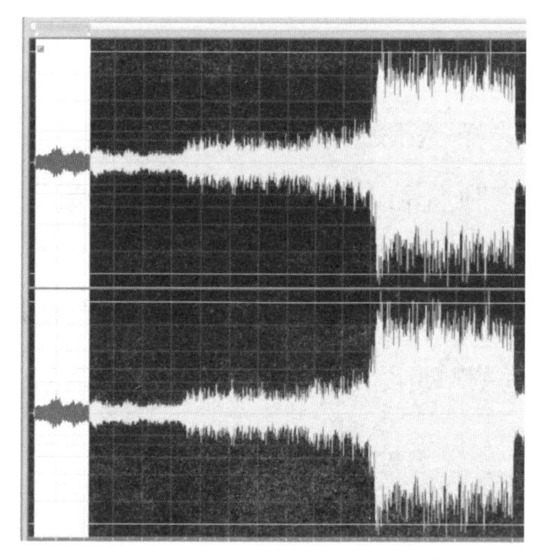

图 1-12-14 噪音波形

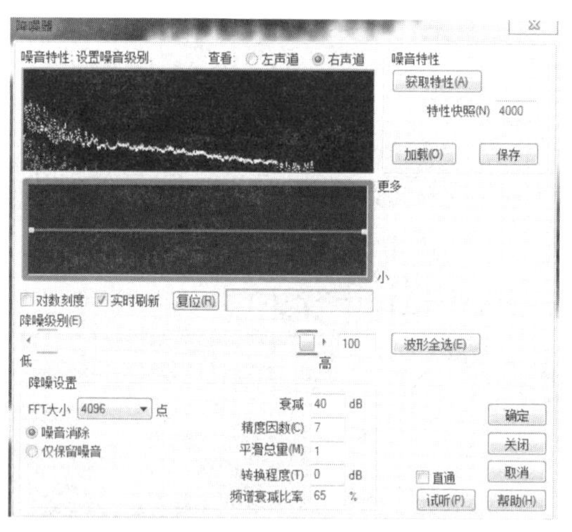

图 1-12-15 噪音特性曲线

(2) 使用“时间选择”工具在录音文件,波形上单击,取消噪音波形的选择,再次选择菜单栏中“效果”→“修复”→“降噪器(进程)”命令。在弹出的对话框中单击【确定】按钮开始降噪处理,处理结束后波形图上的背景噪音已基本去除。

(3) 试听后发现人声有些发干,效果略显不足,需要增加一些混响效果。选择菜单栏“效果”→“混响”→“完美混响”命令,在弹出的对话框中设置“混声(混响)”为“50%”,如图 1-12-16 所示。单击下方的预览播放按钮试听,试听过程中可单击效果开关按钮,比较原声与混响效果的区别。确认无误后单击【确定】按钮开始混响处理。

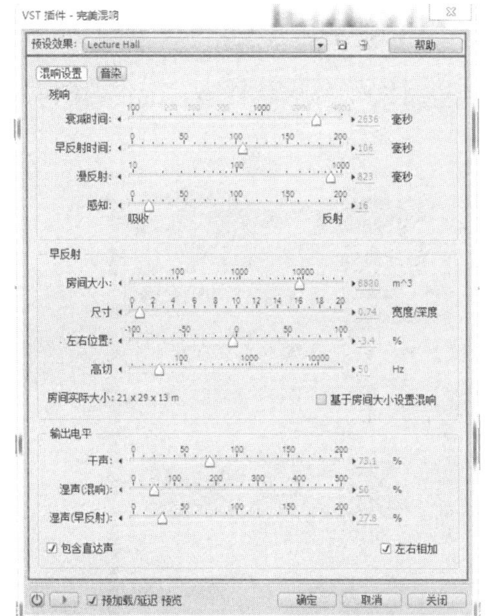

图 1-12-16 设置“混声(混响)”

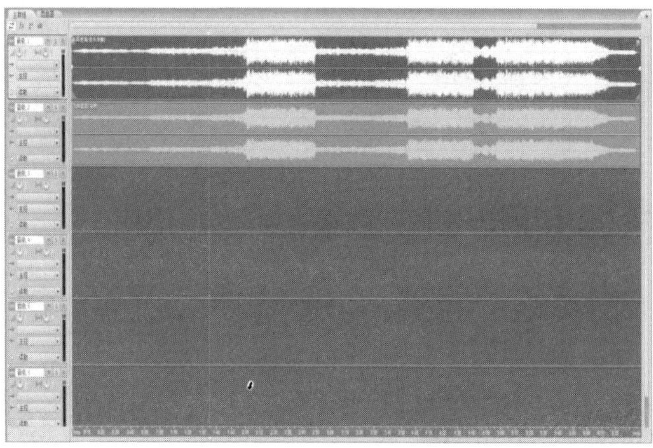

图 1-12-17 多轨视图

(4) 处理完毕后,选择菜单栏中“文件”→“另存为”命令,将处理过的录音文件以“录音(混响).mp3”为名保存在“我的文档”中。

(5) 进入多轨视图,如图 1-12-17 所示,播放最终合成效果。根据需要可调整伴奏或录音对应音轨面板上的音量,以达到合适的效果。

(6) 选择菜单栏“文件”→“导出”→“混缩音轨”命令,将合成的音轨文件以“飞的更高(音乐小样).mp3”为名导至“我的文档”中。

(7) 进入多轨视图,选择菜单栏中“文件”→“保存会话”命令,便于以后再次编辑。

活动 13 多媒体信息处理——展翅高飞

一、活动目的

1. 掌握 PhotoShop 中图像的截取方法。
2. 掌握 PhotoShop 中的图层样式。
3. 掌握 PhotoShop 中添加文字的方法。

二、活动任务

临近毕业,同学们准备以此为主题组织一次主题班会,你要为这次主题班会制作一张“展翅高飞”的背景图片。在制作过程中掌握使用 PhotoShop 编辑图像素材的方法。

三、参考操作步骤

(1) 启动 Adobe PhotoShop CS2,选择菜单栏中“文件”→“打开“命令”,选择配套素材中

“项目四\活动 11\TK1. JPG”和“TK2. JPG”文件，单击【打开】按钮。

(2) 使用主菜单(左侧)中的“移动工具”，将“TK1. JPG”拖到“TK2. JPG”之上，并调整好位置，如图 1-13-1 所示。

图 1-13-1 打开文件

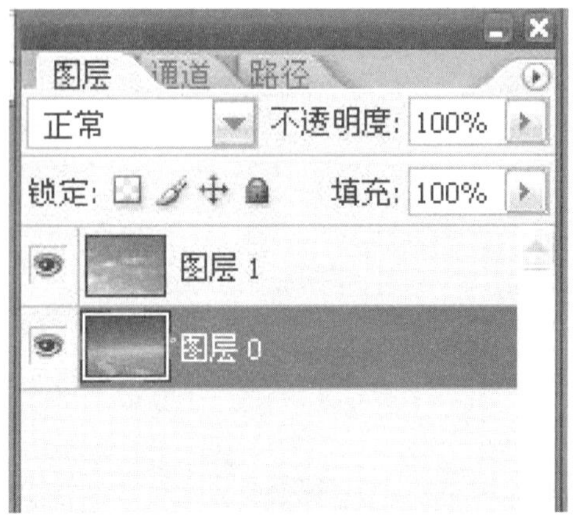

图 1-13-2 图层 0 解锁

(3) 双击图层 0 解锁，如图 1-13-2 所示。

(4) 把图层 1 的不透明度调到 40%。

(5) 选择菜单栏中“文件”→“打开“命令”，选择配套素材中“项目四\活动 11\xn. jpg”文件，单击【打开】按钮。

(6) 选择工具栏“魔棒工具” ，容差调为 40。选中蓝色区域，然后点击菜单栏“选择”→“反向”，如图 1-13-3 所示。选择“选择”→“修改”→“收缩”，收缩量为 2 像素，然后点击【确定】，如图 1-13-4 所示。

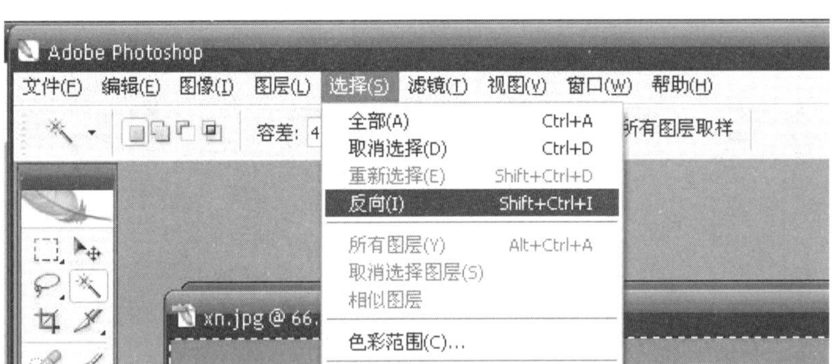

图 1-13-3 反向选择

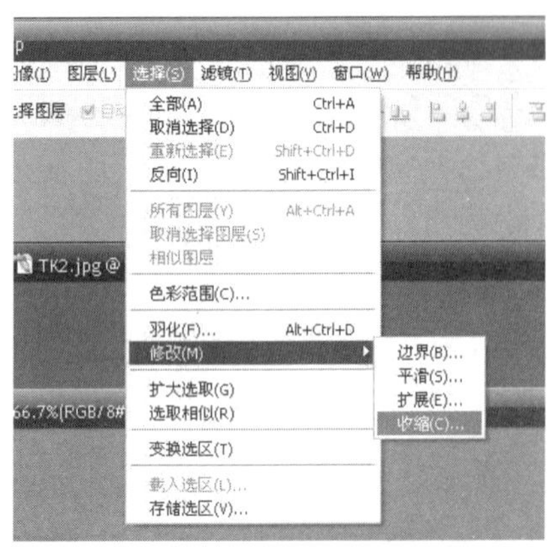

图 1-13-4 收缩

图 1-13-5 调整图片大小

（7）用移动工具把选中的小鸟部分拖到"TK1.jpg"。

（8）点击菜单栏中的"编辑"→"自由变换"，如图 1－13－5 所示，调整图片大小，放到适当位置。

（9）点击工具栏中的"横排文字编辑"工具，输入文字"展翅高飞"字样。文字式样：黑体，100 点。字体颜色：R：0，G：99，B：154，将文字放至适当位置，如图 1－13－6 所示。

图 1－13－6　编辑文字

（10）选择菜单栏"图层"→"图层样式"→"投影"，如图 1－13－7 所示。混合模式：正片叠底；不透明度：75%；角度：30 度，采用全局光；距离：7 像素；扩展：8%；大小：10 像素，点击【确定】。

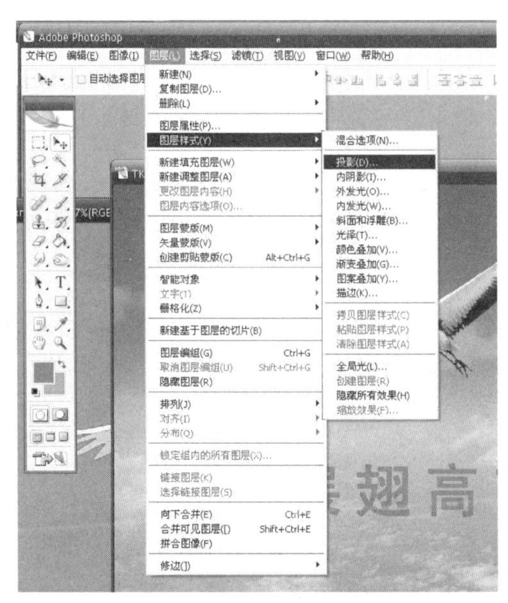

图 1－13－7　设置图像

图 1－13－8　保存图片

（11）选择菜单栏"文件"，点击"保存"，文件名为"zcgf.jpg"，如图 1－13－8 所示。

活动14 多媒体信息处理——动漫欣赏DVD的制作

一、活动目的

1. 掌握使用绘声绘影添加视频标题的方法。

2. 掌握使用绘声绘影合成图像素材的步骤。

3. 掌握使用绘声绘影编辑合成声音、音乐的方法。

二、活动任务

学校组织以动漫为主题的创意比赛,作为参赛选手,你需要制作一张能在DVD机上播放的动漫欣赏光盘。在制作过程中掌握使用绘声绘影加工视频文件的方法。

三、参考操作步骤

1. 观看样张及思考

(1) 打开素材中"项目四\活动15\动漫欣赏.mpg",观看样例效果,并查看文件夹中所有图像素材,思考制作步骤。

2. 图像素材的合成

(1) 启动Corel Video Studio 12简体中文版,选择"影片向导"模式,如图1-14-1所示。

(2) 在"影片向导"窗口左侧的"插入图像"处单击,在"添加图像素材"对话框中选择素材文件夹"项目四\活动15"中"image1.jpg"至"image24.jpg"共24个图像文件,单击【打开】按钮。此时系统会导入图像素材,导入成功后会在窗口中显示,如图1-14-2所示。此时可进行图像素材的排序、删除等操作,确认无误后单击【下一步】按钮。

图1-14-1 选择"影片向导"模式

图 1-14-2 导入图像素材

(3) 在“影片向导”窗口左侧的“主题模板”处选择“相册”,如图 1-14-3 所示。在下方列表中选择“常规 03”样式,在右下方的设置区单击“设置影片区间”按钮,,在“设置”对话框中设置“更改图像素材的区间”为 4 秒,如图 1-14-4 所示,单击【确定】按钮返回。

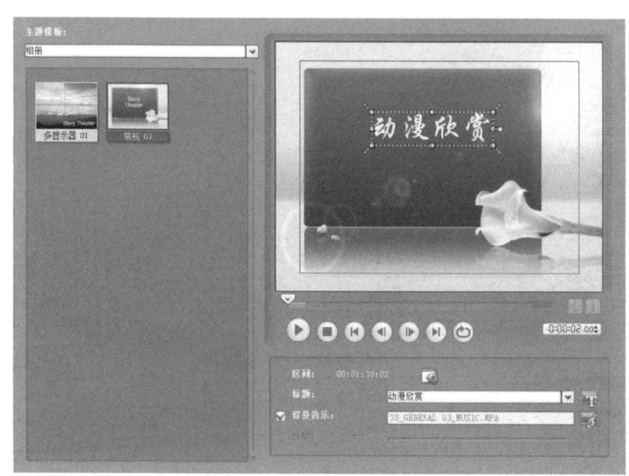

图 1-14-3 选择“相册”

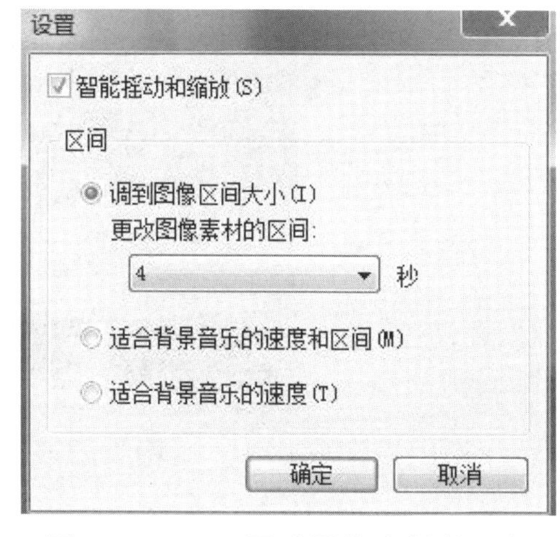

图 1-14-4 更改图像素材的区间

3. 片头视频的制作与背景音乐设置

(1) 在“影片向导”窗口的设置区中,选择“标题”右侧下拉式列表中的“动漫欣赏”。双击预览窗口中的文字,输入文字“动漫欣赏”,单击设置区“标题”右侧的“文字属性”按钮。在。“文字属性”对话框中设置字体为“华文行楷”,大小为“55”,如图 1-14-5 所示,单击【确定】按钮返回,在预览窗口将文字移动到合适位置。

(2) 在“影片向导”窗口中,单击“背景音乐”右侧的“加载背景音乐”按钮,在“音频选项”对话框中删除原有音频文件。单击上方的“添加音频”按钮,在“打开音频文件”对话框中选择素材“项目四\活动 13\动漫欣赏背景音乐(轻音乐). wma”文件,单击【打开】按钮。此时所选的音频文件出现在“音频选项”对话框的列表中,如图 1-14-6 所示,单击【确认】按钮,返回“影片向导”窗口,单击【下一步】按钮。

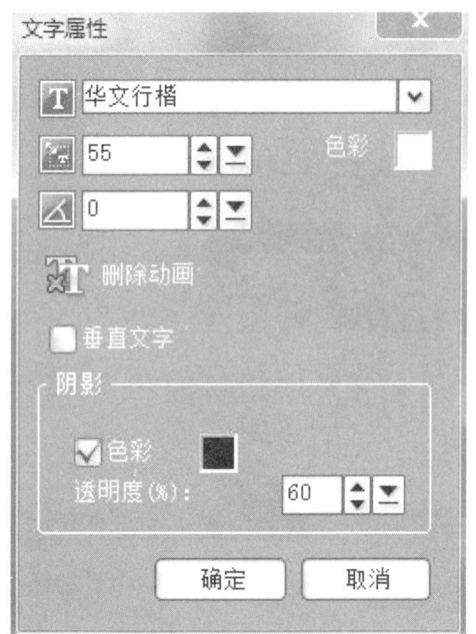

图 1-14-5　设置字体

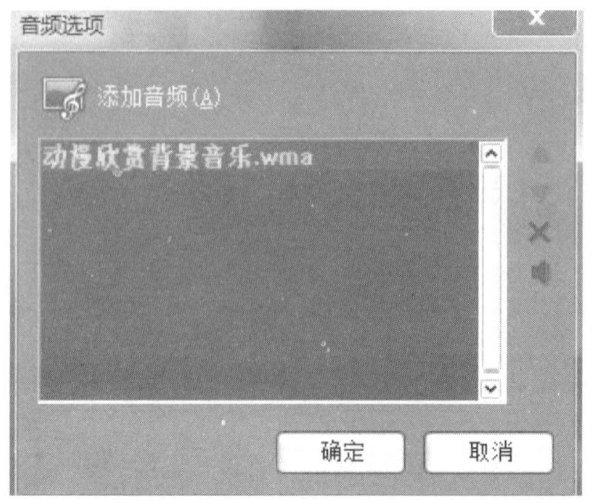

图 1-14-6　选择素材

(3) 在"影片向导"口选"Corel 绘声绘影编辑器中编辑",在弹出的对话框中选择【是】,打开绘声绘影编辑器,如图 1-14-7 所示。

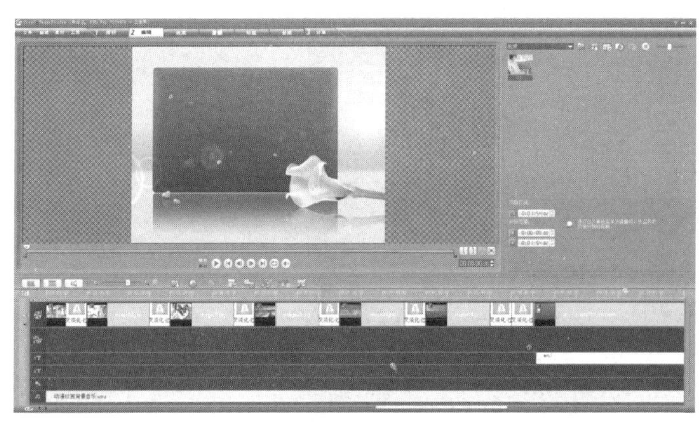

图 1-14-7　打开绘声绘影编辑器

4. 声音文件的合成

(1) 在绘声绘影编辑器中,单击预览窗口下方的"将媒体文件插入到时间轴"按钮 ,在弹出的菜单中选择"插入音频"→"到声音轨"。在弹出的"打开音频文件"对话框中选择素材文件夹"项目四\活动 15\动漫欣赏歌词. mp3"文件,单击【打开】按钮。此时声音文件会添加到声音轨当中。

(2) 单击视频上方的"将项目调整到窗口大小"按钮 ,使所有素材全部显示在视频轨中。

(3) 在声音轨上选中声音文件,对"动漫欣赏歌词. . mp3"做剪辑,在视频 00:00:08:00 处标记,右键"动漫欣赏歌词. mp3"文件,选择"剪切素材",在视频 00:01:54:01 处,右键"动漫欣赏歌词. mp3"文件,选择"剪切素材"。将剩余和开头的"动漫欣赏歌词. mp3"文件右键点"删除"。并在窗口右侧的"音乐和声音"标签中设置"素材音量"为 50,背景音乐素材 10,设置右键设置淡入淡出,如图 1-14-8 所示。

图 1-14-8　设置淡入淡出

5. 预览最终效果

(1) 在绘声绘影编辑器中,单击预览窗口下方的“项目”,进入项目模式。单击“起始”按钮,回到项目起始处,单击“播放修整后的素材”按钮,预览当前视频效果。

(2) 若对图像素材的转场效果不满意,可在预览窗口右侧的下拉式列表选择“转场”中效果项,在下方选择合适的效果,拖拽到视频轨中覆盖原有的转场效果。

6. 创建视频文件或 DVD 光盘

(1) 在绘声绘影编辑器中,单击“分享”菜单项,在预置窗口右侧选择“创建视频文件”,在弹出的菜单中选择“DVD/VCD/SVCD/MPEG”→“PAL DVD(4:3)”,如图 1-14-9 所示。在弹出的“创建视频文件”对话框中选择视频文件保存“我的文档”中,并输入文件名“动漫欣赏.mpg”,单击“保存”按钮,系统会对当前的项目进行渲染,并将生成的视频文件保存在指定位置。

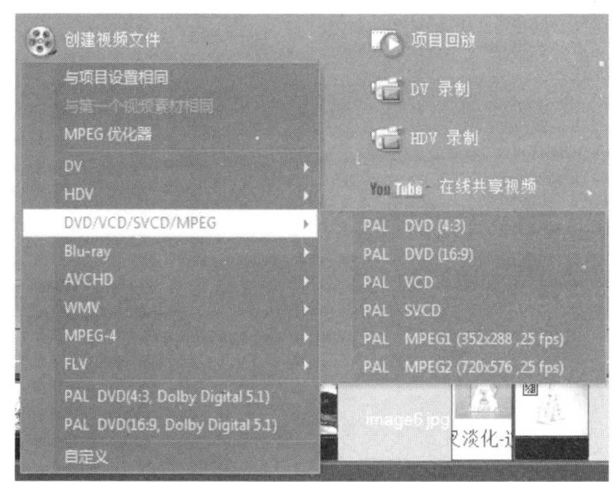

图 1-14-9 创建视频文件

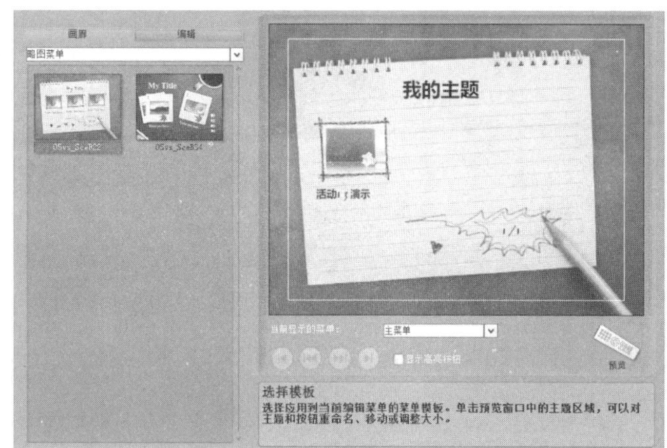

图 1-14-10 选择系统默认的模板

(2) 若选择“创建光盘”→“DVD”,可以按照光盘向导的提示,单击【下一步】按钮,选择系统默认的模板,如图 1-14-10 所示。单击【下一步】按钮,在光盘刻录窗口,单击【刻录】按钮,即可将当前视频刻录至光盘。

7. 保存项目

选择“文件”菜单项中的“保存”,将当前编辑的项目以“动漫欣赏.VSP”为名保存在“我的文档”中。

活动 15 演示文稿——快速制作一份典型的产品宣传文稿

一、活动目的

1. 掌握演示文稿的快速制作。
2. 掌握图片的处理方法。

3. 掌握插入表格的方法。

二、活动任务

使用电子演示文稿制作软件,采用合适的统一主题,制作简单的小米手机多媒体演示文稿。并在幻灯片中插入图片和表格,进行简单的效果处理。参考样张如图 1 - 15 - 1 所示。

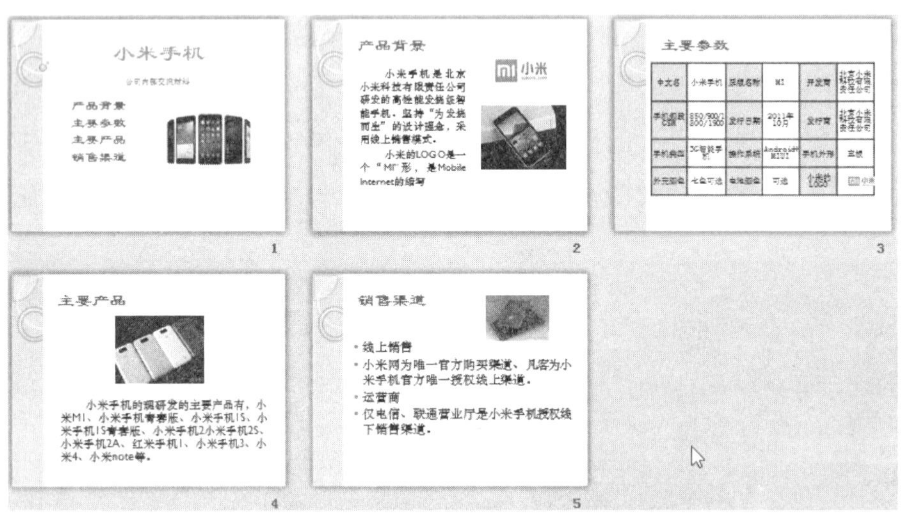

图 1 - 15 - 1　活动 15 参考样张

三、参考操作步骤

1. 新建演示文档,确定幻灯片主题

(1) 新建文档　运行 Microsoft Power Point 2010,新建一个空白演示文稿,选择"开始"→"新建幻灯片",在演示文稿中插入 5 张新幻灯片。

(2) 设计主题　在 Microsoft Power Point 2010 主界面中,单击"设计"选项卡,在"主题"工具组中,选择合适的幻灯片主题,本例选择"夏至",单击该主题右键,选择"应用于所有幻灯片",如图 1 - 15 - 2 所示,则将整套幻灯片设置成统一风格的主题。

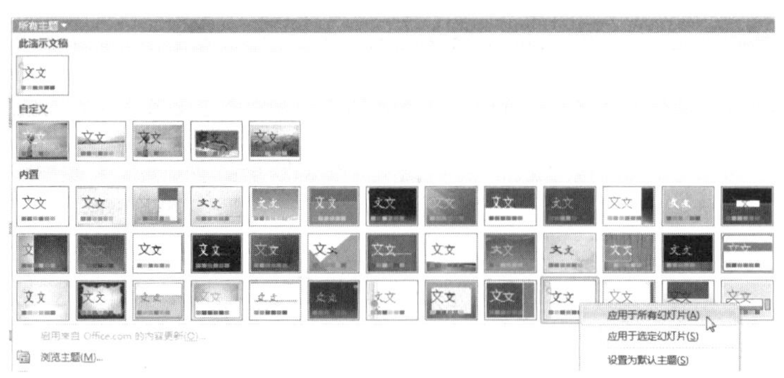

图 1 - 15 - 2　设计幻灯片主题

2. 编辑第一张幻灯片

(1) 输入标题　在第一张幻灯片的标题栏中,输入"小米手机",并将字体设置为隶书、

60、绿色。在副标题栏中，输入“公司内部交流材料”，并将字体设置为宋体、20、蓝色。

(2) 插入文本框　选择“插入”→“文本框”→“横排文本框”，如图 1-15-3 所示。在第 1 张幻灯片空白处，拖拉出一个文本框，然后输入“产品背景”“主要参数”“主要产品”“销售渠道”等，并将字体设置为隶书、36、深红。

图 1-15-3　插入文本框

(3) 插入图片　选择“插入”→“图片”→“插入图片”，在“插入图片”对话框中选择素材图片“2.jpg”。插入图片后，可以通过拖动图片的控制点，改变图片大小及位置。

3. 编辑第二～五张幻灯片

(1) 标题、文本框、图片　方法同上，在第二～五张幻灯片的标题栏中，分别输入“产品背景”“主要参数”“主要产品”“销售渠道”等幻灯片标题，统一设置字体：隶书、44、深红。在插入的文本框中，分别找到与标题相关的素材文字和图片，文字内容用“复制”→“粘贴”，图片用“插入”→“图片”，完成第二～五张幻灯片的编辑。

(2) 插入表格　在第三张幻灯片中，选择“插入”→“表格”命令，在弹出的“插入表格”对话框中，设置表格的 4 行、6 列，如图 1-15-4 所示。在表格内输入素材中的“主要参数”内容，并根据内容，调整表格的行高和列宽。

(3) 设置表格边框和底纹　选中整个表格，选择“表格工具”→“设计”选项卡，单击“边框”按钮，选择“所有框线”，如图 1-15-5 所示；选择表格的第 1 列，单击“底纹”按钮，选择淡绿色，如图 1-15-6 所示。用同样方法，设置表格第 3 列和第 5 列的底纹。

(4) 设置表格的字体和对齐方式　选中整个表格，在“开始”→“字体”选项卡，设置字体：宋体、20、颜色自动、居中。

4. 保存文件

选择“文件”→“另存为”命令，将完成的作品以“小米手机 15.pptx”为文件名，保存在指定文件夹中。

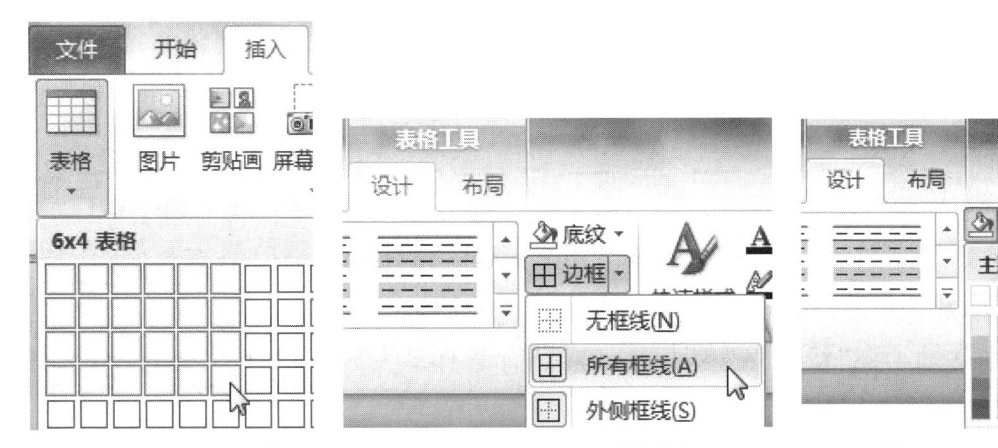

图 1-15-4　插入表格　　图 1-15-5　设置边框

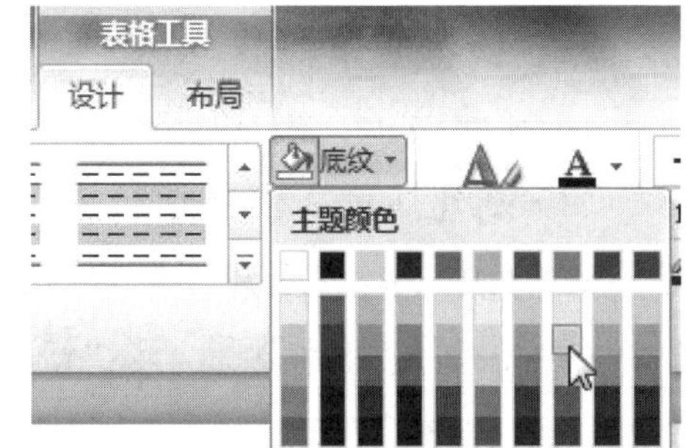

图 1-15-6　设置底纹

活动 16 演示文稿——创建自由规划的产品宣传文稿

一、活动目的

1. 进一步熟悉演示文稿的自由设计。
2. 掌握幻灯片背景的设置方法。
3. 掌握艺术字等对象的设置方法。
4. 掌握 SmartArt 图形的插入和编辑方法。

二、活动任务

使用电子演示文稿制作软件,创建小米手机产品多媒体宣传文稿,要求宣传文稿有统一风格,添加艺术字、插入艺术字和 SmartArt 图形等对象。参考样张如图图 1-16-1 所示。

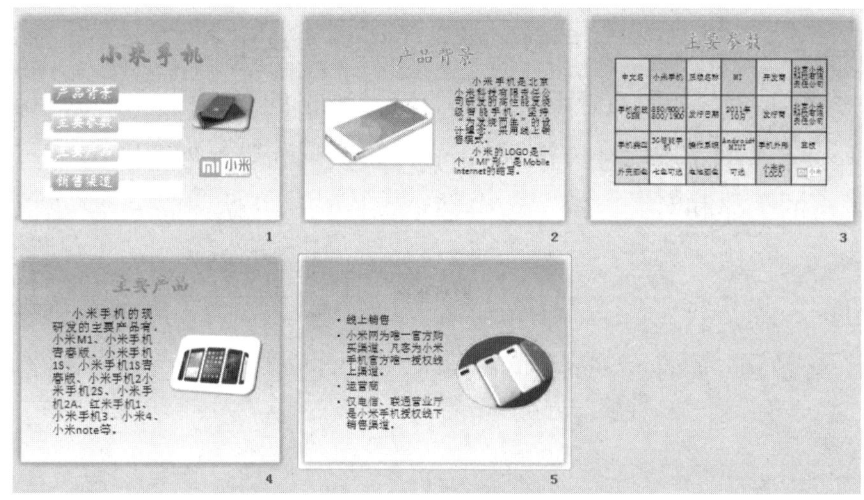

图 1-16-1 活动 16 参考样张

三、参考操作步骤

1. 新建演示文档,确定幻灯片版式

(1) 新建演示文档 运行 Microsoft Power Point 2010,新建一个空白演示文稿,在“开始”选项卡中,单击“新建幻灯片”按钮,在演示文稿中插入新的幻灯片,共 5 张。

(2) 设置幻灯片背景 在“设计”选项卡中,单击“背景样式”按钮,在下拉列表中,选择“设置背景格式”,如图 1-16-2 所示。

进入“设置背景格式”对话框,在“填充”选项卡中,选择“渐变填充”,打开“预设颜色”下拉列表,选择“雨后初晴”,单击【全部应用】按钮,如图 1-16-3 所示。

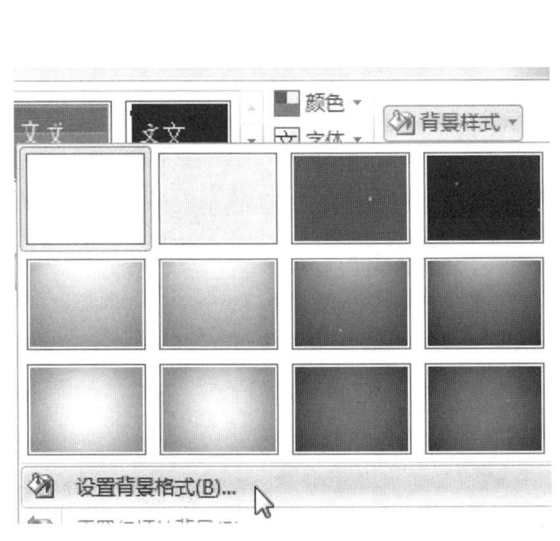

图 1-16-2 背景样式

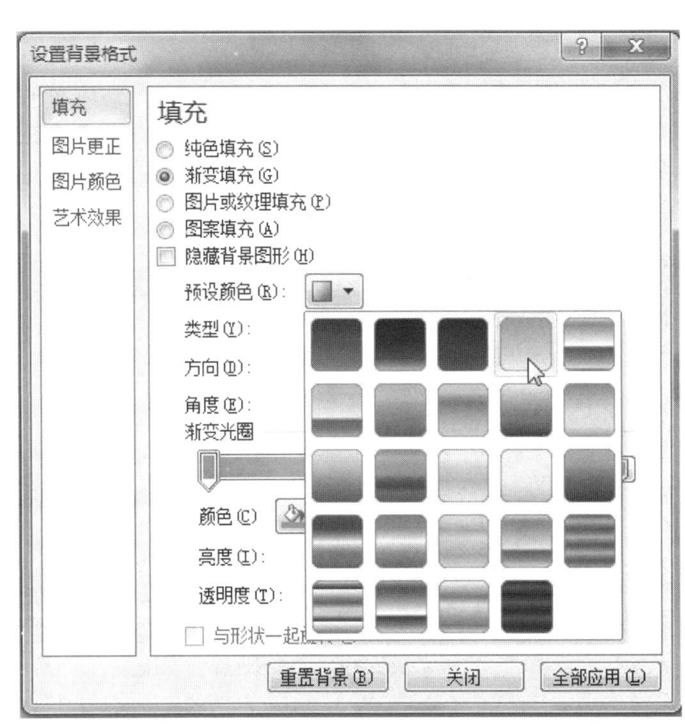

图 1-16-3 设置背景填充

2. 插入艺术字标题

(1) 插入艺术字　选中第一张幻灯片，在“插入”选项卡中，单击“艺术字”按钮；在弹出的“艺术字库”下拉窗口中，选择合适的艺术字样式，本例选 5 行 3 列。在“请在此放置您的文字”处，输入文字“小米手机”。

(2) 编辑艺术字　选中文字，切换到“开始”选项卡中，在“字体”组中设置艺术字字体：华文行楷、72。

3. 插入图片

(1) 插入图片　选择“插入”→“图片”，选择素材提供的图片“1. jpg”，插入图片后，拖动图片的控制点，改变图片大小及位置。

(2) 编辑图片　选中图片，在“图片工具”→“格式”→“图片样式”列表中，选择一种合适的图片样式，本例选“棱台透视”，如图 1-16-4 所示。用同样方法，再插入一张图片，并将图片样式设置为“圆形对角白色”。

图 1-16-4 棱台透视 图片样式

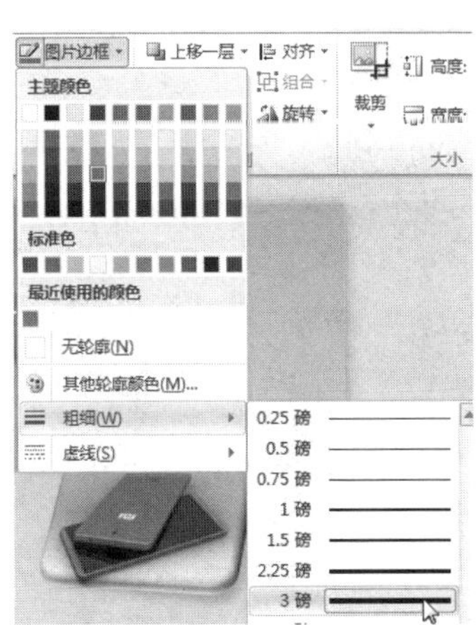

图 1-16-5 设置图片边框

4. 插入 SmartArt 图形

(1) 插入 SmartArt 图形　在“插入”选项卡的“插图”组,打开“SmartArt”列表框,选择“列表”→“垂直框列表”,单击【确定】按钮,如图 1-16-6 所示,则在文档中插入了一个“垂直框列表”图形。

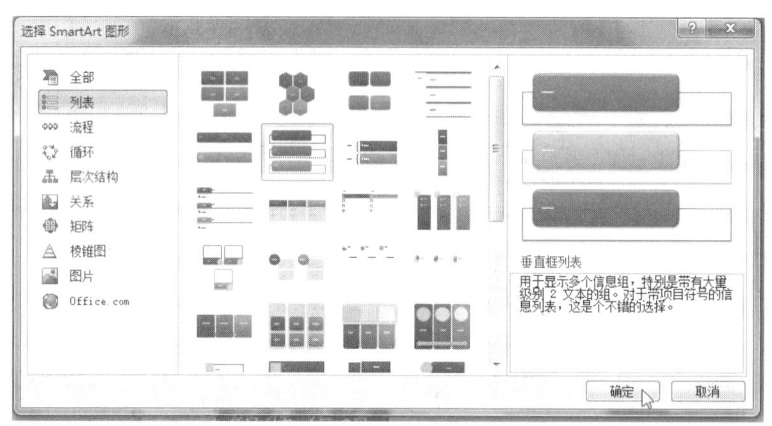

图 1-16-6　插入图形

(2) 添加形状　由于需要展示的形状有 4 个,而默认的形状只有 3 个,所以需要添加一个形状。选择图形中的一个形状,单击右键,在快捷菜单中选择“添加形状”→“在后面添加形状”,如图 1-16-7 所示,则将该 SmartArt 图形变成有 4 个形状组成的图形。

(3) 编辑 SmartArt 图形　选中该图形,在“SmartArt 工具—设计”的“SmartArt 样式”组,打开“更改颜色”列表框,本例选“彩色—彩色范围强调文字颜色 5 至 6”,如图 1-16-8 所示。在右侧的“SmartArt 样式”列表框中,选择“三维”→“优雅”样式,如图 1-16-9 所示。

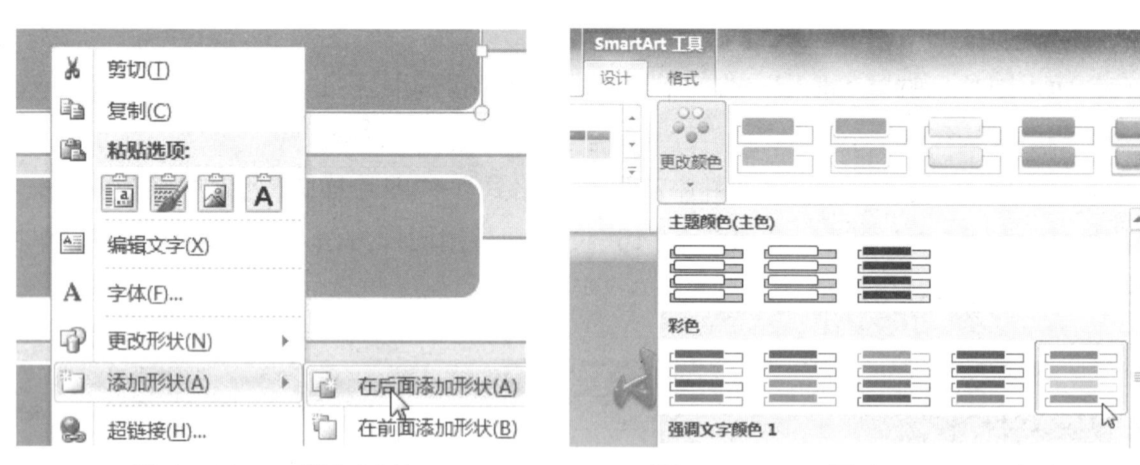

图 1-16-7　添加形状　　图 1-16-8　更改 SmartArt 色彩

(4) 在图形中输入文字　在图形的“文本”区域,单击右键,在快捷菜单中,选择“编辑文字”,如图 1-16-10 所示。在 4 个图形中分别输入“产品背景”“主要参数”“主要产品”“销售渠道”等文字,并设置字体:楷体、40 磅。

5. 设计第二~五张幻灯片

用同样的方法,设计编辑第二~五张幻灯片,在每张幻灯片中插入艺术字标题,对图片做适当的美化编辑,设计完成的作品如图 1-16-1 所示。

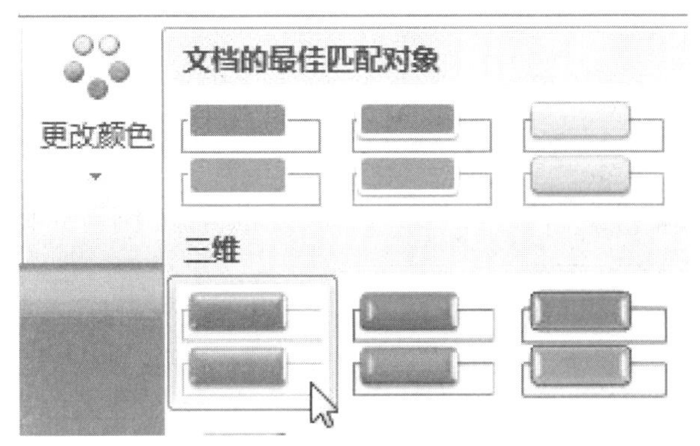

图 1-16-9 “三维”→“优雅”样式

图 1-16-10 编辑文字

6. 保存文件

选择“文件”→“另存为”命令，将完成的作品以“小米手机 16. pptx”为文件名，保存在指定文件夹中。

活动 17 演示文稿——创建生动的产品宣传文稿

一、活动目的

1. 掌握建立幻灯片超链接的方法。
2. 设置幻灯片的切换方法。
3. 掌握对象的动画设置方法。

二、活动任务

使用电子演示文稿制作软件，创建生动的小米手机多媒体宣传文稿，要求在“小米手机 16. pptx”基础上，添加动画效果，建立方便快捷的超级链接，设置幻灯片的播放切换效果。参考样张如图 1-17-1 所示。

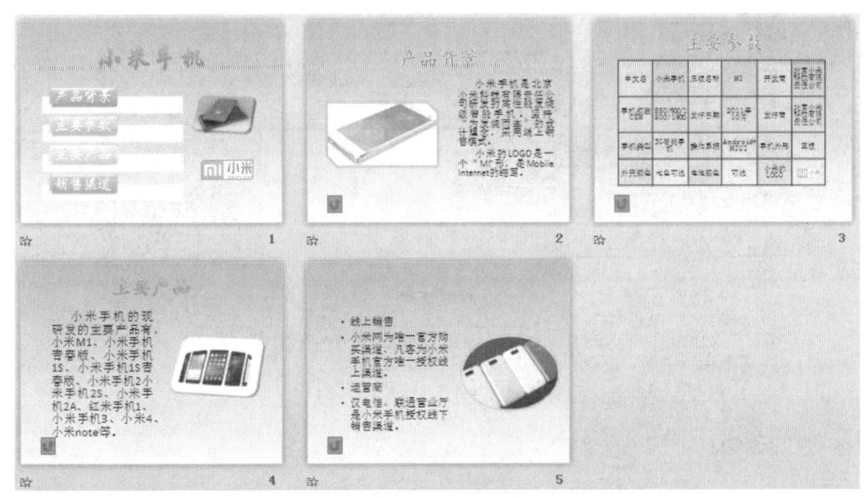

图 1-17-1 活动 17 参考样张

三、参考操作步骤

1. 打开文件

运行 Microsoft PowerPoint 2010，选择“文件”→“打开”命令，打开演示文档“小米手机16. pptx”。

2. 设置超链接

选中第一张幻灯片上的 SmartArt 图形中的第一个形状“产品背景”，单击右键，在快捷菜单中选择“超链接”，如图 1-17-2 所示。在弹出的“插入超链接”对话框中选“第 2 张幻灯片”，单击【确定】按钮，如图 1-17-3 所示。

图 1-17-2　选择超链接

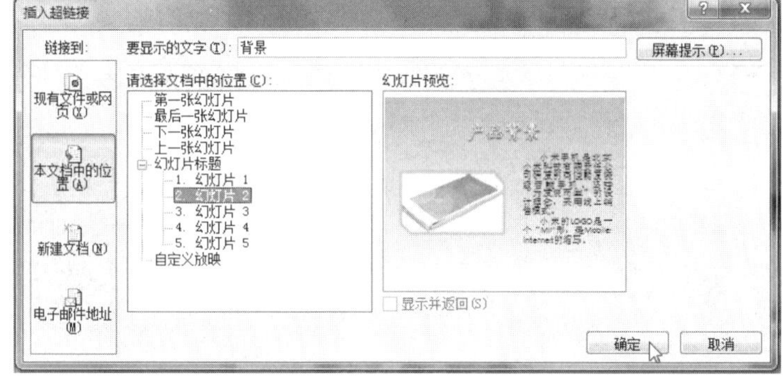

图 1-17-3　插入超链接

用同样方法，将另 3 个 SmartArt 图形，根据文字内容，分别超链接到第三～五张幻灯片。

3. 设置返回按钮

选中第二张幻灯片，单击“插入”→“形状”→“动作按钮”中的“上一张”动作按钮。在第二张幻灯片的左下角，用鼠标拉出一个“上一张”动作按钮。在随后弹出的“动作设置”对话框中，选择“超链接到”单选按钮，选“幻灯片...”。在弹出的“超链接到幻灯片”对话框中，选择“第 1 张”幻灯片，如图 1-17-4 所示，单击【确定】按钮。则完成了从第二张幻灯片返回到第一张幻灯片的动作按钮设置。

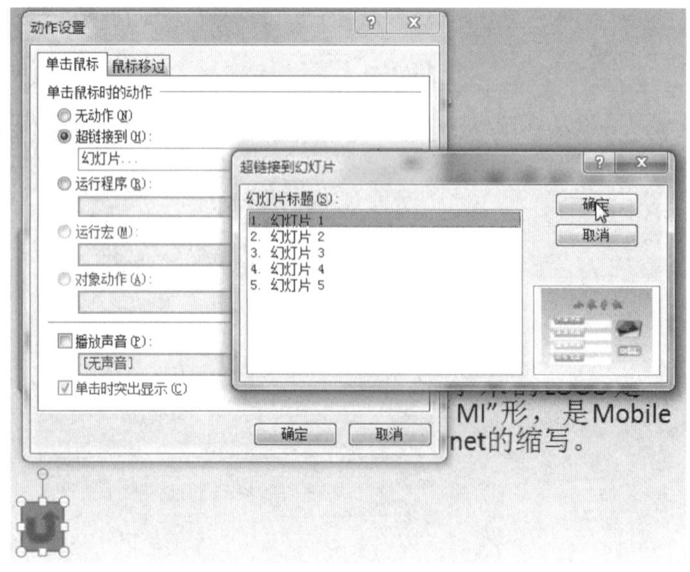

图 1-17-4　设置超链接

4. 复制返回按钮

选中第二张幻灯片的“返回”动作按钮，单击右键，在快捷菜单中，选择“复制”。将光标切换到第三张幻灯片，单击右键，在快捷菜单中，选择“粘贴”，则将该动作按钮复制到第三张幻灯片中。依次类推，可以将该动作按钮，复制到后面的第四五张幻灯片中，完成全部幻灯片的“返回”按钮设置。

5. 幻灯片的切换　在主菜单中选择“切换”，打开“切换”列表，单击“华丽型”→“百叶窗”，如图 1－17－5 所示。在视窗右侧的“效果选项”选择框中，选择切换方式“垂直”，如图 1－17－6 所示。如果要把整套幻灯片设置成相同的切换方式，则单击右侧的【应用于所有幻灯片】按钮即可，如图 1－17－7 所示。

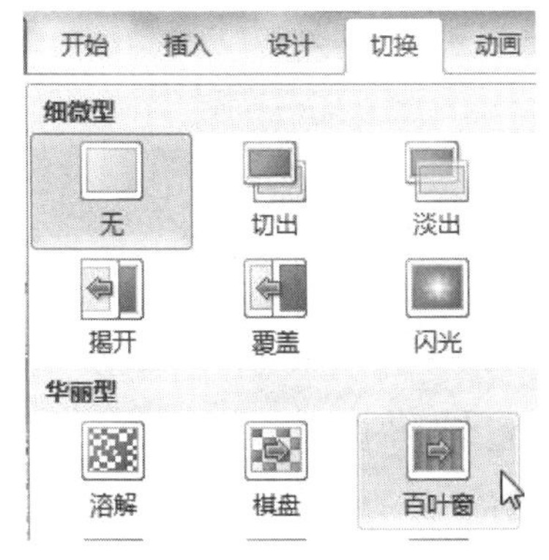

图 1－17－5　切换方式

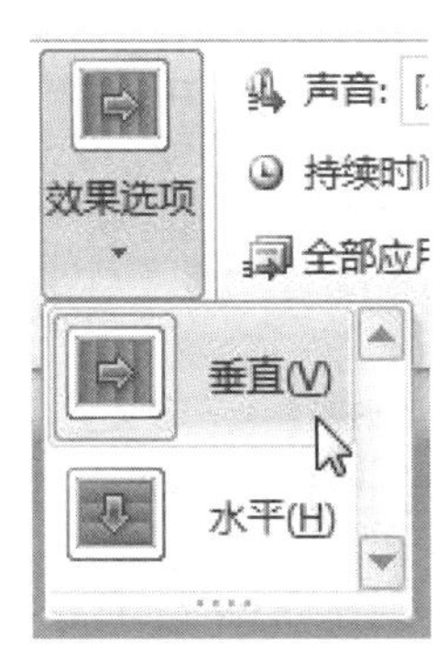

图1－17－6　效果选项

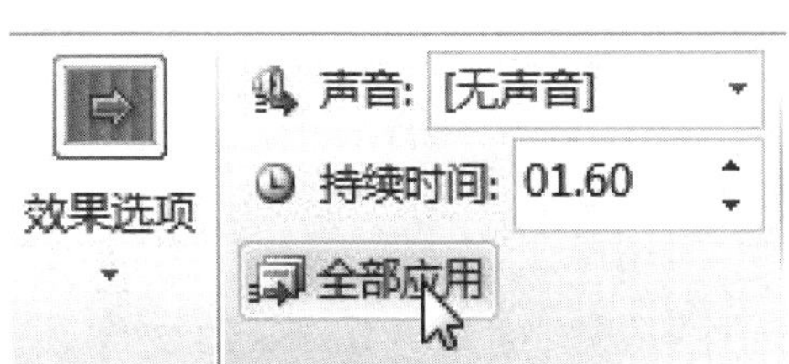

图 1－17－7　全部应用

6. 设置对象的动画

选中第一张幻灯片上的艺术字“小米手机”，选择主菜单“动画”，在弹出的“动画”列表框中，选择“强调”→“陀螺旋”，如图 1－17－8 所示。在视窗右侧的“效果选项”选择框中，选择动画方式“顺时针”→“完全旋转”，如图 1－17－9 所示。用同样方法，完成所有对象的动画设置。完成的作品如图 1－17－1 所示。

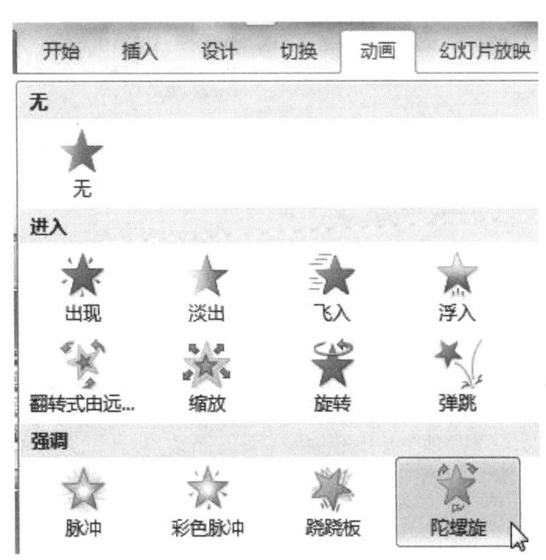

图 1－17－8　选择动画

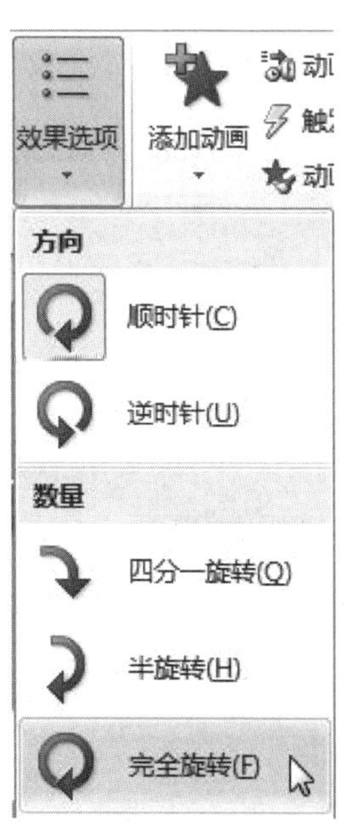

图 1－17－9　动画效果

7. 保存文件　选择“文件”→“另存为”,将完成的作品以“小米手机17.pptx”为文件名,保存在指定文件夹中。

活动18　演示文稿——创建有声有色有个性的产品宣传文稿

一、活动目的

1. 掌握母版的设置和应用。
2. 掌握背景音乐、视频对象的添加方法。
3,设置自动播放演示文稿方法。

二、活动任务

利用电子演示文稿制作软件,创建有声有色有个性的小米手机宣传文稿,要求设置具有特色的背景,插入音乐、视频文件及公司的图标等,并能自动播放演示文稿。参考样张如图1-18-1所示。

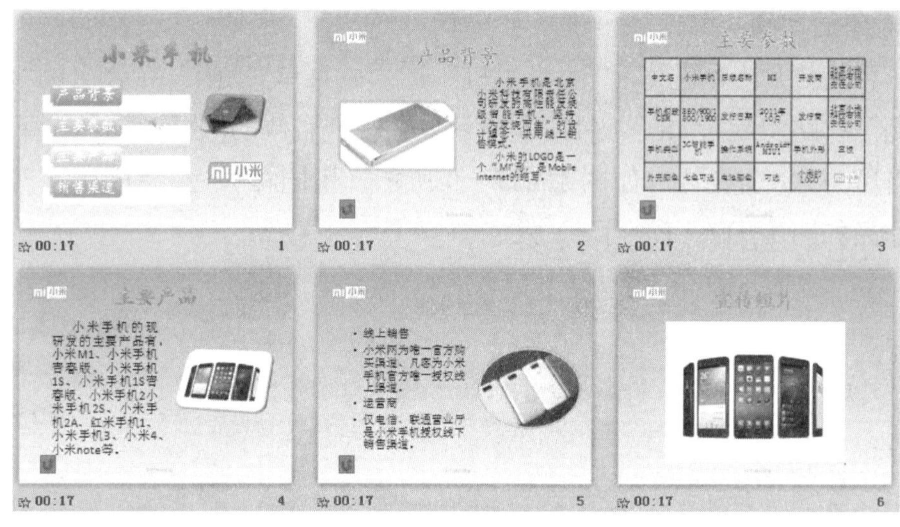

图1-18-1　活动18参考样张

三、参考操作步骤

1. 打开文件

运行Microsoft Power Point 2010,选择“文件”→“打开”,选择打开演示文档“小米手机17.pptx”。

2. 设置母版

(1) 进入幻灯片母版的编辑模式　单击“视图”选项卡“母板设置”组的“幻灯片母版”按钮,如图1-18-2所示。进入幻灯片母版的编辑模式,同时出现“幻灯片母版视图”预览窗。

将鼠标指向预览窗中的第三张幻灯片，系统提示“该母板设置适用于2－5张幻灯片”。

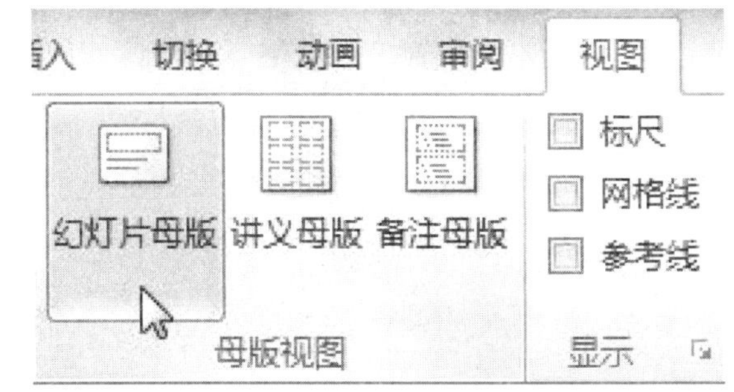

图1－18－2 幻灯片母板

（2）插入图标 在打开的“幻灯片母版视图”预览窗中，选中幻灯片母版编辑模式中的第三张幻灯片。单击“插入”→“图片”，找到素材图片“8.jpg”，拖曳图片到左上角，并设置合适的大小，利用母版，将公司图标，插入第二～五张幻灯片的左上角。

（3）设置页脚 选中幻灯片的底部页脚处，输入文字“内部交流材料”，设置字体：华文行楷、12磅、橙色。如果第一张不显示页脚，则在“插入”→“页眉和页脚”对话框中，勾选“标题幻灯片中不显示”，如图1－18－3所示。

图1－18－3 设置页脚

图1－18－4 关闭母版视图

（4）退出母版设置 回到幻灯片母版设置区域，单击“关闭母版视图”按钮，如图1－18－4所示。

3. 插入背景音乐和视频文件

（1）插入音频文件 选中第一张幻灯片，在“插入”选项卡的“媒体”组，单击“音频”按钮，在列表框中选“文件中的音频”，如图1－18－5所示。在弹出的“插入音频”对话框中，选择需要插入的音频文件“背景音乐.MID”，单击【插入】按钮。这时，在第一张幻灯片的中间，出现一个“小喇叭”图形，如图1－18－6所示。

图1－18－5 插入音频文件

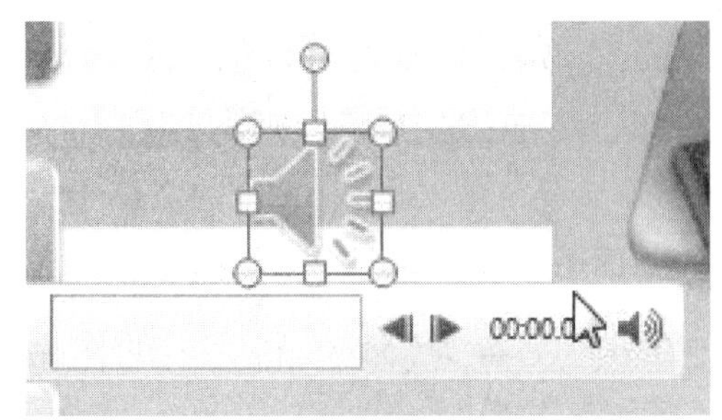
图1－18－6 插入音频后出现的小喇叭

(2) 设置音频文件播放格式　单击“小喇叭”图形,在“音频工具”→“播放”区域,勾选“循环播放、直到停止”和“播完返回开头”。在“开始”下拉列表框中,选择“跨幻灯片播放”,如图1-18-7所示。

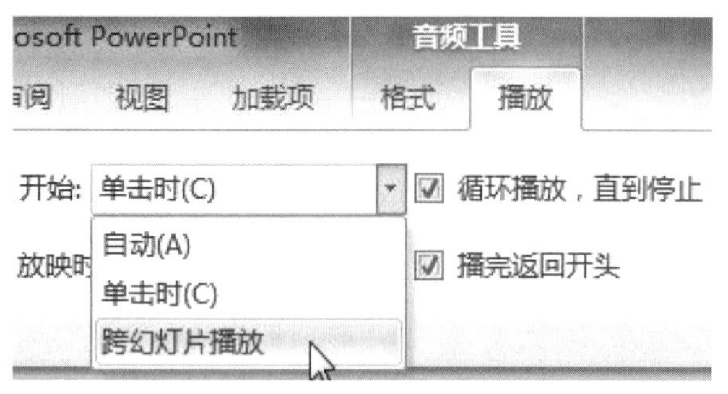

图 1-18-7　设置音频播放格式

图 1-18-8　设置标牌框架

(3) 插入视频文件　在整套幻灯片的最后,新建一张幻灯片,将标题设为“宣传短片”,楷体、54、深红。选中这张幻灯片,在“插入”选项卡的“媒体”组,单击“视频”按钮,在列表框中选“文件中的视频”,在弹出的“插入视频”对话框中,选择需要插入的视频文件“宣传短片.MP4”,单击【插入】按钮。这时,在这张幻灯片的中间,出现一个“视频”图形。

(4) 添加标牌框架　在“视频工具”→“格式”区域,单击“标牌框架”→“文件中的图像”,如图1-18-8所示。则在“视频”图形上加了一张图片,视频未播放时,这个视频图形上就显示这张图片。

(5) 设置视频播放格式　在“视频工具”→“播放”区域,勾选“播完返回开头”。在“开始”下拉列表框中,选择“单击时”,如图1-18-9所示。

4. 排练计时

(1) 在“幻灯片放映”选项卡的“设置”组中,单击“排练计时”按钮,如图1-18-10所示,开始放映幻灯片。此时屏幕上除了放映的幻灯片外,在左上角出现一个“录制”计时框,如图1-18-11所示。在该对话框中显示当前幻灯片的放映时间及总的放映时间。

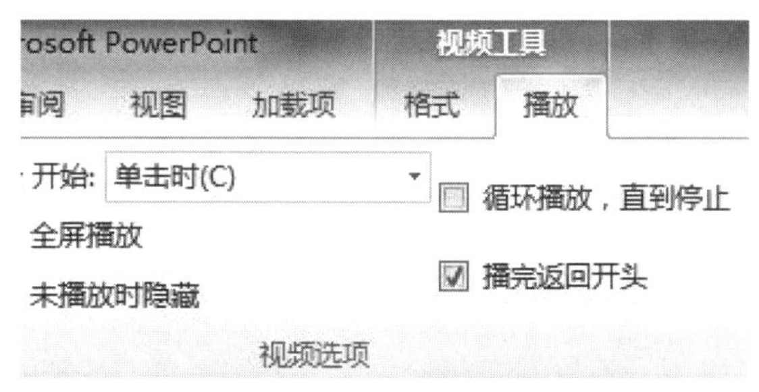

图 1-18-9　设置视频播放

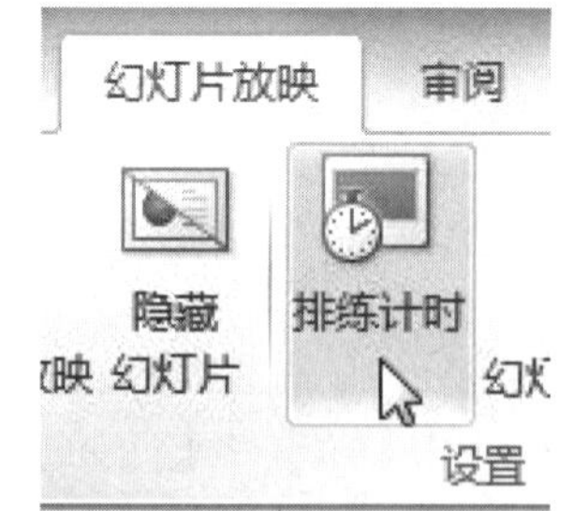

图 1-18-10　排练计时

图 1-18-11　录制计时框

(2) 按照需要,确定每张幻灯片的放映时间,逐张放映幻灯片至结束后会弹出图1-18-12所示的对话框,单击【是】按钮,则保留了排练播放时间。编辑完成的作品如图1-18-1所示。

5. 保存文件

选择“文件”→“另存为”命令,将完成的作品以“小米手机18.pptx”为文件名,保存指定文件夹中。

图 1－18－12　保留排练计时

活动 19　电子表格——班级成绩统计

一、活动目的

1. 掌握电子表格中数据的输入和编辑。

2. 掌握公式与函数的使用。

二、活动任务

期中考试后，班级学习委员的小李要对全班各门考试情况做统计，并将该统计表上报到学校教务处备案，如图 1－19－1 所示。具体活动要求如下：

1. 将新转学来的两位同学分别插入各自的学号位置。并保存为“班级成绩. xlsx”。

2. 计算全班每位同学的总分和平均分。

3. 计算各门课程的平均分、最高分、最低分。

4. 按总分成绩排序列出名次。

班级成绩.xlsx

	A	B	C	D	E	F	G
1	学号	姓名	语文	数学	外语	信息技术	
2	1	利一平	74	94	88	78	
3	2	乐凯	82	75	82	66	
4	3	万培	64	67	48	89	
5	4	张宜	55	84	78	67	
6	5	谢静	82	71	80	56	
7	6	潘莉	25	56	35	87	
8	7	高华	92	99	93	34	
9	8	陈具萍	59	82	78	98	
10	9	支已炜	92	78	89	89	
11	11	陈琦	78	36	56	87	
12	12	贾灵力	54	62	34	67	
13	13	刘玮瑜	71	88	83	78	
14	14	朱红	85	71	82	79	
15	15	姚素英	55	74	74	70	
16	17	潘丽蓉	89	100	98	55	
17	18	沈庆	94	76	89	86	
18	19	丁慧茹	65	65	77	90	
19	20	陈莉	64	91	81	83	
20	21	王维	59	83	75	79	
21	22	朱琪	83	79	85	85	
22							
23	10	洪狄	83	78	99	92	
24	16	刘洪庆	79	82	83	69	
25							
26							
27							

图 1－19－1　活动 19 原始数据表

三、参考操作步骤

1. 将新转学来的两位同学分别插入各自的学号位置。

(1) 插入行　打开素材文件中的“班级成绩. xlsx”，右键单击行号 11，在弹出的快捷菜单中，选择“插入”，即在第 11 行前面，插入了一行。

(2) 复制、粘贴数据　选择表格的 A24：F24 单元格，单击“开始”→“复制”，再选择表格的 A11 单元格，单击“开始”→“粘贴”，把 10 号同学的学号、姓名、成绩等，都复制到指定的位置 A11：F11 中。用同样方法，把 20 号同学的数据复制、粘贴在第 A21：F21 行中。

	A	B	C	D	E	F	G
1	学号	姓名	语文	数学	外语	信息技术	
2	1	利一平	74	94	88	78	
3	2	乐凯	82	75	82	66	
4	3	万培	64	67	48	89	
5	4	张宜	55	84	78	67	
6	5	谢静	82	71	80	56	
7	6	潘莉	25	56	35	87	
8	7	高华	92	99	93	34	
9	8	陈具萍	59	82	78	98	
10	9	支已炜	92	78	89	89	
11	10	洪狄	83	78	99	92	
12	11	陈琦	78	36	56	87	
13	12	贾灵力	54	62	34	67	
14	13	刘玮瑜	71	88	83	78	
15	14	朱红	85	71	82	79	
16	15	姚素英	55	74	74	70	
17	16	刘洪庆	79	82	83	69	
18	17	潘丽蓉	89	100	98	55	
19	18	沈庆	94	76	89	86	
20	19	丁慧茹	65	65	77	90	
21	20	陈莉	64	91	81	83	
22	21	王维	59	83	75	79	
23	22	朱琪	83	79	85	85	
24							
25							

Sheet1 Sheet2 Sheet3

图 1-19-2　插入行、删除行后的数据表

(3) 删除行　选择表格的 A25:F26 单元格,单击鼠标右键,在弹出的快捷菜单中,选择“删除”,删除原来添加在此的转学来的同学信息。

编辑后的数据表,如图 1-19-2 所示。

2. 计算全班每位同学的总分和平均分

(1) 输入数据　选择表格的 G1 单元格,输入文字“总分”;选择表格的 H1 单元格,输入文字“平均分”。

(2) 计算总分

①计算第一位同学的总分:选择表格的 G2 单元格,单击“开始”→“自动求和”,选择范围 C2:F2,单击回车”,在 G2 单元格得到第一位同学 4 门课程的总分 334;

②计算全体同学的总分:选择表格的 C3:G23 单元格,单击“开始”→“自动求和”,在 G3:G23 单元格,得到其余 21 位同学 4 门课程的总分。

(3) 计算平均分　选择表格的 H2 单元格,单击“开始”→“自动求和”,下拉表中选择“平均值”,如图 1-19-3 所示,取值范围 C2:F2,单击回车键,在 H2 单元格得到第一位同学 4 门课程的平均分 84。

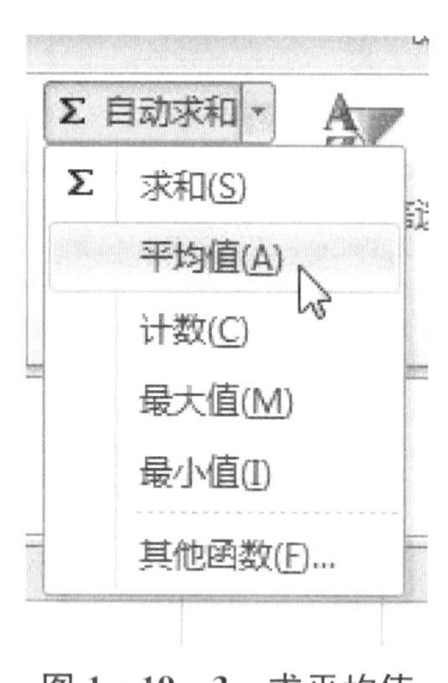

图 1-19-3　求平均值

	A	B	C	D	E	F	G	H
1	学号	姓名	语文	数学	外语	信息技术	总分	平均分
2	1	利一平	74	94	88	78	334	84
3	2	乐凯	82	75	82	66	305	76
4	3	万培	64	67	48	89	268	67
5	4	张宜	55	84	78	67	284	71
6	5	谢静	82	71	80	56	289	72
7	6	潘莉	25	56	35	87	203	51
8	7	高华	92	99	93	34	318	80
9	8	陈具萍	59	82	78	98	317	79
10	9	支已炜	92	78	89	89	348	87
11	10	洪狄	83	78	99	92	352	88
12	11	陈琦	78	36	56	87	257	64
13	12	贾灵力	54	62	34	67	217	54
14	13	刘玮瑜	71	88	83	78	320	80
15	14	朱红	85	71	82	79	317	79
16	15	姚素英	55	74	74	70	273	68
17	16	刘洪庆	79	82	83	69	313	78
18	17	潘丽蓉	89	100	98	55	342	86
19	18	沈庆	94	76	89	86	345	86
20	19	丁慧茹	65	65	77	90	297	74
21	20	陈莉	64	91	81	83	319	80
22	21	王维	59	83	75	79	296	74
23	22	朱琪	83	79	85	85	332	83

图 1-19-4　计算好的平均值

(4) 利用自动填充柄,计算其余同学的平均值　将鼠标放在 H2 单元格的右下角,当鼠标变成“十”时双击鼠标左键,得到其余每位同学的 4 门课程平均分,如图 1-19-4 所示。

3. 计算各门课程的平均分、最高分、最低分

(1) 计算各门课程的平均分　选择表格的 C24 单元格,单击“开始”→“自动求和”,下拉表

中选择“平均值”，取值范围 C2:C23，单击回车键，在 C24 单元格得到全班语文课程的平均分 72。

（2）计算各门课程的最高分　选择表格的 C25 单元格，单击“开始”→“自动求和”，下拉表中选择“最大值”，取值范围 C2:C23，单击回车键，在 C25 单元格得到全班语文课程的最高分 94。

（3）计算各门课程的最低分　选择表格的 C26 单元格，单击“开始”→“自动求和”，下拉表中选择“最小值”，取值范围 C2:C23，单击回车键，在 C26 单元格得到全班语文课程的最低分 25。

利用自动填充柄，计算其余各门课程的平均值、最大值、最小值。

4. 请按总分成绩排序，列出全班名次

（1）按照总分排序　选择表格的 A1:H23 单元格，单击“开始”→“排序与筛选”，下拉表中选择“自定义排序”，如图 1-19-5 所示。在弹出的“排序”对话框中，选择“主要关键字”→“总分”；“排序依据”→“数值”；“次序”→“降序”，单击【确定】按钮，如图 1-19-6 所示。则将全班同学按照“总分”的“降序”排列。

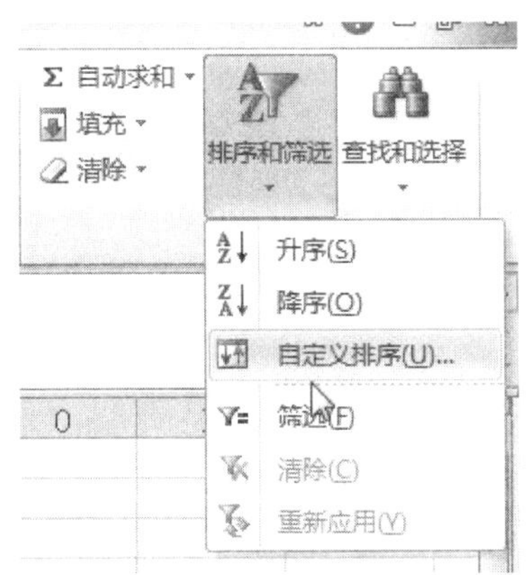

图 1-19-5　自定义排序

图 1-19-6　排序对话框

（2）使用序列填充名次　在 I1 单元格中输入文字“名次”，在 I2 单元格中输入 1，然后选中 I2:I23 单元格区域，单击“开始”→“编辑”→“填充”的下拉表，选择“系列”，如图 1-19-7 所示。在弹出的“序列”对话框中，按照图 1-19-8 所示选择“序列产生在”→“列”；“类型”→“等差序列”；“步长值”→“1”，单击【确定】按钮，则在 I2:I23 单元格区域自动填充了 1—22 的序号。也可以利用自动填充柄，在 I2:I23 区域，输入 1～22，得到全班的总分成绩名次。

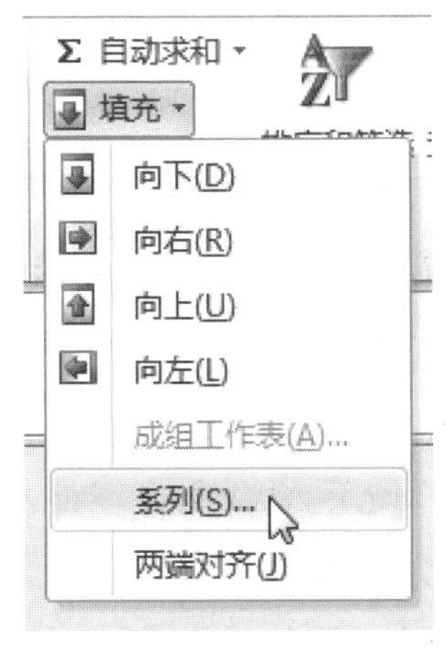

图 1-19-7　选择“系列”

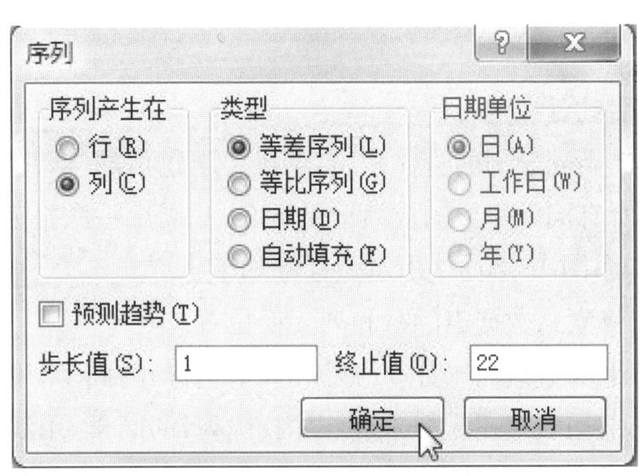

图 1-19-8　序列设置

给表格加上边框,数据居住对齐,制作好的统计表,如图 1 - 19 - 9 所示。

	A	B	C	D	E	F	G	H	I
1	学号	姓名	语文	数学	外语	信息技术	总分	平均分	名次
2	10	洪狄	83	78	99	92	352	88	1
3	9	支已炜	92	78	89	89	348	87	2
4	18	沈庆	94	76	89	86	345	86	3
5	17	潘丽蓉	89	100	98	55	342	86	4
6	1	利一平	74	94	88	78	334	84	5
7	22	朱琪	83	79	85	85	332	83	6
8	13	刘玮瑜	71	88	83	78	320	80	7
9	20	陈莉	64	91	81	83	319	80	8
10	7	高华	92	99	93	34	318	80	9
11	8	陈具萍	59	82	78	98	317	79	10
12	14	朱红	85	71	82	79	317	79	11
13	16	刘洪庆	79	82	83	69	313	78	12
14	2	乐凯	82	75	82	66	305	76	13
15	19	丁慧茹	65	65	77	90	297	74	14
16	21	王维	59	83	75	79	296	74	15
17	5	谢静	82	71	80	56	289	72	16
18	4	张宜	55	84	78	67	284	71	17
19	15	姚素英	55	74	74	70	273	68	18
20	3	万培	64	67	48	89	268	67	19
21	11	陈琦	78	36	56	87	257	64	20
22	12	贾灵力	54	62	34	67	217	54	21
23	6	潘莉	25	56	35	87	203	51	22
24		平均分	72	77	77	77	302	76	23
25		最高分	94	100	98	98	345	86	
26		最低分	25	36	34	34	203	51	
27									

图 1 - 19 - 9　活动 19 完成的统计表

5. 保存文件

选择“文件”→“另存为”,在打开的“另存为”对话框中,设置保存位置到指定文件夹、文件名“班级成绩. xlsx”,单击【保存】按钮。

活动 20　电子表格——1000 米长跑成绩统计表

一、活动目的

1. 掌握电子表格的格式设置。
2. 掌握电子表格的条件格式使用。

二、活动任务

为了提高同学们的身体素质,学校要求每位同学,每天早晨开展 1 000 米长跑锻炼。体育委员要把所有同学每天的成绩记录下来,一周出一次报表,挂在班级群里,作为体能锻炼的考核指标,如图图 1 - 20 - 1 所示。任务如下:

1. 请将素材数据表的行和列互换位置。
2. 将平均成绩在 4 分 50 秒以上(未达标)的同学,用浅红填充色深红色文本显示。
3. 将平均成绩在 3 分 40 秒以内(优秀)的同学,用浅绿填充色深绿色文本显示。
4. 给表格加上标题“第五周全班 1 000 米长跑成绩表”,字体:黑体、21、绿色;对齐方式:

跨列居中；加浅黄色底纹。

5. 给表格加双线外框线和最细内部线，表头行加浅蓝颜色底纹，自动调整列宽。

	A	B	C	D	E	F	G	H	I	J	K	L	M	N	O	P	Q	R	S	T	U
1	学号	1	2	3	4	5	6	7	8	9	11	12	13	14	15	17	18	19	20	21	22
2	姓名	利一平	乐凯	万培	张宜	谢静	潘莉	高华	陈具萍	支已炜	陈琦	贾灵力	刘玮瑜	朱红	姚素英	潘丽蓉	沈庆	丁慧茹	陈莉	王维	朱琪
3	星期一	5:34	3:45	4:33	3:55	8:23	8:34	4:23	5:34	3:45	4:44	3:33	7:56	4:33	5:11	5:45	4:13	5:34	4:35	6:42	6:24
4	星期二	5:23	3:56	4:52	4:43	7:45	6:45	4:20	6:34	3:23	4:30	3:50	7:33	4:55	5:34	6:34	4:23	3:23	5:23	6:23	5:34
5	星期三	4:23	5:33	4:20	5:24	7:41	7:33	3:37	5:34	3:45	4:56	3:54	8:34	4:34	4:34	3:56	4:53	5:23	4:52	4:34	4:34
6	星期四	5:10	3:50	5:55	5:30	8:53	7:11	3:56	6:22	3:45	4:20	3:45	4:22	4:34	4:32	4:13	5:55	3:54	3:45	4:50	4:36
7	星期五	4:34	3:45	3:40	4:45	8:22	5:43	5:54	4:55	3:50	3:55	3:39	3:45	4:45	3:46	4:56	3:42	3:56	3:55	5:34	4:24
8																					

图 1-20-1　素材　长跑成绩　原始数据表

三、参考操作步骤

1. 将素材数据表的行和列互换位置

(1) 复制表格-装置粘贴　打开素材文件中的“长跑成绩.xlsx”，选择 A1:U7 单元格区域，右键单击“复制”。再将光标放在 A9 单元格，右键单击“粘贴选项”→“转置”，即把素材表格的行和列互换了位置，如图图 1-20-2 所示。

(2) 删除行　选择表格的 1～7 行号(留第 8 行，是为了加表格的标题)，单击鼠标右键，在弹出的快捷菜单中，选择“删除”，即把原来的表格数据全部删除。

1						
2	姓名	星期一	星期二	星期三	星期四	星期五
3	利一平	5:34	5:23	4:23	5:10	4:34
4	乐凯	3:45	3:56	5:33	3:50	3:45
5	万培	4:33	4:52	4:20	5:55	3:40
6	张宜	3:55	4:43	5:24	5:30	4:45
7	谢静	8:23	7:45	7:41	8:53	8:22
8	潘莉	8:34	6:45	7:33	7:11	5:43
9	高华	4:23	4:20	3:37	3:56	5:54
10	陈具萍	5:34	6:34	5:34	6:22	4:55
11	支已炜	3:45	3:23	3:45	3:45	3:50
12	陈琦	4:44	4:30	4:56	4:20	3:55
13	贾灵力	3:33	3:50	3:54	3:45	3:39
14	刘玮瑜	7:56	7:33	8:34	4:22	3:45
15	朱红	4:33	4:55	4:34	4:34	4:45
16	姚素英	5:11	5:34	4:34	4:32	3:46
17	潘丽蓉	5:45	6:34	3:56	4:13	4:56
18	沈庆	4:13	4:23	4:53	5:55	3:42
19	丁慧茹	5:34	3:23	5:23	3:54	3:56
20	陈莉	4:35	5:23	4:52	3:45	3:55
21	王维	6:42	6:23	4:34	4:50	5:34
22	朱琪	6:24	5:34	4:34	4:36	4:24

图 1-20-2　转置后的数据表

2. 将平均成绩在 5 分 30 秒以上(未达标)的同学，用浅红填充色深红色文本显示

(1) 条件格式　选择 C3:G22 单元格区域，单击“开始”→“条件格式”，在下拉表中选择“突出显示单元格规则”→“大于”，如图 1-20-3 所示。

(2) 设置参数　在弹出的对话框中，设置“大于 5:30”为“浅红填充色深红色文本”，单击【确定】按钮，如图 1-20-4 所示。

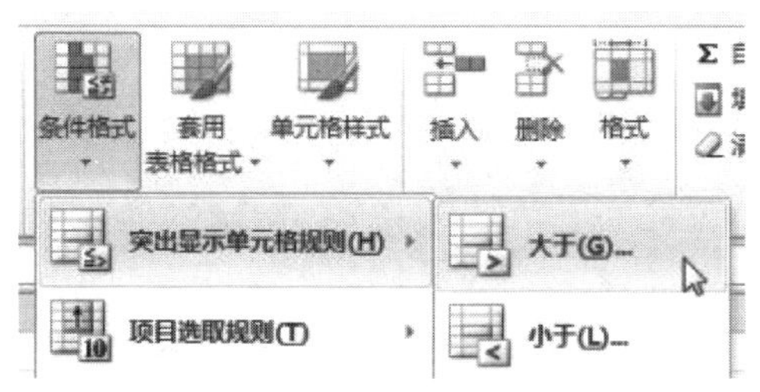

图 1-20-3　条件格式

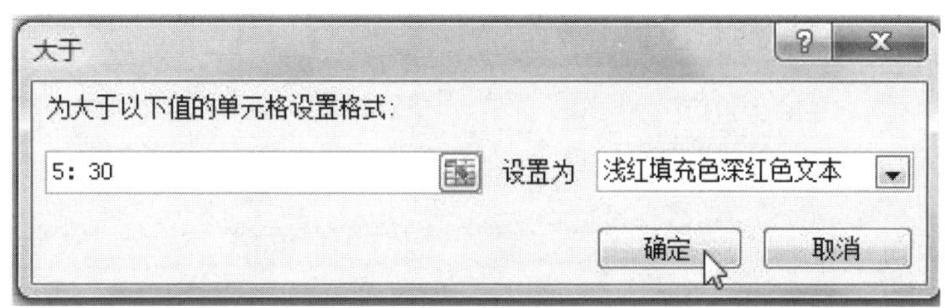

图 1-20-4　设置条件格式参数

3. 将平均成绩在 3 分 40 秒以内(优秀)的同学，用浅绿填充色深绿色文本显示

(1) 条件格式　选择 C3:G24 单元格区域，单击“开始”→“条件格式”，在下拉表中选择

	姓名	星期一	星期二	星期三	星期四	星期五
1						
2	姓名	星期一	星期二	星期三	星期四	星期五
3	利一平	5:34	5:23	4:23	5:10	4:34
4	乐凯	3:45	3:56	5:33	3:50	3:45
5	万培	4:33	4:52	4:20	5:55	3:40
6	张宜	3:55	4:43	5:24	5:30	4:45
7	谢静	8:23	7:45	7:41	8:53	8:22
8	潘莉	8:34	6:45	7:33	7:11	5:43
9	高华	4:23	4:20	3:37	3:56	5:54
10	陈具萍	5:34	6:34	5:34	6:22	4:55
11	支已炜	3:45	3:23	3:45	3:45	3:50
12	陈琦	4:44	4:30	4:56	4:20	3:55
13	贾灵力	3:33	3:50	3:54	3:45	3:39
14	刘玮瑜	7:56	7:33	8:34	4:22	3:45
15	朱红	4:33	4:55	4:34	4:34	4:45
16	姚素英	5:11	5:34	4:34	4:32	3:46
17	潘丽蓉	5:45	6:34	3:56	4:13	4:56
18	沈庆	4:13	4:23	4:53	5:55	3:42
19	丁慧茹	5:34	3:23	5:23	3:54	3:56
20	陈莉	4:35	5:23	4:52	3:45	3:55
21	王维	6:42	6:23	4:34	4:50	5:34
22	朱琪	6:24	5:34	4:34	4:36	4:24

图 1-20-5　设置完条件格式后的表格

"突出显示单元格规则"→"小于"。

(2) 设置参数　在弹出的对话框中,设置"小于 3:40"为"浅绿填充色深绿色文本",单击【确定】按钮。

4. 给表格加上标题

(1) 输入文字　将光标放在 A1 单元格中,在编辑栏中输入文字"第五周全班 1000 米长跑成绩表"。

(2) 设置跨列居中　选中 A1:G1 单元格区域,打开"开始"→"对齐方式"对话框,单击"对齐"选项卡,设置"水平对齐"→"跨列居中"。

(3) 设置底纹　选中 A1:G1 单元格区域,单击右键,选择"设置单元格格式",如图 1-20-6 所示。在弹出的对话框中,单击"填充"选项卡,设置"背景色"→"淡黄",单击【确定】按钮。

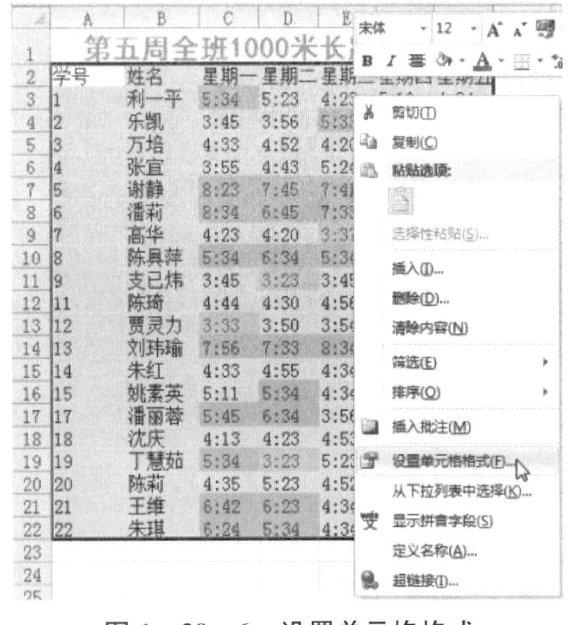

图 1-20-6　设置单元格格式

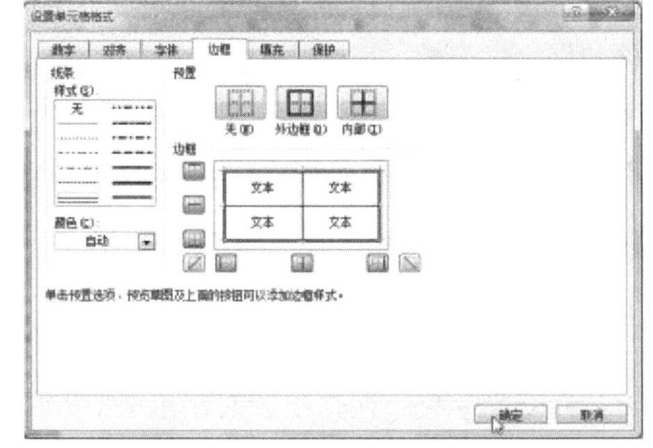

图 1-20-7　设置表格边框线

(4) 设置字体　选中 A1 单元格,设置字体:黑体、21、绿色。

5. 格式化表格

(1) 加边框线　选中 A2:G22 单元格区域,单击右键,选择"设置单元格格式",在弹出的对话框中,单击"边框"选项卡,设置外框线:双线;内部线:最细线,如图 1-20-7 所示,单击【确定】按钮。

(2) 设置字体　选中 A2:G22 单元格区域,在"开始"→"字体"区域,选择:宋体、11;颜色:自动。

(3) 设置对齐方式　选中 A2:G22 单元格区域,单击"开始"→"段落"组的"居中"按钮。

(4) 设置单元格底纹　选中 A2:G2 单元格区域,单击右键,选择“设置单元格格式”,在弹出的对话框中,单击“填充”选项卡,设置“背景色”→“浅蓝”。

(5) 自动调整列宽　选中 A2:G22 单元格区域,单击“开始”→“单元格”组的“格式”按钮,选择“自动调整列宽”,如图 1-20-8 所示。

编辑完成的数据表,如图 1-20-9 所示。

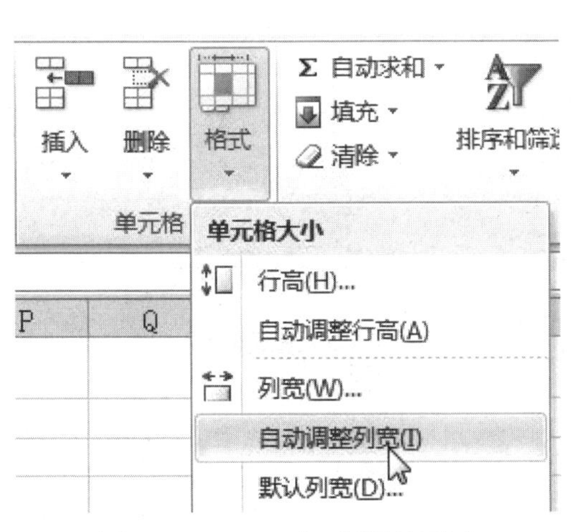

图 1-20-8　自动调整列宽

第五周全班1000米长跑成绩表

学号	姓名	星期一	星期二	星期三	星期四	星期五
1	利一平	5:34	5:23	4:23	5:10	4:34
2	乐凯	3:45	3:56	5:33	3:50	3:45
3	万培	4:33	4:52	4:20	5:55	3:40
4	张宜	3:55	4:43	5:24	5:30	4:45
5	谢静	8:23	7:45	7:41	8:53	8:22
6	潘莉	8:34	6:45	7:33	7:11	5:43
7	高华	4:23	4:20	3:37	3:56	5:54
8	陈具萍	5:34	6:34	5:34	6:22	4:55
9	支已炜	3:45	3:23	3:45	3:45	3:50
11	陈琦	4:44	4:30	4:56	4:20	3:55
12	贾灵力	3:33	3:50	3:54	3:45	3:39
13	刘玮瑜	7:56	7:33	8:34	4:22	3:45
14	朱红	4:33	4:55	4:34	4:34	4:45
15	姚素英	5:11	5:34	4:34	4:32	3:46
17	潘丽蓉	5:45	6:34	3:56	4:13	4:56
18	沈庆	4:13	4:23	4:53	5:55	3:42
19	丁慧茹	5:34	3:23	5:23	3:54	3:56
20	陈莉	4:35	5:23	4:52	3:45	3:55
21	王维	6:42	6:23	4:34	4:50	5:34
22	朱琪	6:24	5:34	4:34	4:36	4:24

图 1-20-9　完成的表格

6. 保存文件

选择“文件”→“另存为”,在打开的“另存为”对话框中,设置保存位置到指定文件夹、文件名“长跑成绩.xlsx”,单击【保存】按钮。

活动 21　电子表格——筛选不及格同学名单、分组统计各门课程的成绩

一、活动目的

1. 掌握电子表格中数据的筛选方法。
2. 掌握电子表格中数据的分类汇总方法。

二、活动任务

期中考试后,学习委员小李,要筛选出班级里各门课程不及格的同学名单,并分小组对各门课程的考试情况做分类汇总。具体活动要求如下:

1. 筛选班级里各门课程不及格的同学名单,并将文件保存在指定文件夹,名称“不及格名单.xlsx”。

2. 计算全班各个小组的各门课程的平均分,并将文件保存在指定文件夹,名称“各小组成绩分类汇总表. xlsx”。

三、参考操作步骤

1. 筛选各门课程不及格的同学

(1) 筛选　打开素材文件中的“班级分小组成绩. xlsx”,选择 A1:H23 区域,单击“开始”→“排序和筛选”→“筛选”,如图 1-21-1 所示。这时在表格的第一行的每个单元格都出现了一个小三角形,点击 E1 单元格“语文”右边的三角形,在出现的下拉列表中选择“数字筛选”→“小于”,如图 1-21-2 所示。

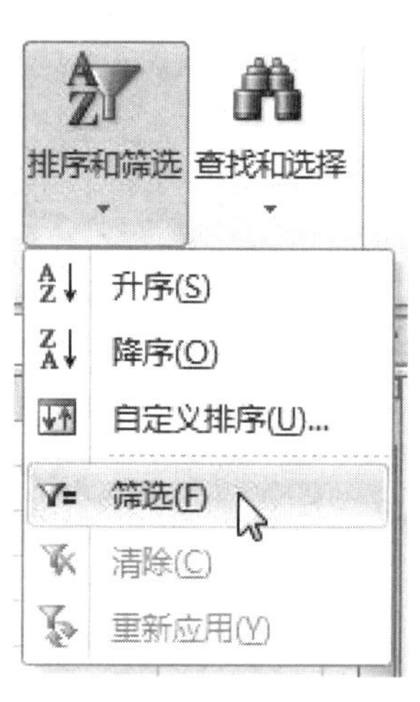

图 1-21-1　选择筛选

图 1-21-2　数字筛选-小于

在弹出的“自定义自动筛选方式”对话框中,设置语文“小于”、“60”,单击【确定】按钮,如图 1-21-3 所示。这时表格只显示筛选出来的语文成绩小于 60 分的 6 位同学的数据,如图 1-21-4 所示。其余不符合条件的同学信息都隐藏了。

图 1-21-3　“筛选”对话框中

	A	B	C	D	E
1	学号	姓名	组别	性别	语文
5	4	张宜	第3组	女	55
7	6	潘莉	第1组	女	25
9	8	陈具萍	第2组	女	59
13	12	贾灵力	第2组	男	54
16	15	姚素英	第2组	女	55
22	21	王维	第2组	男	59

图 1-21-4　筛选后的表格

(2) 复制筛选结果　单击 Sheet2 工作簿,在 A1 单元格,输入“语文不及格名单”。再单击 Sheet1 工作簿,选中筛选出来的语文成绩小于 60 分的数据表,右键单击“复制”。再切换到 Sheet2 工作簿,选中 A2 单元格,右键单击“粘贴选项”→“值”,把筛选后的数据全部复制到 Sheet2 工作簿中。

(3) 消除筛选　切换到 Sheet1 工作簿,点击 E1 单元格“语文”右边的三角形,在出现的下拉列表中选择“从“语文”中清除筛选”,如图 1-21-5 所示。则清除了“语文”课程的筛选,消除隐藏,把所有同学显示出来。

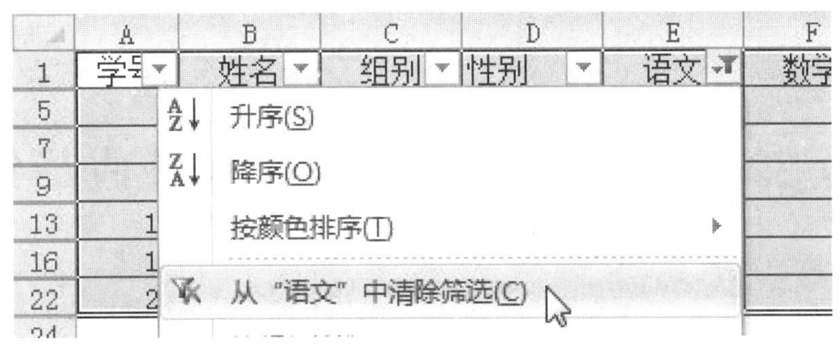

图 1-21-5 清除筛选

用同样的方法，筛选出其余三门课程的不及格名单，并将结果保存在指定文件夹，名称为"不及格名单.xlsx"。

2. 计算全班各个小组的各门课程的平均分

(1) 排序 打开素材文件"班级分小组成绩.xlsx"，选择 A1:H23 区域，单击"开始"→"排序和筛选"→"自定义排序"。在弹出的"排序"对话框中，选择"主要关键字"→"组别"；"排序依据"→"数值"；"次序"→"升序"，单击【确定】按钮，则将全班同学按照"组别"的"升序"排列。

(2) 分类汇总 选择 A1:H23 区域，选择"数据"→"分级显示"→"分类汇总"，在弹出"分类汇总"对话框中，设置分类字段：组别；汇总方式：平均值；选定汇总项：勾选语文、数学、英语、信息技术，单击【确定】按钮，如图 1-21-6 所示。

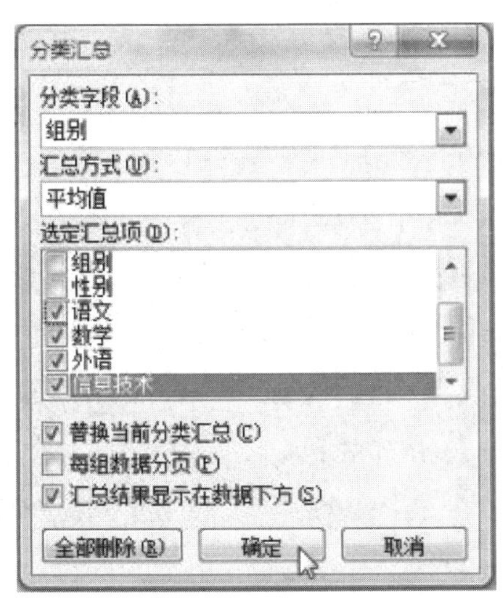

图 1-21-6 分类汇总对话框

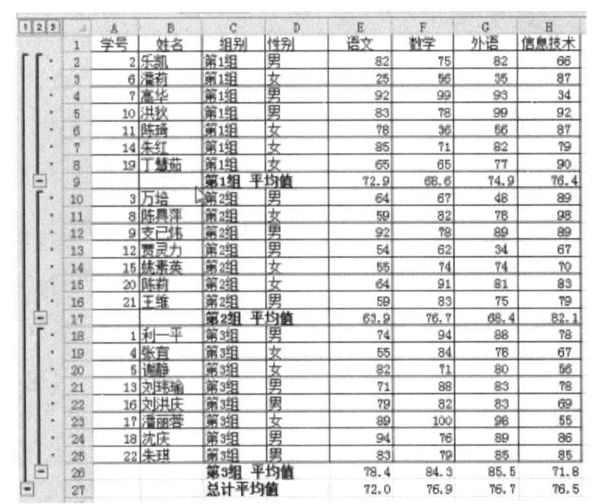

	学号	姓名	组别	性别	语文	数学	外语	信息技术
2	2	乐凯	第1组	男	82	75	82	66
3	6	潘莉	第1组	女	25	56	35	87
4	7	高华	第1组	男	92	99	93	34
5	10	洪秋	第1组	男	83	78	99	92
6	11	陈琦	第1组	女	78	36	66	87
7	14	朱红	第1组	女	85	71	82	79
8	19	丁慧茹	第1组	女	65	65	77	90
9			第1组 平均值		72.9	68.6	74.9	76.4
10	3	万培	第2组	男	64	67	48	89
11	8	陈昊泽	第2组	女	59	82	78	98
12	9	支已伟	第2组	男	92	78	89	89
13	12	贾灵力	第2组	男	54	62	34	67
14	15	姚素英	第2组	女	55	74	74	70
15	20	陈莉	第2组	女	64	91	81	83
16	21	王维	第2组	男	59	83	75	79
17			第2组 平均值		63.9	76.7	68.4	82.1
18	1	利一平	第3组	男	74	94	88	78
19	4	张宜	第3组	女	55	84	78	67
20	5	谢静	第3组	女	82	71	80	56
21	13	刘玮瑜	第3组	男	71	88	83	78
22	16	刘洪庆	第3组	男	79	82	83	69
23	17	潘丽蓉	第3组	女	89	100	98	55
24	18	沈庆	第3组	男	94	76	89	86
25	22	朱琪	第3组	男	83	79	85	85
26			第3组 平均值		78.4	84.3	85.5	71.8
27			总计平均值		72.0	76.9	76.7	76.5

图 1-21-7 分类汇总表

3. 保存文件

选择"文件"→"另存为"，在打开的"另存为"对话框中，设置保存位置到指定文件夹，文件名"各小组成绩分类汇总表.xlsx"，单击【保存】按钮。

活动22 电子表格——体育锻炼成绩统计

一、活动目的

掌握电子表格中统计图表的设置和格式化。

二、活动任务

为提高学生的身体素质,学校规定以小组为单位,开展1分钟跳绳比赛,并把每位学生的这两项成绩记录下来,作为期末体育课的参考成绩。具体活动要求如下:

1. 利用原始素材"体锻成绩.xlsx"数据,设计制作合适的统计表。该统计表应该包含小组每位同学的长跑成绩和一分钟跳绳成绩。
2. 分别统计每位同学两个项目的周平均成绩。
3. 设计合适的统计图,同时体现每位同学两个项目的周平均成绩。
4. 表格和图表都要有标题,并作适当的格式设置,使得表格和统计图美观、简洁。

三、参考操作步骤

1. 设计统计表

(1) 计算周平均成绩　打开"体锻成绩.xlsx"文件,可以看到"1 000米长跑"和"一分钟跳绳"两个不同的原始成绩统计表。分别计算长跑和跳绳的周平均成绩。

(2) 计算长跑平均成绩　因为长跑成绩由分钟数和秒钟数构成,所以在计算平均值时,要把分钟全部折换成秒数。在M3单元格中输入文字"长跑周平均成绩(秒)",将光标放在M5单元格中,在编辑栏中输入公式"=(SUM(C4, E4, G4, I4, K4)*60+SUM(D4, F4, H4, J4, L4))/5"(把所有的分钟加起来,乘以60,再加上所有的秒数,除以5天),得到第一位同学的长跑周平均成绩为278秒。再利用自动填充柄,计算全部同学的长跑周平均成绩。

(3) 计算跳绳周平均成绩　在H14单元格中输入"跳绳周平均成绩(次/分钟)",将光标放在H19单元格中,单击"开始"→"编辑"→"自动求和"下拉列表中的"平均值",选择C19:G19区域,单击编辑栏上的"√",在H19单元格中得到第一位同学的跳绳周平均成绩214。再利用自动填充柄,计算全部同学的跳绳周平均成绩,结果如图1-22-1所示。

(4) 设计统计表　在Sheet1表中,选中A14:B22区域,按住[Ctrl]键,同时选中H14:H22单元格区域,右键单击"复制",打开本工作簿中的"Sheet2"表,选中A2单元格,右键单击"粘贴"。用同样方法,将Sheet1表M3:M11的数据"复制"→"粘贴"→"数值"到"Sheet2"表中的D2:D10区域。

(5) 格式化统计表　选择A2:D10单元格,将外框线设置为双线,内部线设置为最细单

	A	B	C	D	E	F	G	H	I	J	K	L	M
1	1000米长跑												
2	学号	姓名	星期一		星期二		星期三		星期四		星期五		长跑周平均成绩（秒）
3			分	秒	分	秒	分	秒	分	秒	分	秒	
4	1	利一平	4	23	5	13	4	23	4	34	4	35	278
5	4	张宜	3	56	4	23	3	24	3	54	3	46	233
6	5	谢静	4	23	5	45	5	34	5	12	5	23	315
7	13	刘玮瑜	5	12	6	54	6	52	5	55	6	12	373
8	16	刘洪庆	3	54	3	54	3	56	3	56	4	54	247
9	17	潘丽蓉	5	34	3	55	4	23	4	23	4	34	274
10	18	沈庆	4	23	4	54	5	24	5	15	5	23	304
11	22	朱琪	4	33	3	57	3	56	3	59	3	33	240
12													
13	跳绳												
14	学号	姓名	一	二	三	四	五	跳绳周平均成绩（次/分钟）					
15	1	利一平	188	177	174	194	188	184					
16	4	张宜	167	145	155	163	178	162					
17	5	谢静	156	171	188	171	180	173					
18	13	刘玮瑜	178	179	182	188	183	182					
19	16	刘洪庆	169	163	178	182	183	175					
20	17	潘丽蓉	120	98	119	103	141	116					
21	18	沈庆	134	188	183	176	189	174					
22	22	朱琪	181	167	183	179	185	179					

图 1－22－1　计算平均成绩

线。打开“开始”→“套用表格格式”的下拉框，选择一种合适的表格样式，本例选“表样式中等深浅 6”，并在“表格工具”→“设计”→“工具”区域，点击“转换为区域”。

(6) 添加表格标题　选中 A1 单元格，输入“一周体育锻炼平均成绩表”，设置字体：华文行楷、24、绿色、合并后居中。

2. 设计统计图表

(1) 插入图表　选中 B2:D10 单元格，在“插入”选项卡的“图表”组中，单击“柱形图”按钮，再单击“二维柱形图”组中的第一个图形“二维簇状柱形图”按钮，如图 1－22－2 所示，得到统计图的雏形。

(2) 设置图例位置　右键单击图表中的图例，在快捷菜单中，选择“设置图例格式”，弹出的“设置图例格式”对话框中，设置“图例位置”→“底部”。

(3) 设置图表区格式　双击图表区，打开“设置图表区格式”对话框。在对话框中选择“填充”→“渐变填充”→“预设颜色”下拉列表中的“麦浪滚滚”预设色，如图 1－22－3 所示。选择“边框样式”，框线宽度：3 磅、圆角。

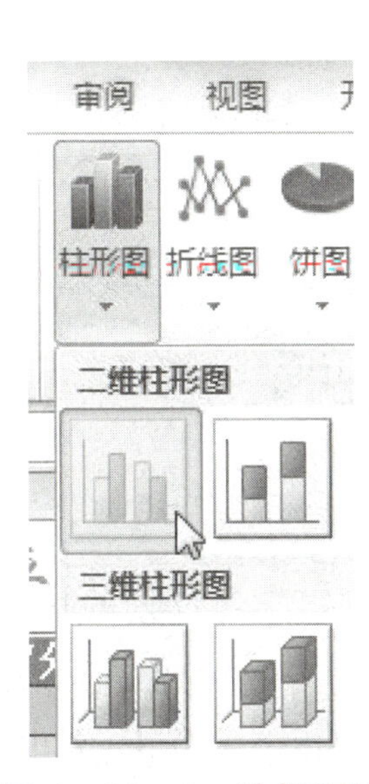

图 1－22－2　选择图表

图 1－22－3　设置图表填充色

(4) 设置图表标题　选中图表,在“表格工具”→“布局”→“标签”区域,点击“图表标题”按钮,在下拉表中选择→“图表上方”,如图 1-22-4 所示。在图表出现的标题框中输入“一周体育锻炼平均成绩图”,设置字体:华文新魏、20、深红。

(5) 设置图表位置　将图表移到合适的位置,本例放在 A12:D28 区域,并调整图表的大小完成图表创建。

3. 保存文件

选择“文件”→“另存为”,在打开的“另存为”对话框中,设置保存位置到指定文件夹,文件名“体锻成绩. xlsx”,单击【保存】按钮。完成后的统计表和统计图如图 1-22-5 所示。

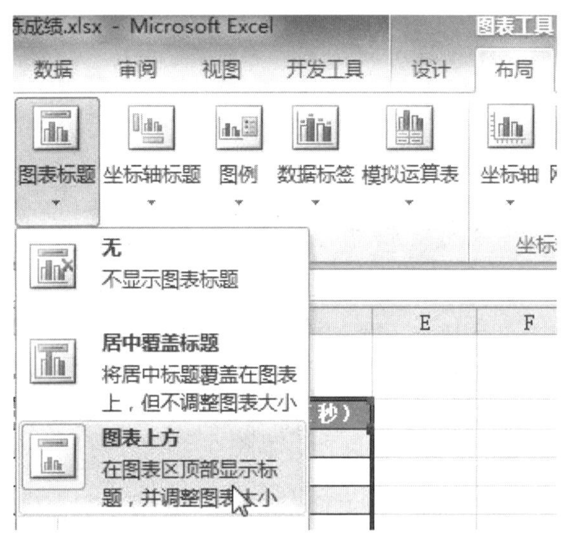

图 1-22-4　添加图表标题

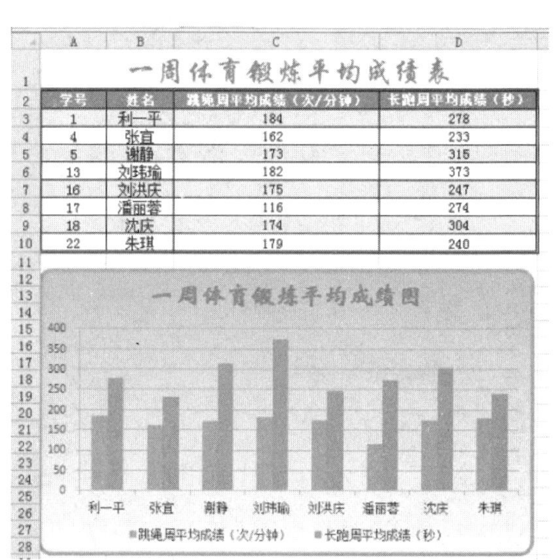

一周体育锻炼平均成绩表

学号	姓名	跳绳周平均成绩（次/分钟）	长跑周平均成绩（秒）
1	利一平	184	278
4	张宜	162	233
5	谢静	173	315
13	刘玮瑜	182	373
16	刘洪庆	175	247
17	潘丽蓉	116	274
18	沈庆	174	304
22	朱琪	179	240

图 1-22-5　活动 21 完成的统计表和统计图

活动 23　制作“完美学习计划”的思维导图

一、活动目的

1. 学习巩固思维导图的原理及制作过程。
2. 掌握制定完美学习计划的思考方法。
3. 掌握利用思维导图整理、绘制有关学习计划的思考过程。

二、活动任务

制定切实可行的学习计划,是提高学习效率的好办法。制定学习计划的具体思路参考光盘文件“十步制定完美学习计划. doc。

制定学习计划,首先要在宏观上把握从几个方面:明确目的、个人分析、突出问题、任务目标、定期检查等。为了简洁、醒目,可以只取每个项目的两个关键字,如“明确”“分析”“目标”

"检查"等。然后进一步考虑每一项目细节，由此拓展成一个完整的关于制定学习计划的思维导图。

三、参考操作步骤

考虑到操作的便捷性，我们以 Windows 7 自带的画图软件为工具，手工绘制第一张思维导图。具体操作步骤如下：

(1) 启动工具软件。在"开始"→"所有程序"→"附件"中选择"画图"软件，启动该软件，进入到画图编辑界面。

(2) 绘制、编辑中心主题。选择"文本"工具，在空白编辑区中心单击，自动出现文字工具栏，设置文字为"华文楷体"，大小为"18"，颜色为深红色，输入文字内容为"如何制定完美的学习计划"；再选择形状中的"圆角矩形"工具，颜色不变，拖画出大小合适的圆角矩形，正好笼罩在文字周围，如图 1－23－1 所示。

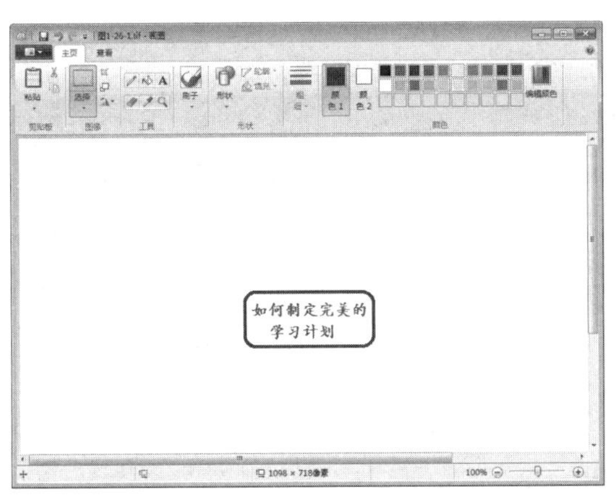

图 1－23－1　编辑中心主题

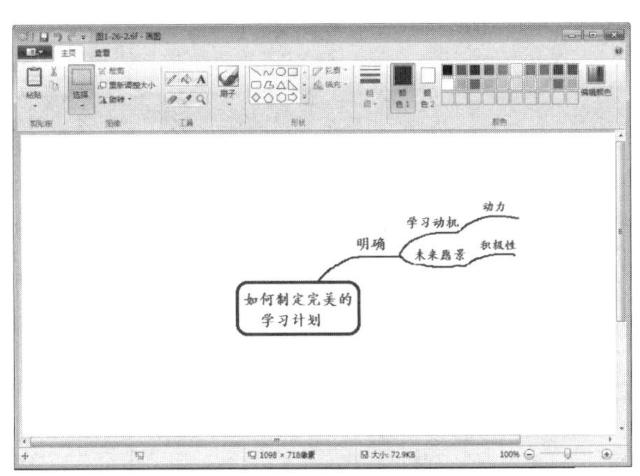

图 1－23－2　绘制"明确目的"分支

(3) 绘制"明确目的"分支。选择"铅笔"工具，设置其笔划粗细为"2px"，在中心主题上方画出一条曲线，并在曲线上方用画笔的"文字"工具输入文字"明确"。画出两条曲线，分别输入需要明确的两个方面内容"学习动机""未来愿景"。继续画出两条曲线，分别输入与主题相关的两项内容"动力""积极性"，如图 1－23－2 所示。

(4) 绘制"个人分析"分支。在编辑界面中，从中心主题文字右侧拖画出另一项目分支"分析"。画出下级主题"个人实际"，强调分析在制订计划中的作用。再画出两条下级分支"优势""劣势"，完成的内容如图 1－23－3 图示。

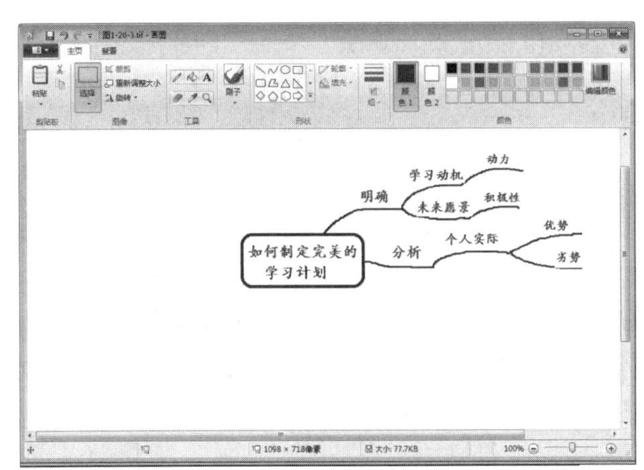

图 1－23－3　绘制"个人分析"分支

(5) 绘制其他分支。从中心主题框向下、向左、向上等不同方向拖画出其他分支，分别命名为"科学""突出""检查""坚持"等。

在各自的主题分支项目中，画出其他的

子主题内容,补充完美各分支内容,最后形成的导图内容如图 1-23-4 所示。

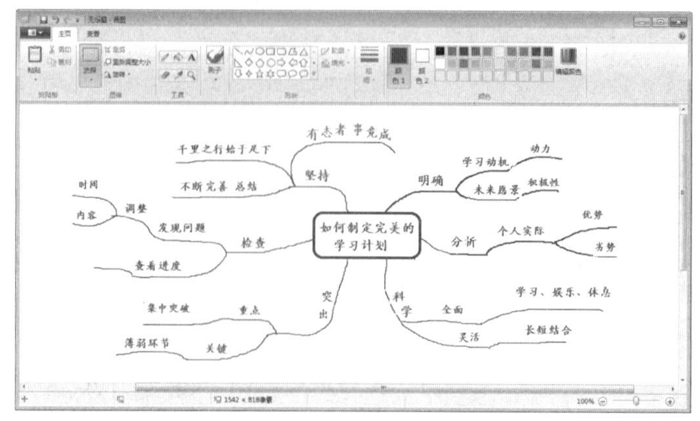

图 1-23-4 完成的思维导图

(6) 增加线条颜色。为了使思维导图美观、醒目,可以给各分支线条加粗、加色,使之看起来容易区分、记忆,如图 1-23-5 所示。

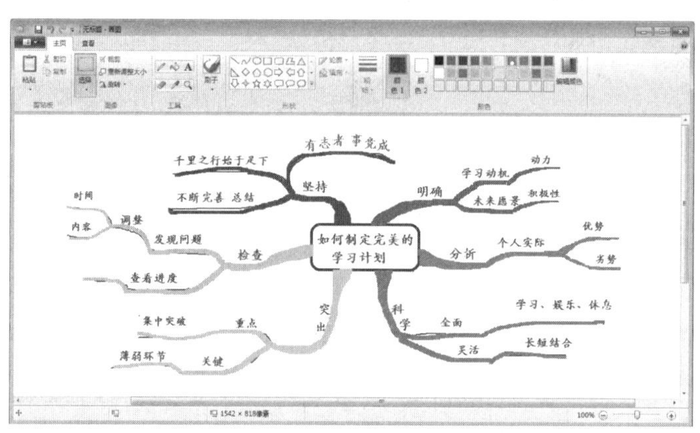

图 1-23-5 美化思维导图

(7) 添加图形标识。为了让不同的分支、不同的项目有更典型的标识,还可给每个分支项增加图形标志。选取能代表所在分支项目内容的有意义的小图形,插入到分支线条或文字旁边,增加全图的美感和新鲜感。小图形可以从其他地方复制、粘贴过来,但更提倡利用画图软件自己画,这样做一方面能培养同学们的审美感,还能使所画图形更贴近内容,更具个人特色。如图 1-23-6 所示,手工绘制行走中的马,放置在“千里之行始于足下”文字旁边。

图 1-23-6 手工绘制行走中的马

(8) 完成其他标识。按上述办法,陆续绘制其他的图形,放置到各自的分支项目中,如图 1-23-7 所示。

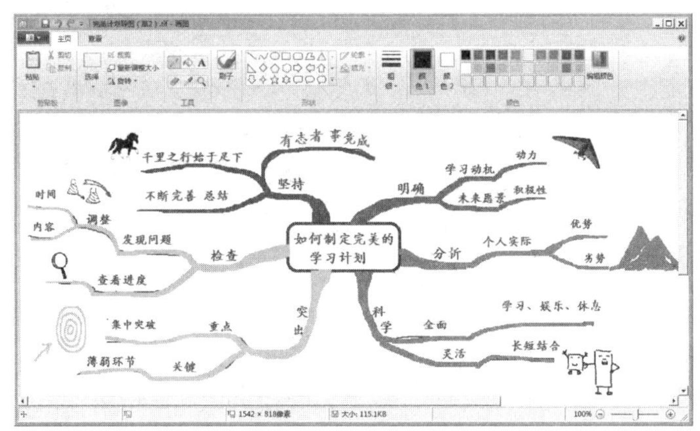

图 1-23-7 增加标识

(9) 保存文件。单击窗体左上角的快捷菜单按钮,选择"另存为",在对话框中输入"如何制定完美的学习计划",选择文件格式类型为 TIFF,然后单击【确定】。

活动 24 制作淘宝网开店步骤的思维导图

一、活动目的

1. 熟练掌握思维导图的设计原理及制作过程。
2. 学习探索性规划项目任务的方法。
3. 掌握淘宝网店的开店要求和步骤。

二、活动任务

在淘宝网开设网店,是一种投资小、见效快、简便易行的经营方式。学习开设网店能培养我们的经营意识和思想,对未来的发展带来好处。探索、思考在淘宝网开设网店的过程和步骤,能促使我们学习、掌握利用思维导图规划项目任务的方法。请查找资料,掌握情况,制定淘宝网开店的步骤思维导图。关于淘宝网开店的参考资料,请打开光盘中的"淘宝开店步骤.ppt"。

在淘宝网开网店,主要从以下几个方面考虑:准备、注册、认证、考试、装饰、营销、技术等。从每个步骤分析,延伸思考每一项目细节的内容,最终完成思维导图。

三、参考操作步骤

(1) 启动软件。双击桌面"XMind 6"图标,打开思维导图软件,进入新建界面。或者从屏幕左下角"开始"按钮进入快捷菜单,选择"XMind 6"快捷方式,同样可以启动思维导图软件。

(2) 选择模板。在新建导图界面中,选择所需要的模板,如"项目计划"模板。可以双击或单击右上角的【选中并创建】按钮,进入编辑界面如图 1-24-1 所示。

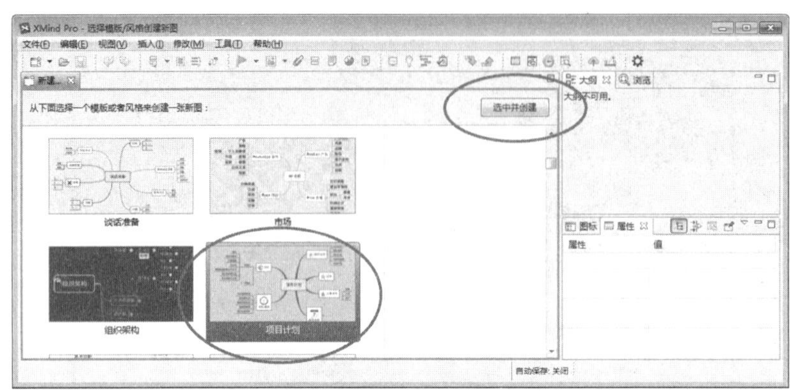

图 1-24-1 选择模板

(3) 修改原模板文字内容。在编辑界面中,双击中心主题文字,输入新的中心主题“淘宝网开店步骤”。然后,按照开网店基本步骤,逐一修改下级主题分支,即双击主题文字,分别输入各步骤对应的主题文字“注册”“认证”“考试”“开店”“营销”等。如果原模板主题分支不够,可在菜单“插入”中选主题,新增项目分支,并输入分支主题的文字内容,如图 1-24-2 所示。每个主题文字前面的小图标可通过工具栏上的“图标”按钮插入,也可直接删除。

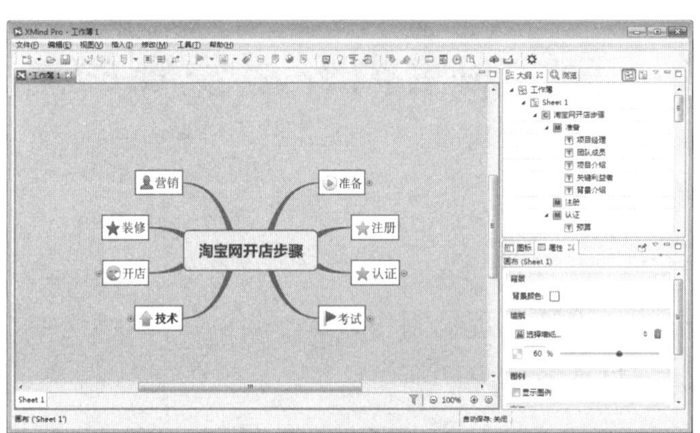

图 1-24-2 修改原模板文字内容

(4) 补充“准备”分支的内容。鼠标移动到导图右上角第一个步骤“准备”,单击选中项目框,在“插入”菜单中选择子主题,新建子主题“身份证”。重复上面操作可插入“电脑”“手机”分支。每一子主题项目后面还要插入后续主题。输入的内容文字分别为“电子稿、证照片”“可上网”和“接收信息”,如图 1-24-3 所示。

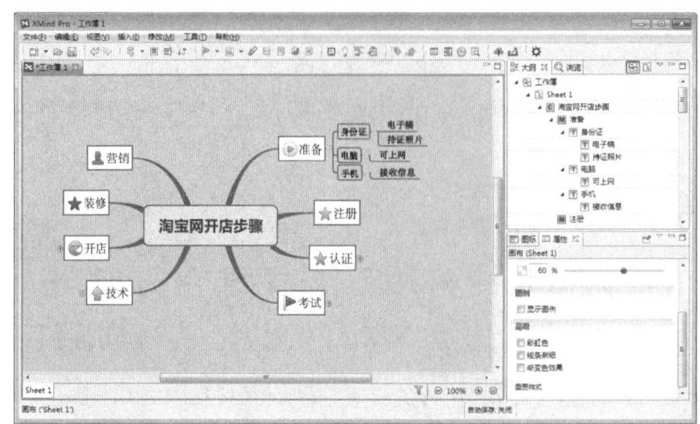

图 1-24-3 补充“准备”分支的内容

（5）完成“注册”分支内容。选择“注册”分支，按[Insert]键或选“插入”菜单，插入下级主题分支，输入“首页→注册页”，并设置节点的外形属性为“椭圆形”，在本节点插入 4 个下级主题分支，分别输入名称“用户名”“密码”“协议”“验证”，设置节点外形属性为“下划线形”，如图 1-24-4 所示。

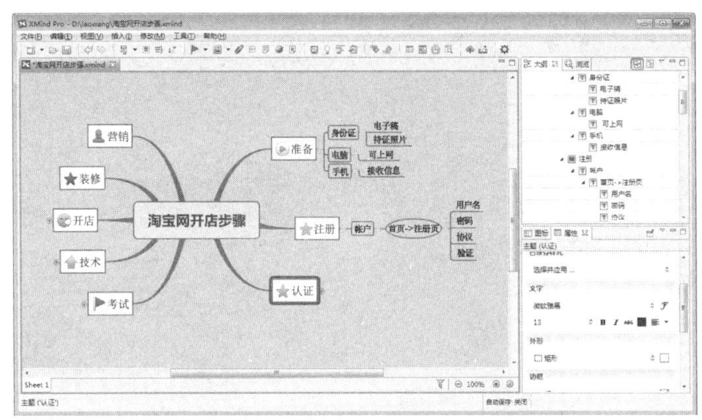

图 1-24-4　完成“注册”分支内容

（6）完成其他分支内容。分别在“认证”“考试”“技术”“开店”“装修”“营销”的主题节点插入后续主题内容并设置相应属性，完成导图全部分支内容制作，如图 1-24-5 所示。

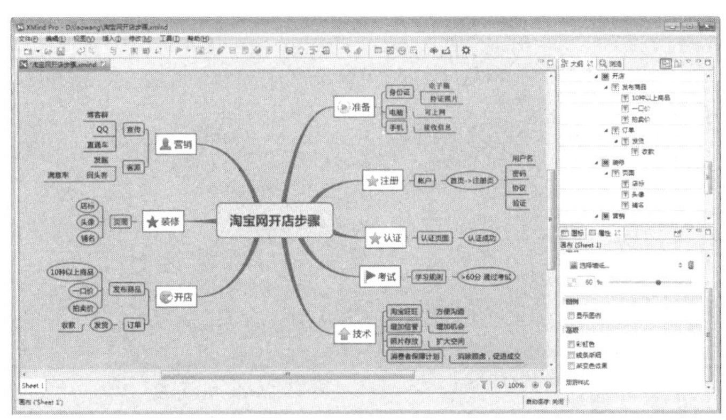

图 1-24-5　完成其他分支内容

（7）编辑思维导图的线条配色。选择“准备”节点框，在右下角属性工具栏中“线条”项，条型选择“圆角折线”，粗细选择“中等”，颜色选择“红色　深色 25%”。其他线条选择另外的颜色以便区别，结果如图 1-24-6 所示。

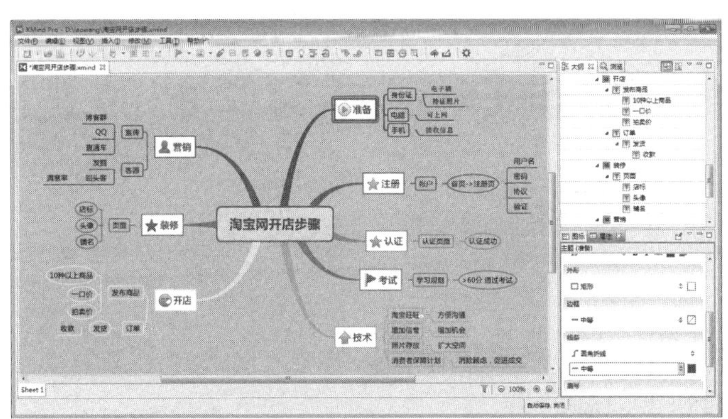

图 1-24-6　编辑思维导图的线条配色

(8) 添加项目配图。为使图形更突出个性,更容易识记,可在各节点处插入有联系的图形或图像,使导图看起来更美观。例如,在第一步骤"准备"节点之"持证照片"子主题,配上手持身份证照片的人头图像,增加可视效果,如图 1-24-7 所示。

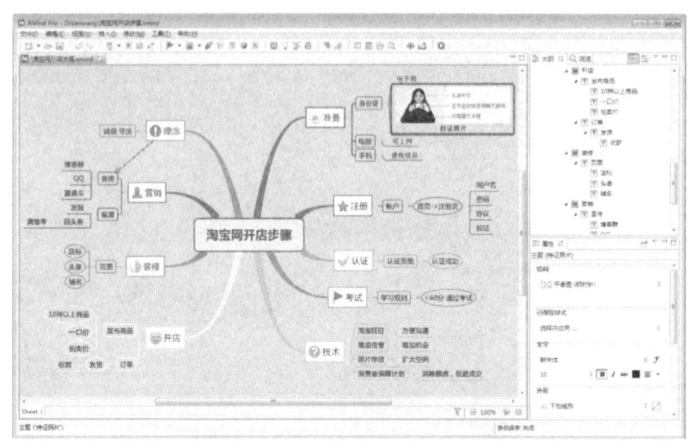

图 1-24-7 添加项目配图

(9) 完成其他配图。选择相应的结点框,在"插入"菜单中选择"图片→来自文件",选择所要插入的文件即可,最终的导图效果如图 1-24-8 所示。

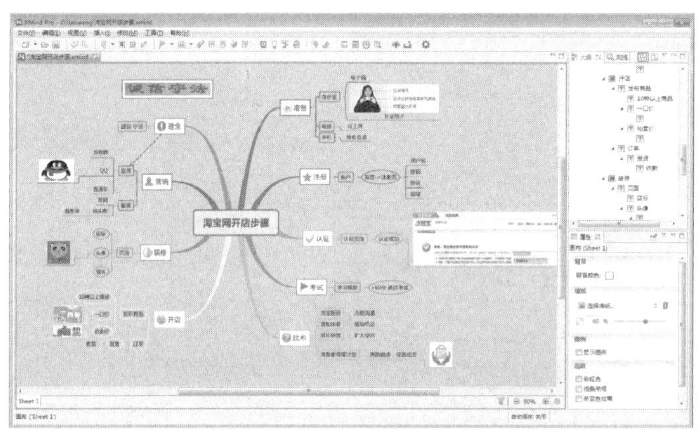

图 1-24-8 最终效果

(10) 保存文件。选择"文件"菜单,选择"另存为",在对话框中输入"淘宝网开店步骤思维导图",完成导图的制作任务。

活动 25 制作 Excel 学习总结的思维导图

一、活动目的

1. 掌握思维导图的设计原理及制作过程。
2. 学习归纳、整理知识内容的方法。
3. 掌握归纳性的思维导图的要求和制作步骤。

二、活动任务

不断把学习积累起来的知识整理、归纳成提纲，提纲挈领、融会贯通，才能够达到得心应手、运用自如。请查找资料，了解 Excel 的知识内容，为制作奠定基础，也可参考光盘中的参考资料“Excel 电子表格知识要点. doc”。把知识点分成基础、界面、计算、统计、文件、修饰 6 个方面，在此基础上，明确每一分支知识细节的内容，最后绘制成一个完整的关于 Excel 知识的思维导图。

三、参考操作步骤

（1）启动软件。双击桌面“XMind 6”图标，打开思维导图软件，进入新建导图界面。或者从“开始”按钮中的“XMind 6”快捷方式启动思维导图软件。

（2）选择模板。在新建导图的选择模板界面中，选择列表中的第一项空白模板，双击或单击右上角的【选中并创建】按钮，进入思维导图编辑界面。

（3）编辑中心主题。在编辑界面中，双击中心主题文字，编辑新的主题文字为“EXCEL 知识总结”。在右下角的面板中设置主题文字的字体、大小、颜色属性，选择字体为微软雅黑、大小为 24、颜色为黄色-淡色 60%，如图 1－25－1 所示。

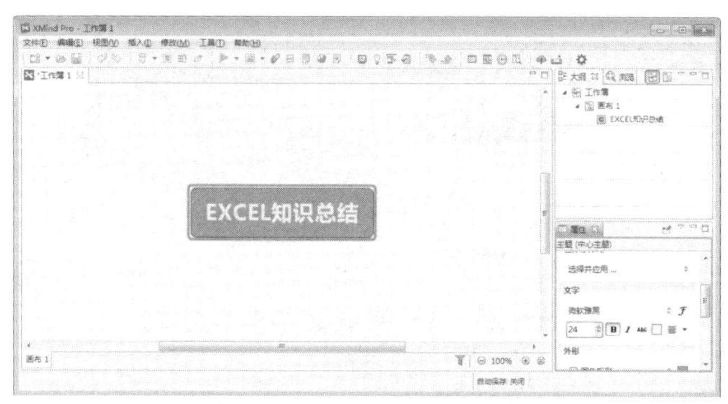

图 1－25－1　编辑中心主题

（4）新建分支主题。在“插入”菜单中选择“主题”插入第一个主题分支，然后顺序操作 5 次，插入 6 个分支。可使用快捷方式，直接回车 6 次，即可快速插入 6 个分支，如图 1－25－2 所示。

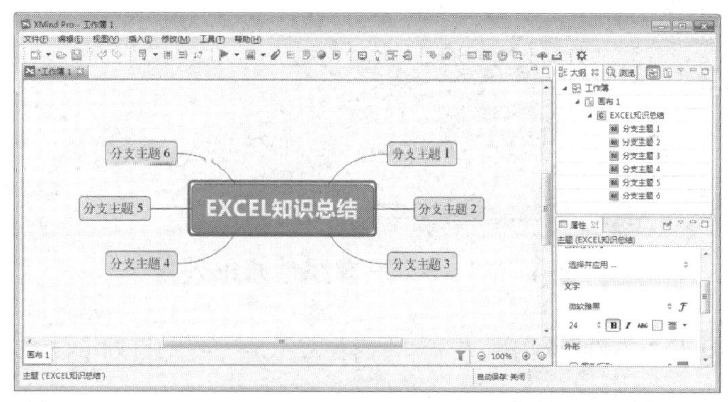

图 1－25－2　新建分支主题

（5）修改分支主题。双击各分支主题节点框，修改其文字内容为“基础”“界面”“计划”“文件”“修饰”“统计”。选择“基础”分支，按[Insert]键，插入下级主题并输入“概念”，在概念节点上添加下级具体的知识内容,此处主要是“工作簿”“工作表”。再绘制、标识出更下级的知识项“book”“sheet1”等,如图 1－25－3 所示。

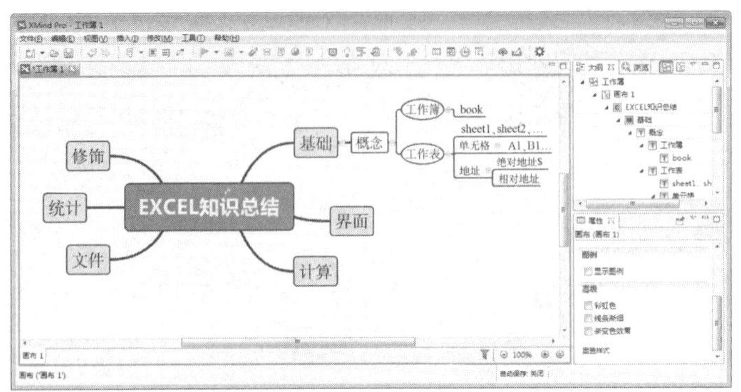

图 1－25－3　修改分支主题

(6) 完成其他分支主题。输入其他主题的后续内容,完成全部的分支主题的内容制作,如图 1－25－4 所示。

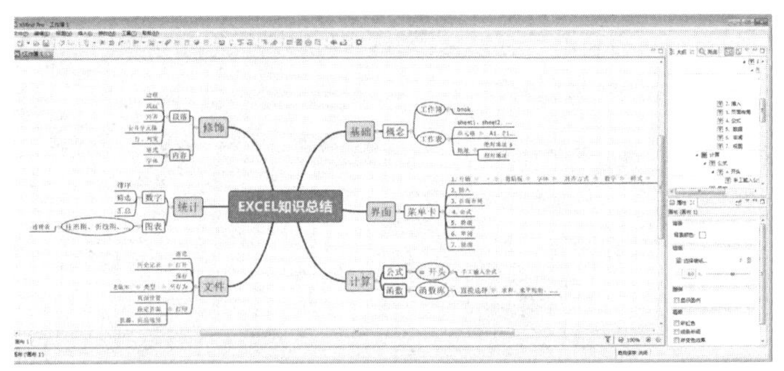

图 1－25－4　完成其他分支主题

(7) 设置属性修饰效果。在思维导图空白处单击,在右下角属性栏中设置墙纸颜色为淡青色,透明度为 50%;在高级项中设置线条为彩虹色,线条渐细,如图 1－25－5 所示。

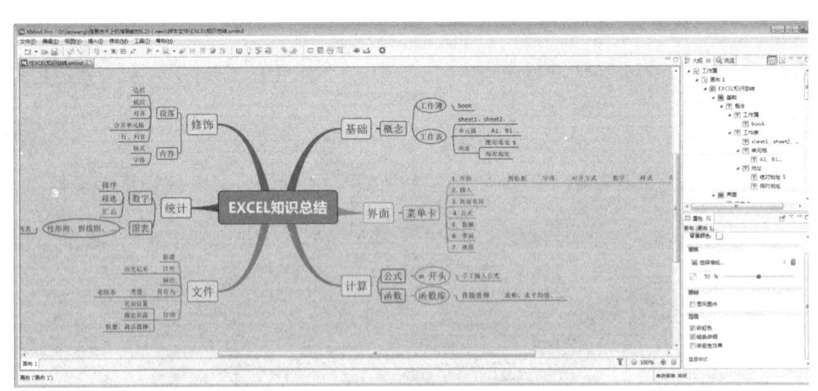

图 1－25－5　设置属性修饰效果

(8) 保存文件。打开“文件”菜单,选择“另存为”,在弹出的对话框中,选择存放文件的磁盘、文件夹位置,然后单击【确定】按钮,如图 1－25－6 所示。

(9) 导出文件。如果需要把思维导图文件以其他文件格式输出,方便讲解或交流,可以利用软件的“导出”功能把思维导图文件导出为其他格式文件。

XMind 6 支持把编辑完成的文档,导出为其他思维导图编辑软件的文档格式,如

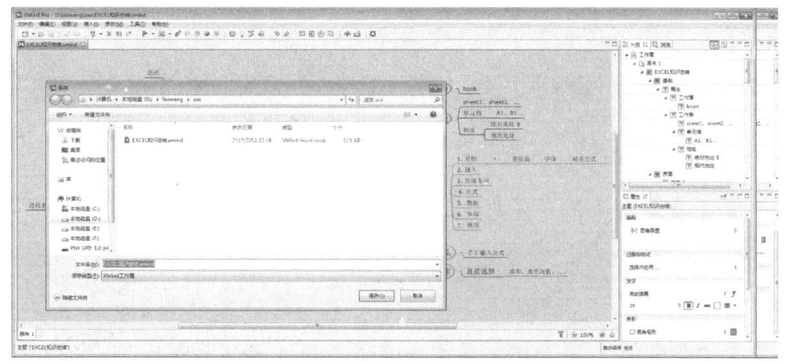

图 1-25-6 保存文件

FreeMind 文档、MindManager 文档，支持把导图文件导出为图片文件，如 PDF 格式、SVG 格式，以及 PNG、JPG、GIF、BMP 等格式，软件还支持把思维导图导出为网页文档，甚至办公软件 PPT 幻灯片文档，如图 1-25-7 所示。

图 1-25-7 导出文件

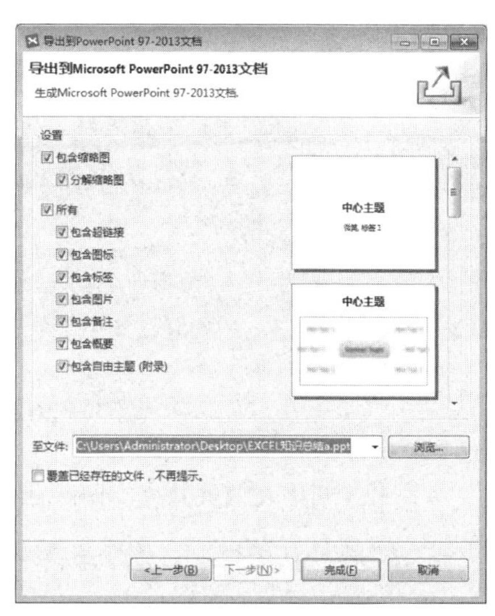

图 1-25-8 择“Microsoft PowerPoint”项

（10）导出 PPT 文件。在上面的对话框中，选择“Microsoft PowerPoint”项，进入下一级对话框，如图 1-25-8 所示。在此要选择文件位置，并选择所有的选择项，单击【完成】按钮，完成导出操作。

活动 26 信息交流——QQ 聊天软件的使用

一、活动目的

1. 学会下载和安装 QQ 软件。
2. 学会在 QQ 群中交流。
3. 学会在 QQ 群中传达信息。
4. 学会在 QQ 群中下载文件。

二、活动任务

通过 QQ 官网或软件管家自行下载 QQ 软件并安装，建立一个以学习、考试为类别的 QQ 群，命名为“设计交流”。并在群中发布公告，发出交流信息，上传和下载交流文件。

三、参考操作步骤

1. 下载和安装 QQ 软件

QQ 聊天软件是目前最常用的即时聊天工具之一。下载该软件的方法比较多。在此，介绍使用 360 安全卫士软件下载过程。

(1) 运行 360 安全卫士软件。单击“软件管家”图标，打开软件管家面版，如图 1－26－1 所示。

图 1－26－1 “软件管家”面版

(2) 在搜索框中输入“QQ”关键字，单击【搜索】按钮，在搜索面版中出现了与之相匹配的相关软件。选择“腾讯 QQ 6.9”，将光标移至【一键安装】按钮，如图 1－26－2 所示，出现“去插件安装”字样后单击，安装 QQ 软件，如图 1－26－3 所示。

图 1－26－2 腾讯 QQ6.9 一键安装

图 1－26－3 去插件安装

(3) 自动安装完成后，在桌面上出现快捷方式图标 ，双击该图标，打开 QQ 聊天工具。

2. 在 QQ 群中交流

(1) 运行 QQ，点击“群/组讨论”选项，打开 QQ 群界面，单击“群/组讨论”下拉按钮，选择“创建群”选项，如图 1-26-4 所示。

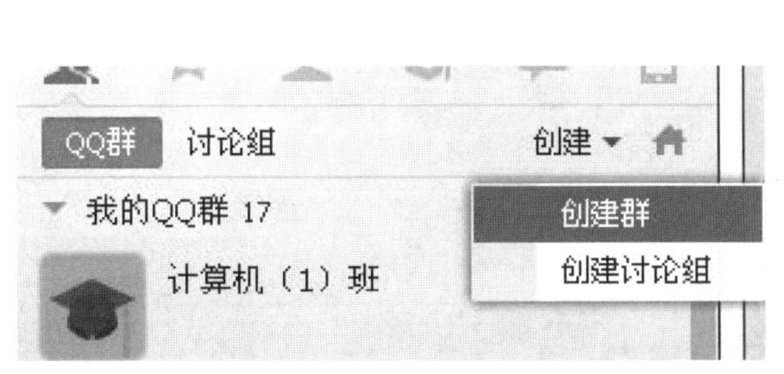

图 1-26-4　创建群

图 1-26-5　选择群类别

(2) 在“创建群”面版中，在“选择群类别”面版中选择“学习.考试”，如图 1-26-5 所示。进入“填写群信息”面版，群名称为“设计交流”，其他选项及信息可自由选择，如图 1-26-6 所示。“在邀请群成员”中打开“好友列表”，选择好友，点击【添加】按钮。选择需要添加的成员，点击【完成创建】按钮，如图 1-26-7 所示。

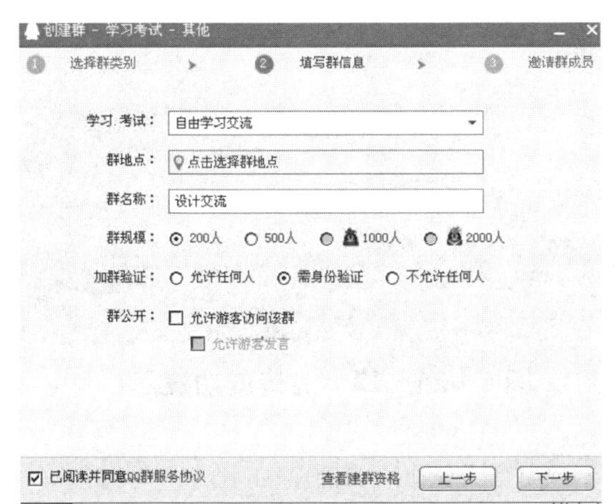

图 1-26-6　填写群信息

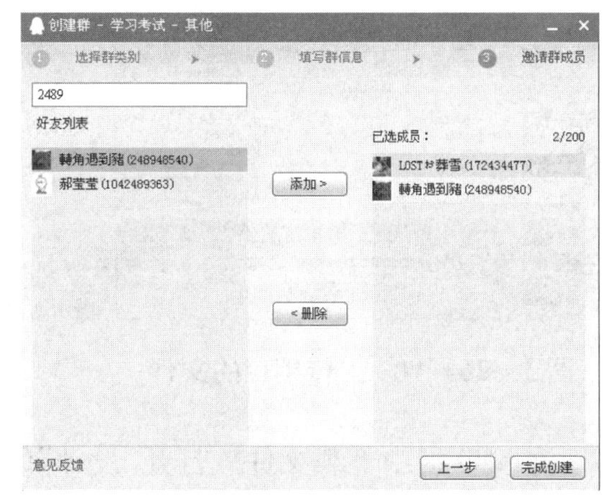

图 1-26-7　邀请群成员

3. 在 QQ 群中传达信息

(1) 双击“设计交流”群组图标，打开对话框，在聊天区域中输入“欢迎大家加入该群”字样，并发送文字信息，如图 1-26-8 所示。

(2) 发布公告。打开“设计交流”QQ 群，点击“公告”图标，进入发布公告面版，点击“发布新公告”，如图 1-26-9 所示。发送完成效果如图 1-26-10 所示。

4. 在 QQ 群中上传和下载文件

(1) 在 QQ 群中上传文件。打开“设计交流”QQ 群，点击“文件”图标，进入上传文件面版，点击【上传】按钮。在打开的对话框中，打开相应文件，上传文件，如图 1-26-11、图 1-26-12 所示。

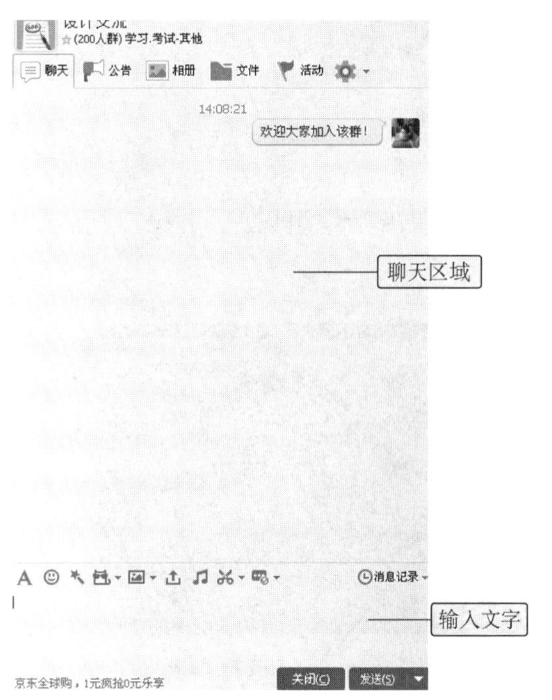

图 1-26-8　输入并发送交流信息

图 1-26-9　发送公告

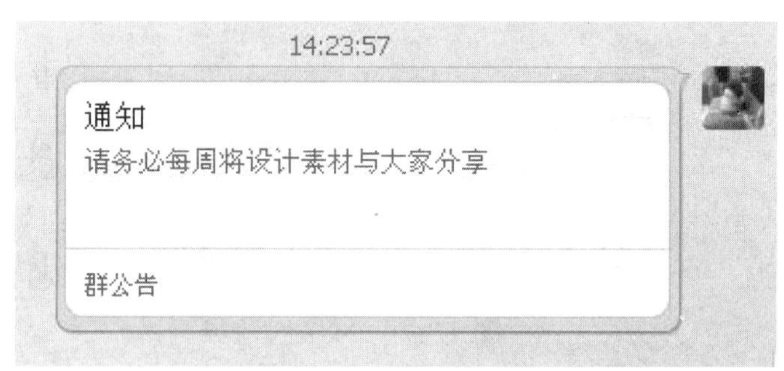

图 1-26-10　公告提示

图 1-26-11　上传相应的文件

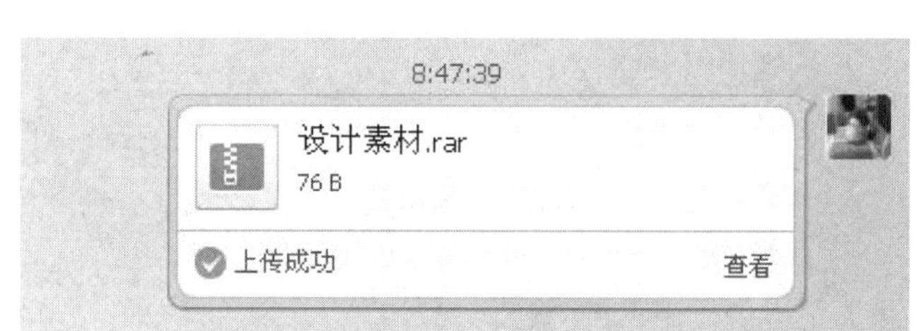

图 1-26-12　上传成功提示

(2) 在 QQ 群中下载文件。打开"设计"QQ 群，点击"文件"图标，点击【下载】按钮，选择"另存为"选项，如图 1-26-13 所示。选择保存目录，保存文件，如图 1-26-14 所示。

图 1-26-13　下载文件

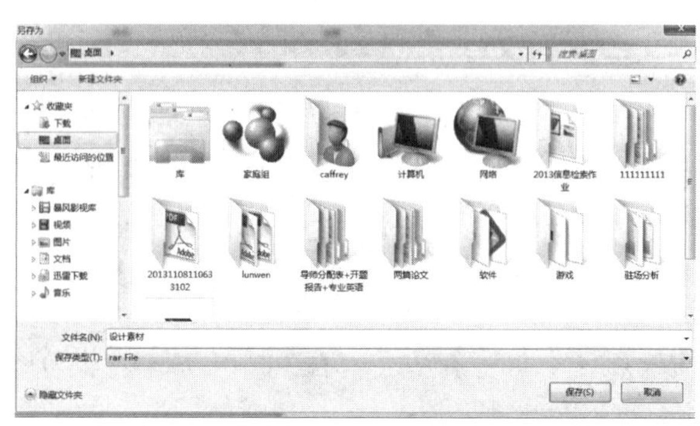

图 1-26-14　保存文件

活动 27 信息交流——微信软件的使用

一、活动目的

1. 掌握下载和安装微信软件方法。
2. 学会建立微信群。
3. 学会在微信群中发送图片、视频。
4. 学会在微信群中使用文字、语音聊天。

二、活动任务

通过微信官网或 360 手机助手自行下载微信软件并安装。建立一个微信群，命名为“设计交流”。在群中发送图片、视频，使用文字、语音聊天。

三、参考操作步骤

1. 下载和安装微信软件。

微信软件是目前最常用的即时聊天工具之一。下载该软件的方法比较多。在此，介绍使用 360 手机助手进行下载。

运行 360 手机助手，并查询微信，在搜索结果中，点击第一条结果出现下载界面，如图 1-27-1 所示。若本机已下载过微信，则可直接点击“打开”；若从未下载过该软件，则该按钮显示为“下载”，点击后直接下载即可。

2. 建立微信群

(1) 进入微信主界面后，点击右上角的“+”号，会弹出一个小菜单，选择第一项“发起群

图 1-27-1 微信下载界面

图 1-27-2 微信主界面

聊”,如图 1－27－2 所示。

(2) 新建微信群(即“发起群聊”),需要添加群成员。在页面所展示的通讯录好友列表最上方有输入框,可输入关键字模糊搜索。点击相应好友名字前的圆圈选中,如图 1－27－3 所示。群名为“群聊(人数)”,如群聊(3),3 为最低值。如只选 1 人,则会自动变为私聊。点击屏幕右上方的按钮,进入设置,在“群聊名称”设置名字为“设计交流”,如图 1－27－4 所示。

图 1－27－3　发起群聊界面

图 1－27－4　群名称设置

3. 在微信群中发送图片、视频

(1) 图片发送　点击屏幕右下方“＋”→“选择图片”,然后选择要发送的图片,如图1－27－5 所示。

(2) 视频发送　点击屏幕右下方“＋”,点击“小视频”,然后选择小视频,如图 1－27－5 所示。发送成功效果图如 1－27－6 所示。

图 1－27－5　图片、视频发布

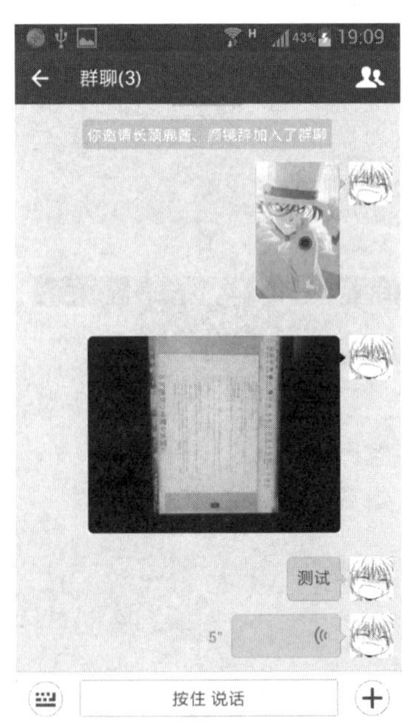

图1－27－6　图片、视频效果图

4. 在微信群中使用文字、语音聊天

(1) 文字发送　在下方白色长条，点击输入要输出的字“测试”，点击【发送】按钮，如图1-27-7所示。

(2) 语音聊天发送　点击左下方喇叭按钮，长按说话，直至结束，发送成功，如图1-27-8所示。

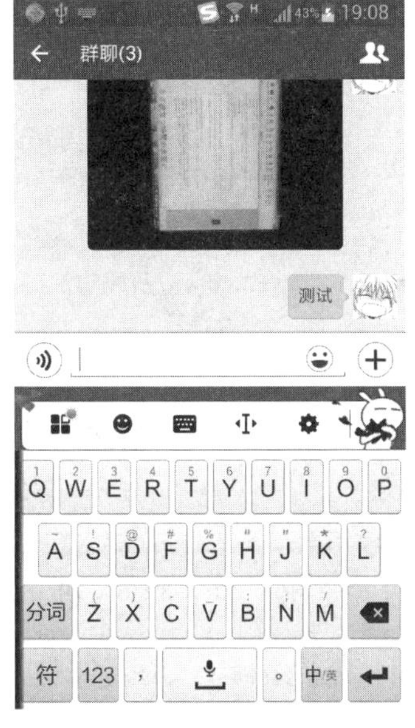

图1-27-7　文字发布图

图1-27-8　语音发送成功效果图

活动28　信息交流——电子邮件的使用

一、活动目的

1. 学会注册网易邮箱。
2. 掌握发送邮件方法。
3. 掌握接收邮件方法。
4. 学会发送带有附件的邮件。
5. 掌握自动回复邮件设置方法。

二、活动任务

通过网易官网注册一个邮箱，运用邮箱发送和接受一封邮件。在发送邮件时添加附件，并设置邮件自动回复。

三、参考操作步骤

1. 注册网易邮箱

打开网易邮箱网站 http://email.163.com/，点击页面中的注册网易免费邮箱，选择“注册字母邮箱”，按照提示要求完成信息填写，点击【立即注册】，如图 1－28－1 所示。完成网易邮箱注册，如图 1－28－2 所示。

图 1－28－1　邮箱注册信息填写

图 1－28－2　邮箱注册成功

2. 发送邮件

注册完成后，进入邮箱界面，点击左上方的“写信”按钮 写信 ，进入写信状态。在收件人的栏目中输入对方的邮箱地址，主题为“参加设计交流活动”，在空白页面中输入邮件内容，并点击【发送】按钮，如图 1－28－3 所示。

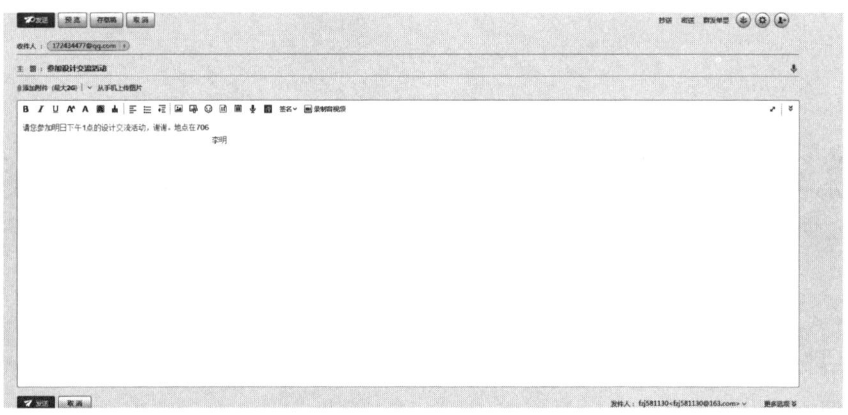

图 1－28－3　发送邮件

3. 接收邮件

登录网易邮箱页面，进入邮箱收发界面，点击左上方的“收件箱”，如图 1－28－4 所示。收取未阅读的邮件(未阅读的邮件为粗体字)，如图 1－28－5 所示。查看邮件详情，如图 1－28－6 所示。

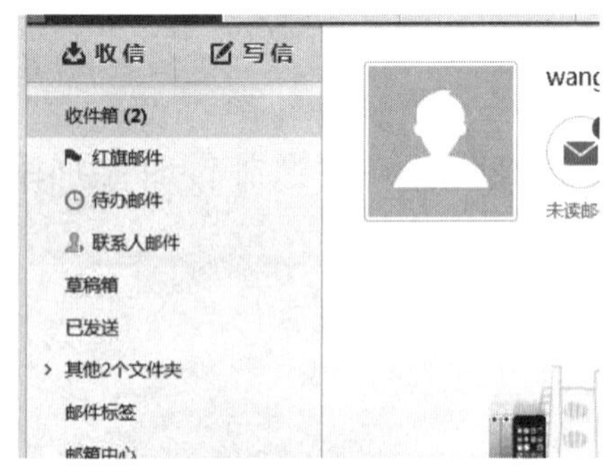

图 1－28－4　点击收件箱

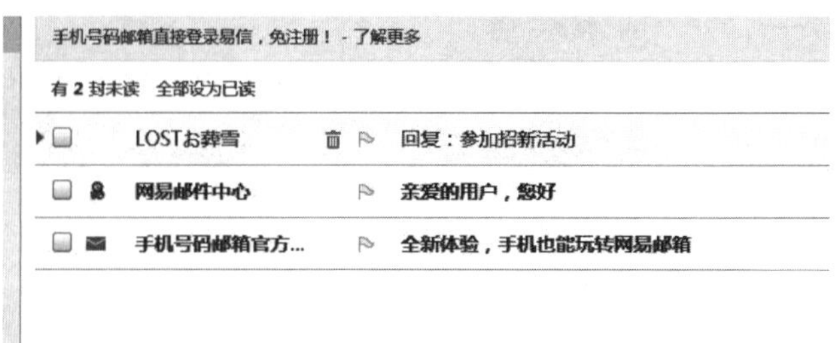

图 1－28－5　收取未阅读的邮件

图 1-28-6　查看邮件详情

4. 发送带有附件的邮件

(1) 登录网易邮箱页面，进入邮箱收发界面，点击左上方的写信按钮 写信 进入写信状态。在收件人的栏目中输入对方的邮箱地址，主题为“查收设计素材”，在空白页面中输入邮件内容，如图 1-28-7 所示。

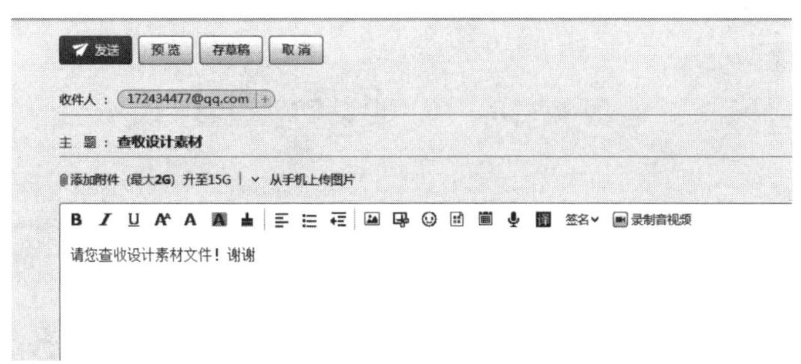

图 1-28-7　发送邮件的内容信息

(2) 并点击主题下的“添加附件”按钮 添加附件 (最，添加要发送的附件，效果如图 1-28-8 所示，点击【发送】按钮。

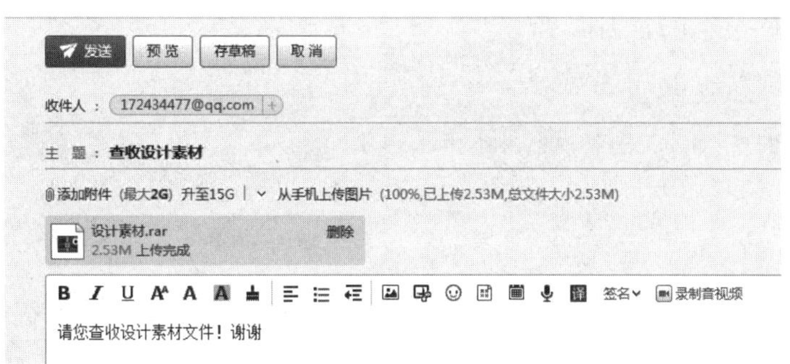

图 1-28-8　邮件附件添加

5. 自动回复邮件

(1) 登录网易邮箱页面，进入邮箱界面，点击菜单中的“设置”下拉菜单，点击“邮箱设置”，如图 1-28-9 所示。

图 1-28-9　进入邮箱设置

(2) 进入自动回复设置,输入所要回复的内容,设置完成后,保存即可,如图 1-28-10 所示。

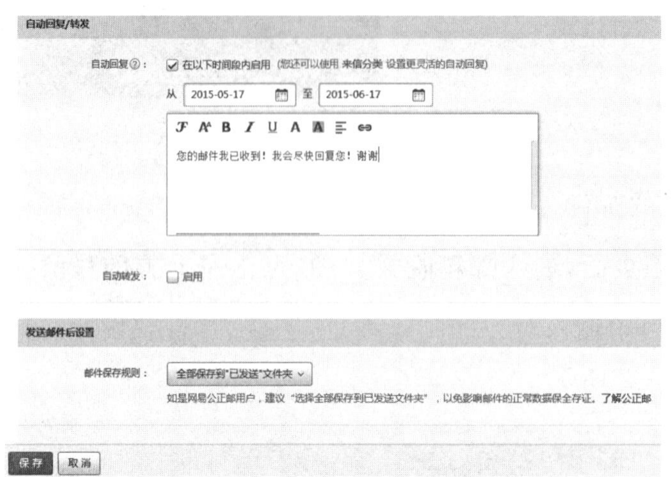

图 1-28-10　自动回复设置

活动 29　设计"如何制定人生规划"的思维导图

一、活动目的

1. 巩固学习思维导图的使用。
2. 掌握如何规划人生的思考方法。
3. 掌握利用思维导图来设计、规划未来活动。

二、活动任务

制定学习计划能够提高学习效率,制定工作计划能够提高工作效率。那么在人生的某一段时期,需要做的事情繁多,持续的时间又很长,制定的计划就叫做人生规划。

人生规划是事业成功的指南针。统计资料显示:成功人士有一个最主要的共同点,就是都为自己的人生早早确定了明确的目标,并且始终坚持着。

制定人生规划,从小的方面说,能提高生活、工作效率,从大方向上说,能提高生活的目标性、明确性,能指导我们的思想和行动,从而提升人生的意义。它能促使个人在实现职业目标过程中始终保持一个向心力、方向点,为实现人生目标而努力。

今天我们就学习思考如何制定一个人生规划。具体思路参考光盘中的文章"制定人生规划(精华版).doc。把思维导图划分成 9 大分支,分别是"定义""理念""人生目标""实施计划""行动理由""积极因素""消极因素""采取行动",在此基础上拓展,形成整个思维导图的内容。

三、参考操作步骤

（1）双击桌面 XMind 6 图标，启动思维导图软件。在向导界面中，选择第一项“空白的”模板双击确定，进入编辑界面，输入新的主题文字为“如何制定人生规划”，设置文字的字体、大小、颜色，分别为幼圆、24、红色，背景色选择为蓝色，淡色 80%，如图 1-29-1 所示。

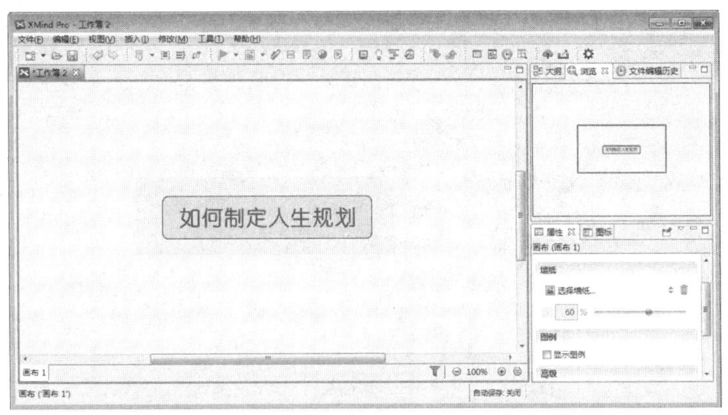

图 1-29-1　输入新的主题文字

（2）单击中心主题，按回车键插入第一个主题分支。先不修改主题内容，连续按回车键 8 次，插入全部的 9 个主题分支，形成的导图可如图 1-29-2 所示。

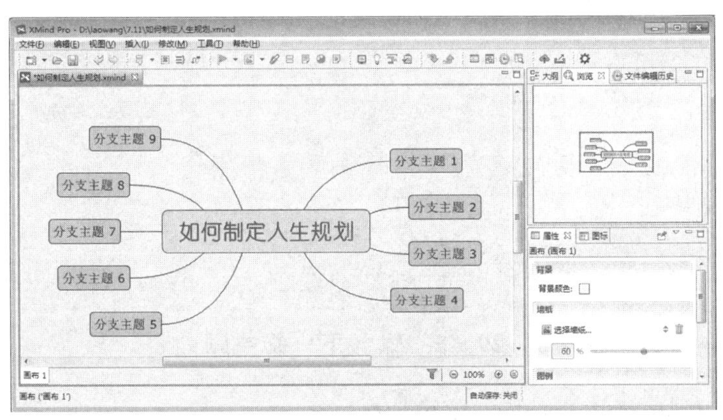

图 1-29-2　插入主题分支

（3）双击“分支主题 1”，修改主题文字为“定义”。设置主题的文字属性，在属性工具栏中设置字体为“幼圆”，大小为“18”，颜色为“靛色，深色 50%”。以此类推，修改第 2、3、4、5、6、7、8、9 分支主题的内容，并设置各主题文字属性。完成后的导图如图 1-29-3 所示。

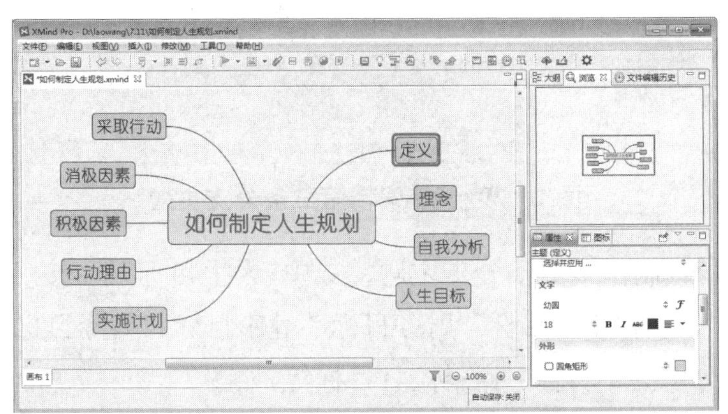

图 1-29-3　设置各主题文字属性

(4) 单击选中第一个分支主题"定义",按[Insert]键插入下一级主题,输入主题文字"设计、规划自己人生的愿景,明确人生努力的方向和过程"。再按一次回车键,插入另外一个分支主题,主题内容为"人生规划是事业走向成功的指南针"。继续插入下一级分支,内容为"我所收获的是我种下的。——狄更斯",完成后的效果如图 1-29-4 所示

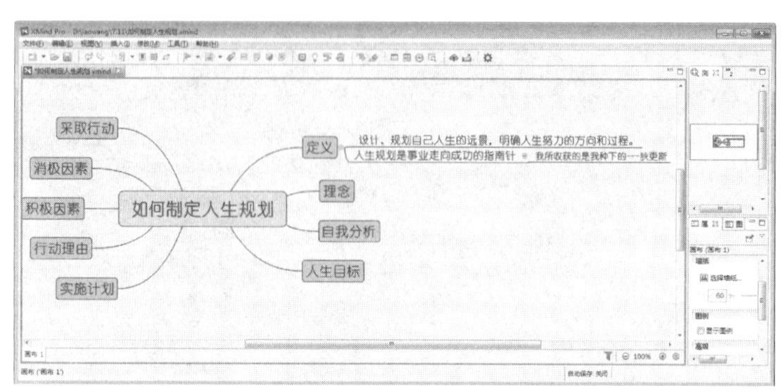

图 1-29-4　插入下一级主题

(5) 编辑第二条分支主题,选中"理念"主题框,按[Insert]键插入下级分支,输入文字"越早越好"。按两次回车键,插入两个并列分支,分别输入文字"对准人生目标""适合的是最好的",然后再分别输入下一级主题内容,如图 1-29-5 所示。

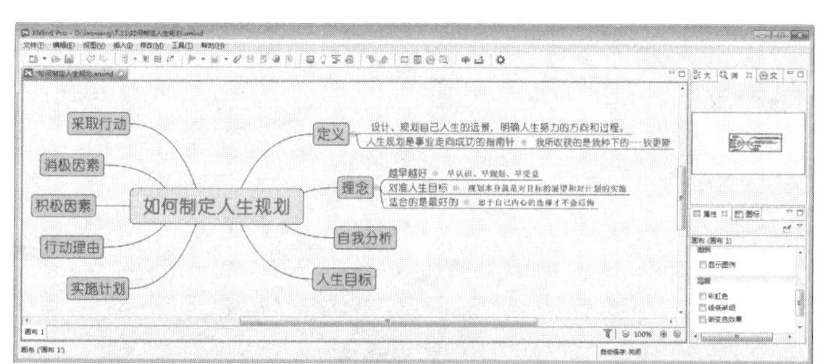

图 1-29-5　输入下一级主题内容

(6) 编辑第三条分支主题"自我分析"。在这个项目中,重点要明确自己的优缺点,在此使用 SWOT 方法;对于职业方面的分析采用 MBTI 法,如图 1-29-6 所示。

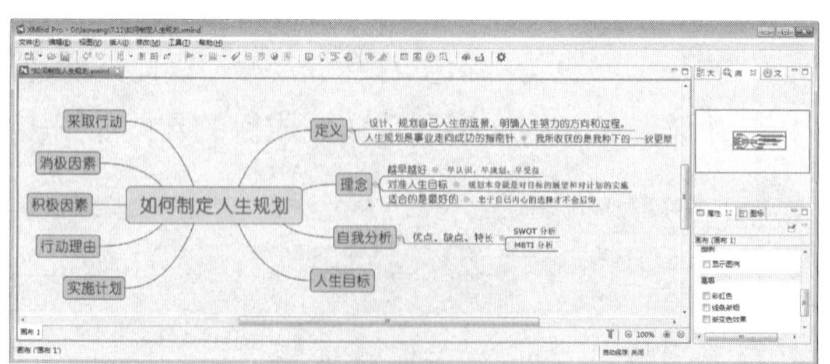

图 1-29-6　编辑第三条分支主题

(7) 同样方法编辑、制作第四条分支主题。选中"人生目标"框,按[Insert]键 4 次插入 4 个下级分支,分别输入内容"事业目标""财务目标""健康目标""人际目标"。在后续下级主题内容中注明,目标可分解为年目标、月目标、日目标等,如图 1-29-7 所示。

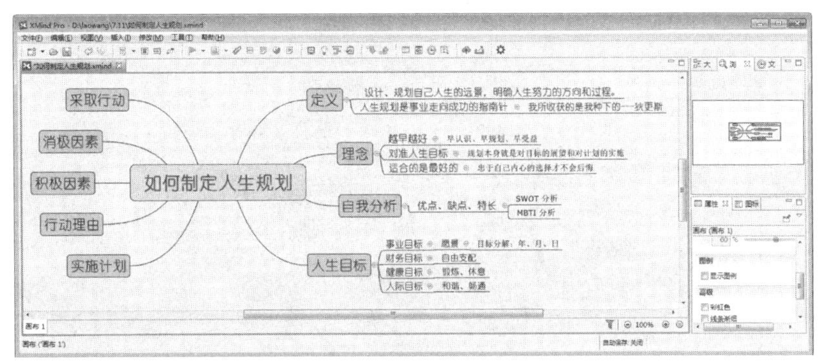

图 1－29－7　制作第四条分支主题

(8) 依照上面的操作方法，依次编辑、完成其他分支主题的内容。结果如图 1－29－8 所示。

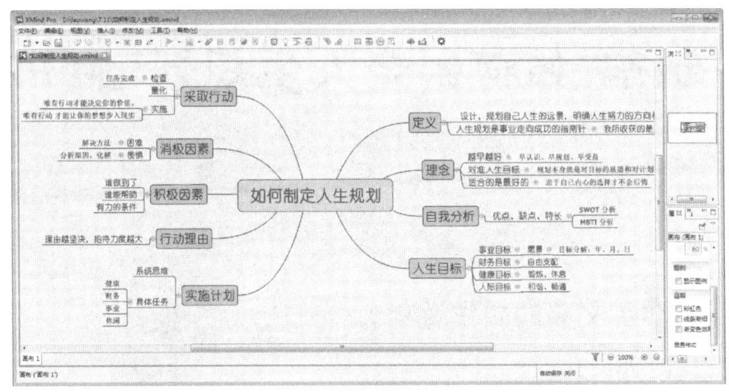

图 1－29－8　完成其他分支主题

(9) 设置思维导图的具体属性，美化导图效果，包括线条、字体、大小、位置等，效果如图 1－29－9 所示。

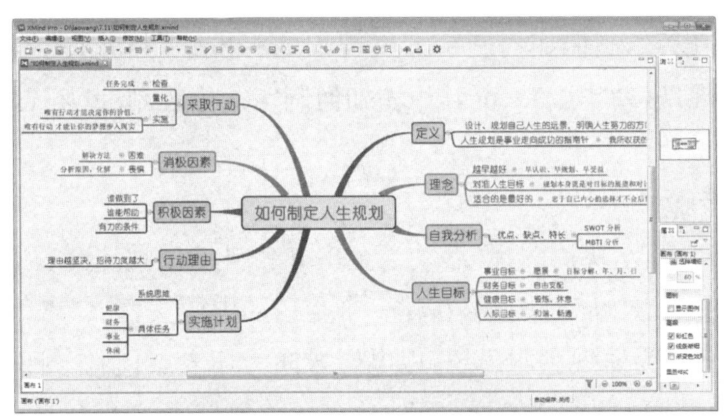

图 1－29－9　美化导图效果

(10) 为了增加图形化效果，为每个分支主题配置相应的图形，说明该分支的作用，提高导图的表现力。方法是插入“自由主题”，在自由主题中插入图片，则会形成配图效果，如图 1－29－10 所示。

(11) 将文件保存。单击“文件”菜单，选择“另存为”，在弹出的对话框中输入文字名“如何制定人生规划”，单击【保存】按钮，完成保存。

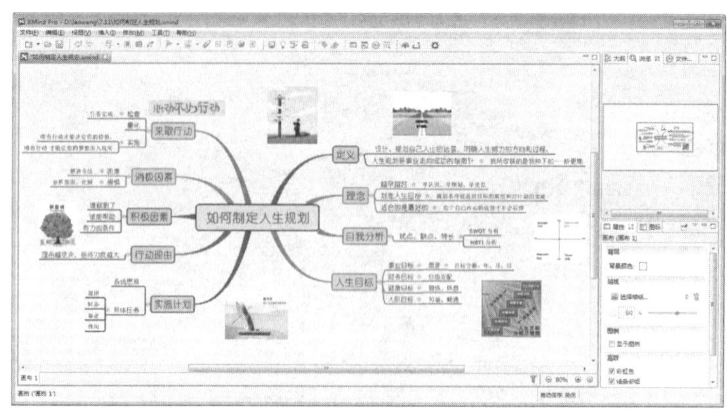

图 1-29-10　为每个分支主题配置相应的图形

活动 30　制作"如何制定人生规划"的 PPT 讲解稿

一、活动目的

1. 学习、巩固 PPT 演示文稿的制作过程。
2. 掌握美化 PPT 文稿的方法。
3. 掌握如何规划人生的思考方法。

二、活动任务

学习了利用思维导图，制作人生规划大蓝图的考虑事项和思考方法，本活动学习制作人生规划思维导图时的思考，制作如何制定人生规划的一份 PPT 讲演稿。具体思路参考光盘中的文章"制定人生规划(精华版). doc，以及"如何制定人生规划. imx"思维导图。

三、参考操作步骤

1. 双击桌面 WPS 演示快捷图标，启动该金山办公自动化软件套餐中的演示文稿软件。

2. 在开始界面中单击"新建"图标，新建一个空白的电子文稿。

3. 设计制作封面。为体现主题思想，以电影导演为切入点，制作封面，包括电影胶片的 2 个图片，"自己导演出精彩的人生"的副主题。把主题"规划成就人生"，这 6 个字设计成独立的挂帘式结构，如图 1-30-1 所示。

4. 设计制作目录页。本 PPT 文稿有 4 个方面的主要内容"人生概述""人生规划定义""人生规划过程""心动不如行动"。本页幻灯片主要设计包括图标设计、标题栏的背景设计、左侧目录图标设计、4 个标题栏图形标签的设计，和中间 3 个电影胶片效果的图片设计，如图 1-30-2。

5. 设计编辑第一部分"人生概述"。插入一个道路图片，设计左下角页码的效果图片，输入主体文字，如图 1-30-3 所示。

图 1－30－1 制作封面

图 1－30－2 制作目录页

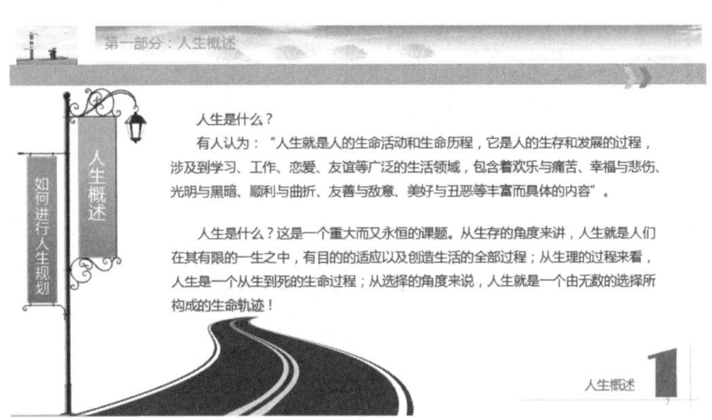

图 1－30－3 编辑第一部分“人生概述”

6. 设计编辑第二部分“人生规划定义”。设计一个小女孩面向路的远方，即面向未来的图片，以及艺术字“现在该考虑前面如何走了?”，选择的第一行、第六列的绿色投影字。其他参见图 1－30－4。

图 1－30－4 编辑第二部分

7. 设计编辑第三部分“人生规划步骤”。本页面较简单,主要是 SWOT4 个图片编辑与排版,如图 1-30-5 所示。

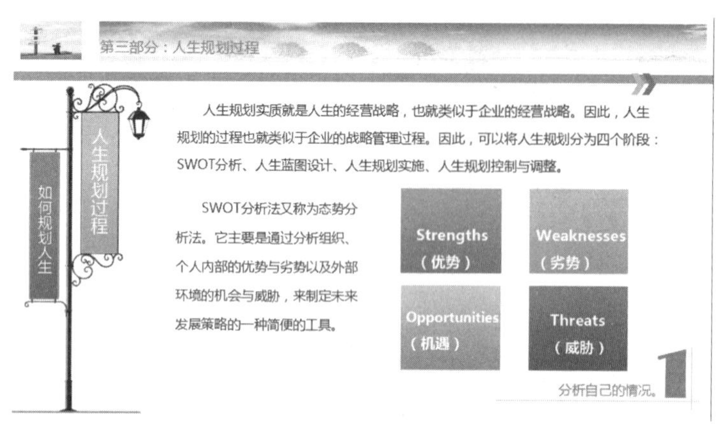

图 1-30-5 编辑第三部分

8. 设计编辑第四部分“心动不如行动!”。设计群马奔腾的图片如图 1-30-6 所示。

图 1-30-6 编辑第四部分

9. 设计幻灯片整体的动画与过渡效果。这部分内容可以根据自己的想法和观念自行设计。

活动 31 网络交流“如何制定人生规划”的 PPT 讲解稿

一、活动目的

1. 学习巩固网络文件共享的原理和方法。
2. 掌握百度云的安装与使用。
3. 掌握利用百度云空间实现文件共享的方法。

二、活动任务

本活动学习如何在网络中共享这些图片和文档。具体要求是利用百度云来实现文件的共享。

三、参考操作步骤

1. 双击桌面浏览器图标，打开 IE 浏览器，输入“www. baidu. com/more”网址，进入百度网站的产品大全页面，选择“百度云”功能，或者直接输入网址“yun. baidu. com 打开百度云页面，如图 1－31－1 所示。

图 1－31－1　打开百度云页面

2. 在网页右侧，单击【立即注册百度账号】按钮，进入注册百度账号界面，如图 1－31－2 所示。在此界面输入用户的手机号或注册邮箱、密码、验证码，再单击【注册】按钮，完成百度云账号注册。最后到注册邮箱中激活注册，就可以使用百度云功能了。

图 1－31－2　注册百度云账号

3. 重新进入百度云网页，在“登录百度账号”栏目中，输入注册的账号、密码信息，点击【登录】，进入百度云平台，如图 1－31－3 所示。

图 1－31－3　进入百度云平台

4. 在百度云平台,可以上传"照片""文档""视频""音乐"等,可以把学校比赛的照片和个人收藏的资料都上传到这个云盘中。上传完成后,分别在各自的项目栏中查看上传的信息,并管理设置共享资料。打开"照片"项,可以看到上传好的内容。如图 1-31-4 所示,此处可以勾选每个图片左上角的复选框,再点击图片上方的"分享"按钮,可以管理要共享的文件。

图 1-31-4 管理要共享的文件

5. 共享文件的方式有几种,分别是"链接分享""发给好友""发到邮箱"等。在链接分享中可选择"创建公开链接"和"创建私密链接",如图 1-31-5 所示。

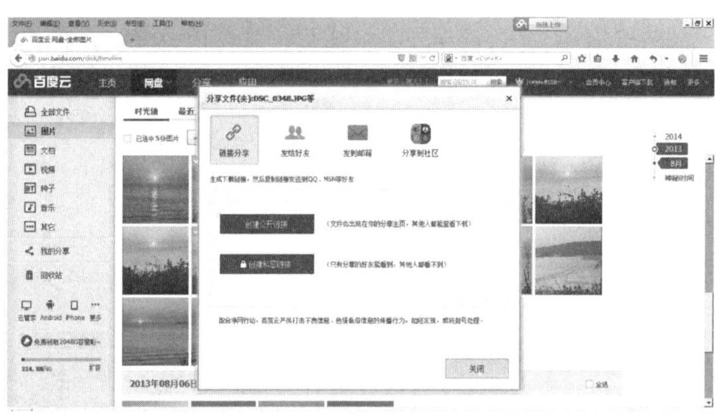

图 1-31-5 链接分享

6. 选择"创建公开链接"或"创建私密链接",区别是公开链接的 URL 地址可直接访问或下载,而私密链接的 URL 地址需要提供访问密码,该密码由百度云在设置私密访问时自动生成。

7. 选择"发给好友"则能快速地把文档信息发给同样已经在百度云注册了的好友共享,如图 1-31-6 所示。

图 1-31-6 发给好友

7. 选择“发给邮箱”功能，在新弹出的界面中输入相应的内容，如图 1－31－7 所示，完成后单击“分享”，则照片被自动发送到指定的邮箱。

图 1－31－7　发给邮箱

8. 登录邮件服务器地址，打开邮箱，查看邮件情况。发现有邮件发到，打开邮件，查看文件内容了，如图 1－31－8 所示。

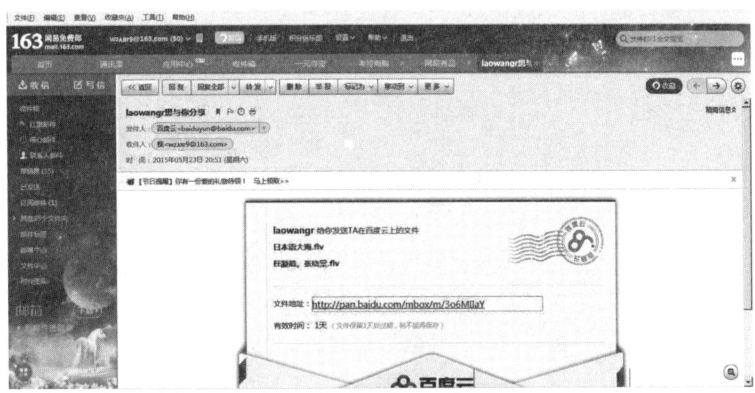

图 1－31－8　查看文件内容

第二部分

综合测试

综合测试1　制作个人职业生涯规划

一、项目背景

在校学习期间应尽早地思考自己的职业生涯规划，明确努力方向，不断地根据自我职业规划的内容加强素质培养，锻炼各种能力，为毕业后的职业选择创造和准备条件。

二、项目任务

做好职业生涯规划的关键是获取信息，包括家庭情况、所学专业信息、本专业有关的行业信息等，并对获取的丰富信息进行评价和分析，并最终确定自己的职业目标，明确今后的努力方向。本项目要综合运用各种信息获取工具和方法，获取有助于思考个人职业生涯规划的各种信息，整体思考所需要的信息内容。能够恰当地选择信息工具，提高信息获取的效率，并将各种途径（包括直接利用信息工具、互联网搜索）获取的信息保存到电脑中，最终形成一份简单的个人职业生涯规划书。

三、设计与制作要求

针对个人和家庭情况、专业与行业情况调查与分析、个人职业目标和准备等方面，选择合适的工具获取相关信息。可以围绕以下具体问题思考个人职业生涯规划的内容：

1. 与家人沟通了解父母期望、父母所从事的职业情况

2. 深入了解所学专业信息，本专业所学习的课程内容，所学专业可从事的行业有哪些，这些行业的发展现状如何。

3. 如果打算做某行业，需要做些哪些准备工作，可以向学长以调查方式请教、查阅书籍、到学校就业指导中心询问和参加校园招聘会宣讲会、互联网搜索文字/图片/视音频多种类型信息等方式了解这些内容。要从事这个行业，需要学习哪些知识、掌握哪些技能、了解行业礼仪、需要获取哪些职业资格证书等。

4. 如果打算自主创业，需要做哪些准备工作，如了解涉入的行业、专业领域的知识、相关法律和倾斜政策、别人创业成功的经验等。

5. 根据上述内容，结合自己的兴趣，思考个人的职业目标和今后的努力方向，做一份简单的职业规划书，可参考图2-1-1所示个人职业规划样例，并利用文本处理软件或演示文稿软件等进行具体的呈现。

一、家庭情况分析

1. 通过沟通交流,知道父母对自己的期望
2. 通过沟通交流,了解父母的工作现状信息

二、专业与行业信息调查与分析

1. 查阅书籍,了解个人所学专业信息,包括课程内容。
2. 通过调查或者问卷的形式获取就业现状信息
3. 利用拍、摄、录、扫描等方式,获取专业与行业信息的图像、视、音频资料
4. 利用互联网搜索行业发展现状,对人才的技能要求等信息

三、自主创业计划(可选)

四、个人职业目标与努力方向

图 2-1-1 职业策划书样例

四、参考操作步骤

1. 整体思考个人职业生涯规划

为让今后的学习过程更有针对性,明确努力方向,确定信息需求,为设想职业生涯规划,确定要获取哪些信息,如何获取这些信息。

提示:制定职业生涯规划需要考虑的内容包括个人兴趣、家庭情况、专业情况、行业信息、行业对人才的要求、个人所需要做的准备工作等内容。

2. 通过沟通交流,获取家庭情况信息

与家庭成员沟通交流,了解父母对自己的期望、父母的工作现状等信息,为职业生涯规划提供参考依据。

3. 通过查阅资料,深入了解专业信息

有很多方式获取专业信息。例如,可以到图书馆查阅专业的相关书籍,了解本专业的培养目标、需要学习课程的知识内容、本专业从事的行业情况、行业的发展现状等内容。

图 2-1-2 扫描仪使用

在查阅的书或者杂志中,有价值的信息内容,可以使用手机拍照或者扫描仪等数字化工具,保存到电脑中。扫描仪的具体操作是:将扫描仪连接到电脑后,安装正确的驱动程序,然后在"开始菜单"→"控制面板"→"设备和打印机"下查看,会出现"扫描仪"的图标,点击扫描仪图标进行设置和操作,如图 2-1-2 所示。不同扫描仪的扫描操作界面有所不同,具体可参阅产品说明书。

4. 通过调查形式,获取本专业就业现状信息

(1) 可以向本专业的学长开展调查,了解本专业的就业现状。在调查之前,要明确信息需求、所要调查的信息内容,例如就业观(自己创业、继续深造、先就业再择业等)、就业时需要考虑的因素(专业对口、行业前景、单位地域、单位性质等)、找工作的途径、求职困扰因素等问题。精心准备所要调查或者询问的内容以及信息获取方式,以便获取详细的信息。例如,可

以采用纸质问卷、录音笔记录学长的谈话等。

(2) 向就业指导中心老师咨询、参加校园招聘会和宣讲会等，深入了解就业现状，利用具有拍照功能的手机拍摄各种招聘信息的图片，或者利用 DV 机或者手机录制宣讲会的视频。

5. 利用互联网获取专业可从事行业的信息

利用互联网搜索所学习专业可从事的行业有哪些，这些行业的发展现状如何，目前有哪些优势行业。

在浏览器中访问百度网站(www. baidu. com)，在搜索输入框中输入专业名称相关的名词，如输入“航空服务专业就业”，搜索结果如 2－1－3 图所示。

图 2－1－3　搜索结果

为了获取更多的结果信息，可以根据信息需求，变换不同的搜索关键字，如“航空服务专业就业前景”“航空服务专业介绍”等。点击具体的结果页面超链接，可以下载所需要网页的文字和图片，并保存到电脑上。

6. 评价和分析所搜集的信息，确定职业目标和努力方向

将信息获取设备通过 USB 数据线与计算机连接，把获得的信息到保存到电脑中。综合考虑如上所获得的信息，确定职业目标。思考如果从事某一行业，需要做哪些准备工作，利用调查、查阅书籍、互联网搜索的方式获取这些信息内容，具体包括需要学习哪些知识、掌握哪些技能、需要取得什么职业资格证书等，为今后的学习明确努力方向。

7. 制作一份简单的个人职业生涯规划

利用文本处理软件、演示文稿软件或者其他软件，制作一份简单的个人职业生涯规划书。

综合测试 2　设计艺术节入场券

一、项目背景

2015 年是和安集团成立十周年,集团决定结合庆祝活动举办首届艺术节。安集团宣传部的一名职员为了做好艺术节的接待和管理工作,设计制作参观"首届艺术节"入场券是首要任务。有关 2015 年和安集团首届艺术节的文字和图片等资料已存放在桌面"多媒体素材"文件夹中。

二、项目任务

浏览和安集团首届艺术节的多媒体资料素材,设计制作一张参观"和安集团首届艺术节"的入场券。在桌面建立"入场券"文件夹,作品保存在该文件夹下,文件名自定。

三、设计与制作要求

1. 页面设置,根据常规入场券一般为宽 21 厘米、高 8 厘米、不留白边。

2. 用图片做入场券的背景,并对图片进行相应的设置。

3. 用艺术字展示入场券的主题,体现主题明确、整体美观。

4. 入场券各要素齐全、文字清晰、布局合理,用文本框的方式输入入场券的其他信息,并对输入内容进行相应的设置。

四、参考操作步骤

1. 项目任务分析

从结构来看,入场券分正券和副券两部分,多以图片为背景;从要素来看,应有主题、价格、时间、地点和联系电话等;从技术层面来看,要使用图片、艺术字和文本框等技术来实现。

2. 文档创建及页面设置

(1) 单击"文件"菜单,双击"新建"中的"空白文档"。

(2) 单击"页面布局"选项卡,在"页面设置"工具组中单击"页面设置"按钮。

(3) 在弹出的"页面设置"对话框中单击"纸张"选项卡。

(4) 在纸张大小选项区选择"自定义大小"选项,设置宽度为 21 厘米、高度为 8 厘米,如图 2-2-1 所示。

(5) 单击"页边距"选项卡,设置上、下、左、右页边距均为 0 厘米,方向为"横向"。

(6) 单击【确定】按钮,在弹出的提示框中单击【忽略】按钮,如图 2-2-2 所示。

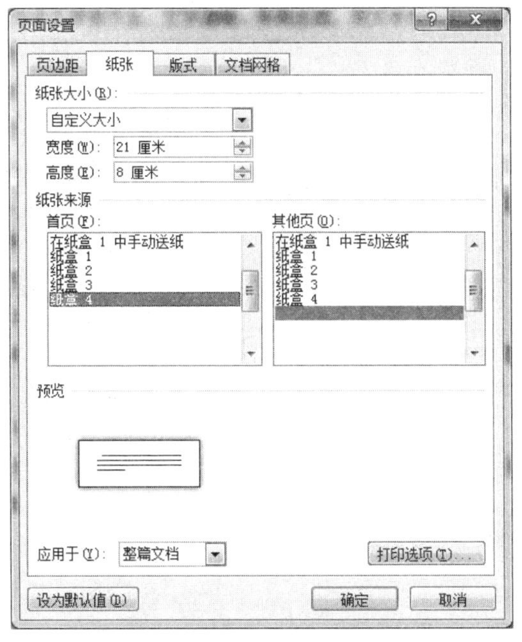

图 2-2-1　设置纸张大小

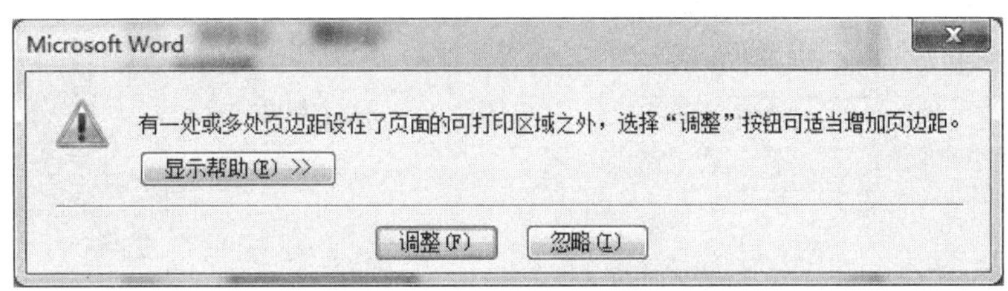

图 2-2-2　忽略页边距

3. 图片的插入及设置

(1) 单击"插入"→"图片"按钮。

(2) 在出现的"插入图片"对话框中，在指定的文件夹中选择"photo1-4"图片，单击【确定】按钮。

(3) 在图片上单击鼠标右键，选择"大小和位置"，在出现的"布局"对话框中，单击"大小"选项卡，取消"锁定纵横比"和"相对原始图片大小"，设置高度为 8 厘米、宽度为 21 厘米，如图 2-2-3 所示。

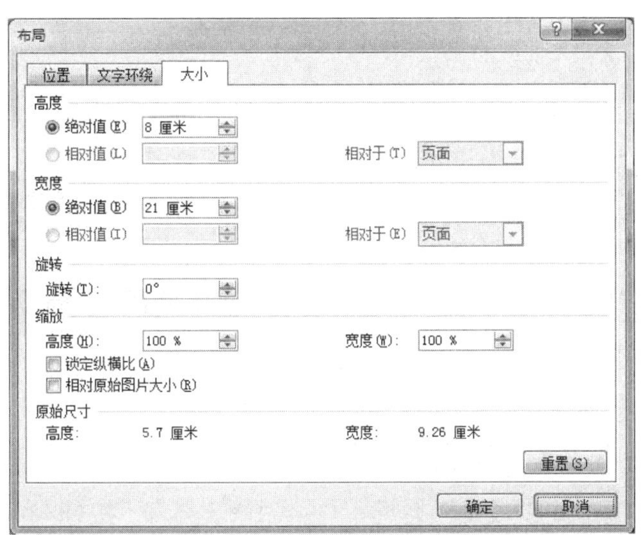

图 2-2-3　图片大小设置

(4) 单击文字环绕选项卡，在环绕方式区域选中“衬于文字下方”项；单击位置选项卡，取消“对象随文字移动”。

(5) 选中图片，在图片工具的“格式”选项卡的“调整”组中，单击艺术效果按钮，选择第四行第三列的“十字图案蚀刻”效果，完成背景图片的插入及设置。

4. 入场券版面的划分及绘图工具的使用

(1) 在“插入”选项卡的“插图”工具组中，单击“形状”按钮，选择直线命令，在距左边距大约 17 厘米处绘制一条竖线作为主券和副券的分界线。

(2) 在直线上单击鼠标右键，选择“设置形状格式”，在弹出的“设置形状格式”对话框中选择“线型”，设置宽度为 1.5 磅，短划线类型设置为“短划线”，如图 2-2-4 所示，单击【关闭】按钮。

图 2-2-4 设置直线宽度和线型

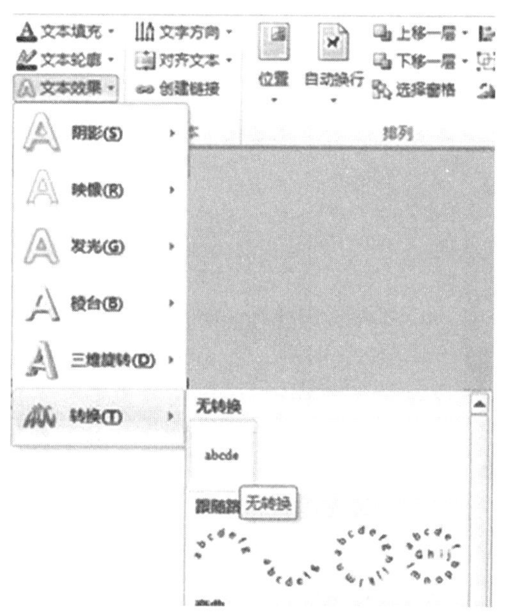

图 2-2-5 文本效果转换

(3) 在直线上单击鼠标右键，选择“其他布局选项”，在出现的“布局”对话框中，单击“文字环绕”选项卡，在环绕方式区域选择“衬于文字下方”项；单击位置选项卡，取消“对象随文字移动”，在水平区域设置绝对位置距页边距 16.8 厘米。单击【确定按钮】。

5. 使用艺术字创建入场券标题

(1) 单击“插入”选项卡“文本”工具组中的“艺术字”命令，选择第三行第三列的艺术字。输入“和安集团”，文字间输入 3 个空格间隔，设置字体格式：楷体、20。

(2) 在“艺术字样式”工具组中，设置“文本填充”和“文本轮廓”颜色均为黑色；单击“文本效果”按钮，在“转换”项中选择“无转换”，如图 2-2-5 所示。

(3) 移动该艺术字至主券顶部中央位置。

(4) 插入艺术字“首届艺术节”，文字间输入 4 个空格间隔，设置字体格式：华文行楷、24。使用与(2)相同的方法对艺术字进行设置。

(5) 移动其位置至艺术字“和安集团”正下方。

6. 使用文本框建立入场券副标题

(1) 单击“插入”选项卡，在“文本”工具组中单击“文本框”按钮，单击“绘制文本框”命令，当鼠标指针变成十字形，在艺术字“首届艺术节”正下方拖动鼠标绘制一个文本框。

(2) 在该文本框中输入“The First Art Day of He'an”。

(3) 选中“The First Art Day of He'an”，在“开始”选项卡“字体”工具组中设置字体为“Times New Roman”、字号小二，单击加粗、倾斜、居中按钮。

(4) 右击该文本框边框，选择“设置形状格式”命令，在弹出的“设置形状格式”对话框中，设置填充为“无填充”；设置“线条颜色”为“无线条”，单击【关闭】按钮。

7. 使用文本框输入相关信息

(1) 在副标题下方再绘制一个大文本框。

(2) 参照入场券副标题制作步骤(4)的方法设置文本框。

(3) 在该文本框中输入时间、地址等相关信息，并设置其字体为宋体，字号为小四。

8. 使用竖排文本框输入票价

(1) 单击“插入”选项卡，在“文本”工具组中单击“文本框”按钮，选择“绘制竖排文本框”命令，当鼠标指针变成十字形，在券面左侧拖动鼠标绘制一个大文本框。

(2) 参照入场券副标题制作步骤(4)的方法设置文本框。

(3) 在该文本框中输入“票价：贰拾元”，并设置字体为“宋体”，字号二号，红色，居中。

(4) 选中“贰拾”，在“开始”选项卡“字体”工具组中设置字体为“宋体”，字号为“一号”，颜色为“红色”，单击加粗按钮。

9. 使用竖排文本框完善券面元素

(1) 单击“文本框”按钮，选择“绘制竖排文本框”命令，当鼠标指针变成十字形，在分割线上绘制一个竖排文本框。

(2) 参照入场券副标题制作步骤(4)的方法设置文本框。

(3) 在该文本框中输入“撕下作废”，字间用两个空格间隔，并设置其字体为“宋体”、字号为“小四”。

10. 使用竖排文本框建立副券标题

(1) 在副券部分上方中部绘制一个文本框。

(2) 参照入场券副标题制作步骤(4)的方法设置文本框。

(3) 输入“副券”，并设置其字体为“宋体”，字号为“二号”，居中。

11. 使用竖排文本框完善副券元素

(1) 绘制一个竖排文本框。

(2) 参照入场券副标题的制作步骤(4)的方法设置文本框。

(3) 输入“贰拾元”，并设置字体为“宋体”，字号小二，居中。

12. 文档的保存

(1) 在桌面新建一个“入场券”文件夹。

(2) 单击“文件”→“另存为”命令。

(3) 在出现的“另存为”对话框中，选择保存位置及类型，输入自定的文件名。

(4) 单击【保存】按钮，保存文档，参考样张如图 2－2－6 所示。

13. 制作入场券背面

图 2-2-6 参考样张正面效果

(1) 单击“文件”→“新建”命令，双击“空白文档”，建立一个新文档。

(2) 设置纸张宽度为 21 厘米、高度为 8 厘米，上下左右页边距均为 0。

(3) 在其中插入一张背景图片，大小设置为：高 8 厘米、宽 21 厘米，取消“锁定纵横比”；设置文字环绕方式为“衬于文字下方”。

(4) 选定图片，在“格式”选项卡“调整”工具组中单击“颜色”，选择“重新着色”工具组的“冲蚀”效果。

(5) 插入表格并输入相应内容。

(6) 插入直线、艺术字和文本框等元素，完成背面制作。

14. 文档的保存

(1) 单击“文件”→“另存为”命令。

(2) 在出现的“另存为”对话框中，将文档保存在桌面“入场券”文件夹中，输入自定的文件名。

(3) 单击【保存】按钮，保存文档。背面效果如图 2-2-7 所示。

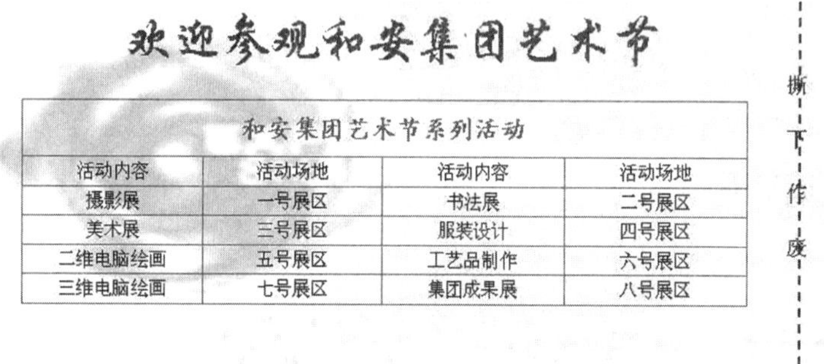

和安集团艺术节系列活动			
活动内容	活动场地	活动内容	活动场地
摄影展	一号展区	书法展	二号展区
美术展	三号展区	服装设计	四号展区
二维电脑绘画	五号展区	工艺品制作	六号展区
三维电脑绘画	七号展区	集团成果展	八号展区

图 2-2-7 参考样张背面效果

综合测试 3 设计易班宣传页

一、项目背景

易班(http://www.yiban.cn)是提供教育教学、生活服务、文化娱乐的综合性互动社区。网站融合了论坛、社交、博客、微博等主流的 Web 2.0 应用，加入了为在校师生定制的教育信息化一站式服务功能，并支持网页、手机客户端等多种访问形式。2014年，易班进入中职，成为师生、生生加强交流的平台和工具。作为校学生会宣传部的一名干事，请你设计一张易班宣传页。有关易班的文字和图形资料已存放在桌面“多媒体素材”文件夹。

二、项目任务

浏览关于易班的多媒体素材资料，设计制作一张“易班宣传页”，在桌面建立“易班宣传”文件夹，作品保存在该文件夹下，文件夹名自定。

三、设计与制作要求

1. 宣传页中应包含主题及易班基本信息，如易班历史、易班功能、易班作用等。
2. 宣传页使用A4纸，内容为一页。
3. 版面配色合理，图文排版美观、有特色。
4. 添加页面边框，图、文等元素不超过边框范围。
5. 使用艺术字设计宣传页主题，主题名称为“易班宣传页”。从资料中提取一句话作为页眉，起到点题的作用。
6. 在文中适当位置插入有关易班的图片，将图片调整至适当大小。
7. 可使用分栏、为部分文字加底纹、为图片加边框等方法使宣传页版面活泼。
8. 以表格形式展示易班发展历史，为该表格加上图片背景。
9. 将宣传页设为A4纸，纵向打印，加上页面边框，调整各对象的大小及位置，使排版美观，不超过页面范围。

五、参考操作步骤

1. 项目任务分析

(1) 从结构来看，宣传页应含有主题、小标题、说明文字，以及起修饰作用的图片。另外也可以通过页眉来点题。

(2) 从技术层面来看要使用表格、图片和页面、文字设置等技术来实现，使得整个宣传页版面活泼，吸引人。

(3) 制作设想：使用艺术字制作标题，使用页眉来点题，加入图片以增强艺术效果，使用表格来展示易班发展历程。

2. 文档创建及页面设置

(1) 单击“文件”菜单，双击“新建”中的“空白文档”。

(2) 单击“页面布局”选项卡，在“页面设置”工具组中单击“页边距”，选择“自定义页边距”，设置上、下、左、右页边距均为2厘米。

(3) 单击“插入”选项卡，在“页眉和页脚”工具组中单击“页眉”，选择“编辑页眉”，输入“中职易班上线啦!”，设置页眉格式为隶书、三号、深红、分散对齐。

(4) 选中页眉文字，单击“页面布局”选项卡，在“页面背景”工具组中单击“页面边框”，在弹出的“边框和底纹”对话框中选择“边框”选项卡，单击“下边框”按钮取消页眉的下段落框线,如图 2-3-1 所示。

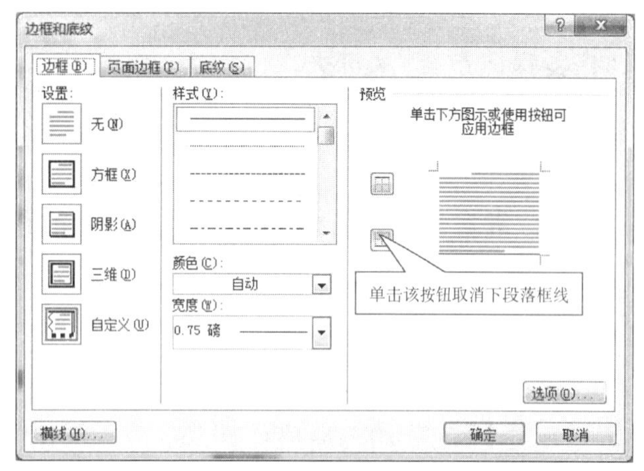

图 2-3-1　取消页眉下框线

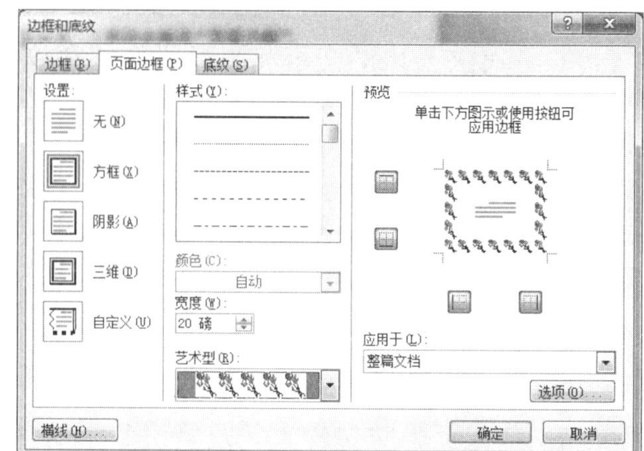

图 2-3-2　添加艺术型页面边框

(5) 单击“页面布局”选项卡,在“页面背景”工具组中单击“页面边框”,在弹出的“边框和底纹”对话框中选择“艺术型”中的气球边框,如图 2-3-2 所示。

3. 文字材料编辑

(1) 从“易班文字资料”中选择相应文字,复制到文档中,参考图 2-3-7。

(2) 将 4 个小标题易班历史、易班功能结构、网站特色、易班的作用设置为宋体、三号、白色,加底纹:橙色、强调文字颜色 6,深色 50%。

(3) 选中除小标题之外的正文,设置其字体格式为宋体、小四;段落格式为首行缩进 2 字符,行距选择多倍行距 1.35。

(4) 取消易班网址“http://www.yiban.cn”的超链接。

(5) 单击“页面布局”选项卡,在“页面设置”工具组中单击“分栏”,选择“更多分栏”,将“易班功能结构”下面的正文分栏:两栏,加分隔线。

4. 表格设置

(1) 将“易班历史”下面正文中所有数字序号后面的“、”替换为空格;将所有日期后面的“:”替换为空格。

(2) 选中“易班历史”下面的正文内容,单击“插入”选项卡,单击“表格”按钮,选择“插入表格”,将文字转换为表格。

(3) 在表格第一行上方插入一行,在 3 个单元格中分别输入“序号”“时间”“事件”。选中整表,在“开始”选项卡“段落”组中设置为“居中”;选中表格内容,在“开始”选项卡“段落”组中设置为“居中”。

(4) 选中表格,单击鼠标右键,选择“表格属性”,在弹出的表格属性对话框中单击“列”选项卡,选择“度量单位”为“百分比”,设置第一列宽度为 10%,第二列宽度为 20%,第三列宽度为 70%,如图 2-3-3 所示。

(5) 选中表格第一行,单击鼠标右键,选择“边框和底纹”,在弹出的对话框中选择填充颜色为深蓝,文字 2,淡色 60%;单击“边框”选项卡,设置外边框为“双线边框”,如图 2-3-4 所示。

图 2-3-3 设置表格列宽

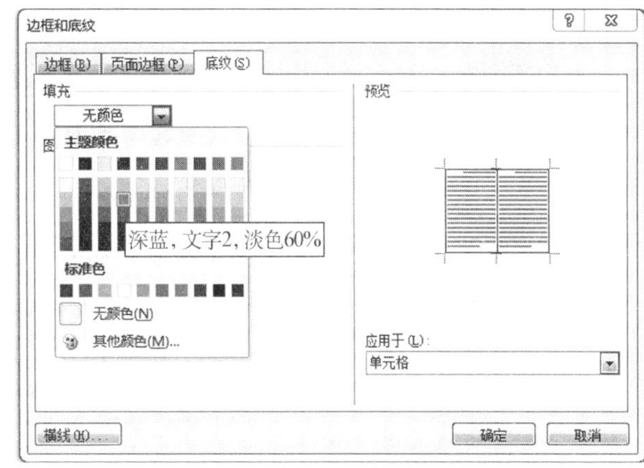

图 2-3-4 设置表格边框和底纹

4. 添加项目符号

(1) 选中“易班的作用”下面的 3 段正文。

(2) 单击鼠标右键，选择“项目符号”中的“定义新项目符号”。

(3) 在弹出的“定义新项目符号”对话框中单击“符号”按钮。

(4) 在“符号”对话框的字体下拉列表中选择“wingdings”，选择第一行第七列的书籍图标，单击【确定】按钮，回到“定义新项目符号”对话框，设置对齐方式为“左对齐”，单击【确定】按钮，如图 2-3-5 所示。

5. 插入并设置图片

(1) 插入图片“吉祥物.png”，在图片上单击鼠标右键，在“大小”选项卡中设置大小为原来大小的 40%；在“文字环绕”选项卡中设置文字环绕方式为“四周型”；在“位置”选项卡中设置水平“右对齐于页边距”，垂直“顶端对齐于页边距”，如图 2-3-6 所示。

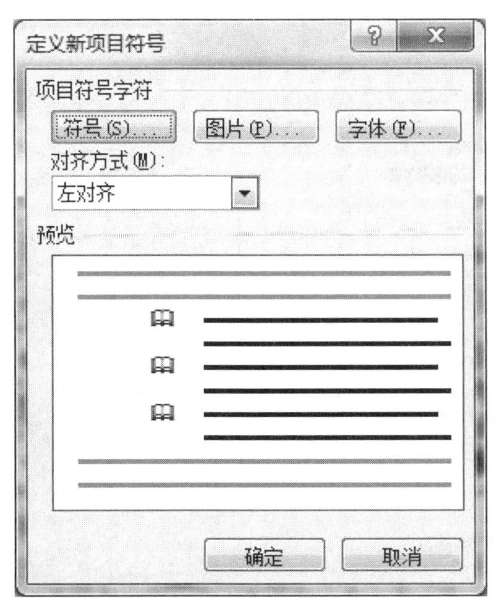

图 2-3-5 自定义项目符号

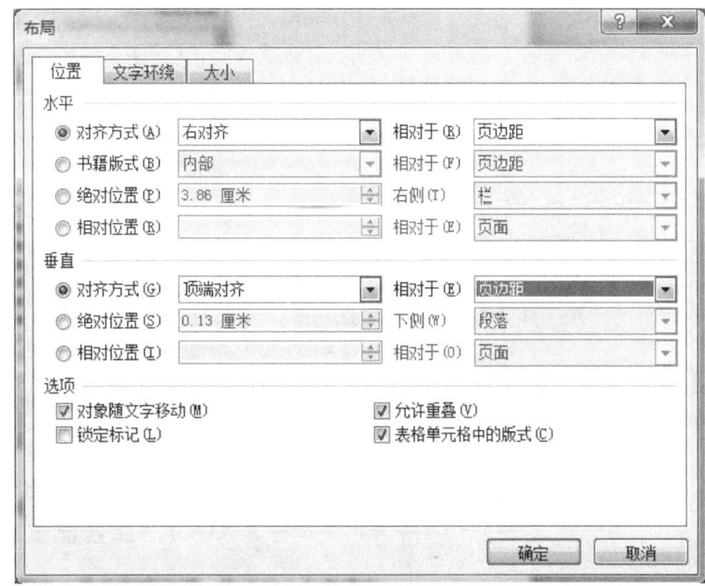

图 2-3-6 图片布局设置

(2) 插入图片“TP1.jpg”,在图片上单击鼠标右键,在“大小”选项卡中设置大小:高度8.4厘米,宽度15.7厘米;在“文字环绕”选项卡中设置文字环绕方式为“衬于文字下方”。

(3) 在“格式”选项卡的“调整”组中单击“颜色”按钮,选择“重新着色”项中的“冲蚀”效果。

(4) 将图片移动到表格下面,作为表格背景。

(5) 插入图片“TP2.jpg”,在图片上单击鼠标右键,在“大小”选项卡中设置为原来大小的70%;在“文字环绕”选项卡中设置文字环绕方式为“四周型”;在“位置”选项卡中设置水平“右对齐于栏”,垂直“下对齐于页边距”,如图2-3-6所示。

(6) 在图片上单击鼠标右键,选择“设置图片格式”,在弹出的“设置图片格式”对话框中选择“线条颜色”为“橙色、强调文字颜色6,深色50%”;线型为“1.5磅短划线”,为图片添加边框。

6. 文档的保存

(1) 单击“文件”→“另存为”命令。

(2) 在出现的“另存为”对话框中,选择保存位置及类型,输入自定的文件名。

(3) 单击【保存】按钮,保存文档,参考样张如图2-3-7所示。

中 职 易 班 上 线 啦 !

易班宣传页

易班(http://www.yiban.cn)是提供教育教学、生活服务、文化娱乐的综合性互动社区。网站融合了论坛、社交、博客、微博等主流的Web2.0应用,加入了为在校师生定制的教育信息化一站式服务功能,并支持WEB、手机客户端等多种访问形式。

易班历史

序号	时间	事件
1	2007年8月	诞生,Web1.0
2	2009年9月	升级,Web2.0,第一批试点(交大、上外、东华、海洋)
3	2010年5月	第二批试点(复旦、建桥、杉达)
4	2010年11月	第三批试点(21所高校)
5	2011年6月	易班改版升级
6	2011年11月	44所高校试点
7	2012年9月	上海公办、民办高校全覆盖以及成都的西华大学
8	2012年12月	厦门大学开始试点建设易班网络互动社区
9	2015年1月	易班网全新改版升级,大换血

易班功能结构

易班的主要功能结构有:主页面结构(主页面),网站层次结构(学校),班级主页结构(班级),个人主页结构(个人主页)。每个结构都有其相对应的主要模块和功能。

网站特色

1. 易班是非商业性公益网站。

2. 易班是服务型网站,各所学校教师的课件资源共享,让学生不但能掌握自己学校的教学内容,更能了解到其他优秀大学教师的课件教案。并能帮助辅导员有效管理班级。并能正确的引导教育学生有正确的思想观、人生观。

易班的作用

- 进行思想教育的先进平台——范围广、影响大、效果好。
- 解决日常事务的有效工具——功能多、速度快、使用方便。
- 开展各种活动的方便途径——多媒体、多互动、多途径。

图2-3-7 综合测试3效果图

综合测试4　制作“飞向太空的航程”多媒体作品

一、项目背景

我国的航天事业历程艰难，发展飞速，成就辉煌。1992年中国载人航天工程启动实施，2011年11月3日中国“神舟八号”飞船于清晨与正在轨稳定运行的“天宫一号”目标飞行器成功完成首次交会对接。至此，中国成为继俄罗斯和美国后第三个掌握空间交会对接技术的国家。

二、项目任务

请你通过各种渠道了解我国航天事业的发展历史及当前现状，进而从某个角度设计并制作一部能够宣传我国航天事业的多媒体影视作品，以激发我们的民族自信心和民族自豪感。最后完成的作品以“飞向太空的航程.mp4”为文件名保存在考生文件夹中。

三、设计与制作

1. 主题内容要求从我国航天事业的一个侧面宣传我国航天事业的艰难历程，或是所取得的辉煌成就，也可以是反映我国航天飞船的技术性能等。作品中的各种元素都要求围绕主题。

2. 作品要求结构新颖，有良好的视觉效果，能运用文字、声音、图像、动画、视频等多种媒体素材。

3. 画面要求图文并茂，结构合理；表达要求简洁清晰，色调统一。

4. 利用素材中的文字、图像、视频等文件，正确设置且统一大小、位置、颜色、效果等视觉因素。

5. 适当添加过渡和动画效果，注意要整齐划一有感染力，不能随心所欲杂乱无章。

6. 整个作品立意新颖，有独创性。

四、参考操作步骤

1. 新建项目。

(1) 打开 Windows Movie Maker。单击“添加视频和照片”按钮，如图 2-4-1 所示。

(2) 在“素材”文件夹中选中所有视频和照片文件，单击【打开】按钮，如图 2-4-2 所示。

(3) 单击“添加音乐”按钮，从“素材”文件夹中打开“背景音乐.wma”音乐文件。完成后如图 2-4-3 所示。

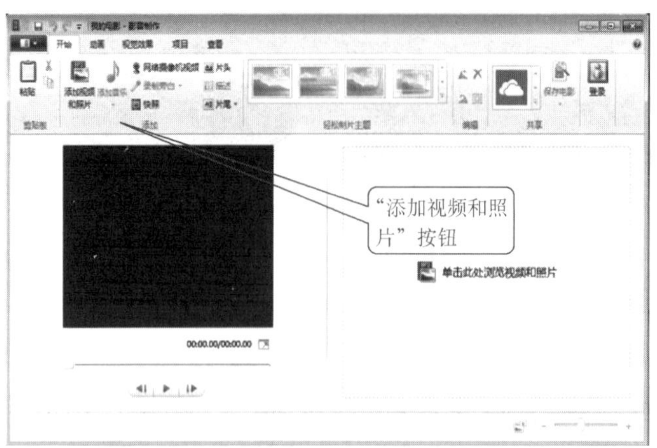

图 2-4-1　添加视频和照片

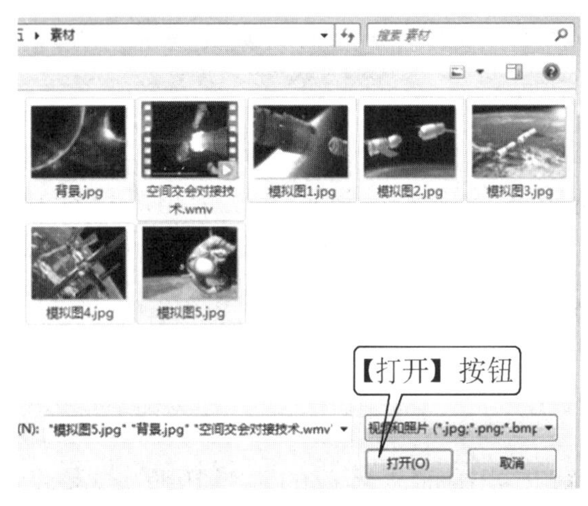

图 2-4-2　打开视频和照片文件

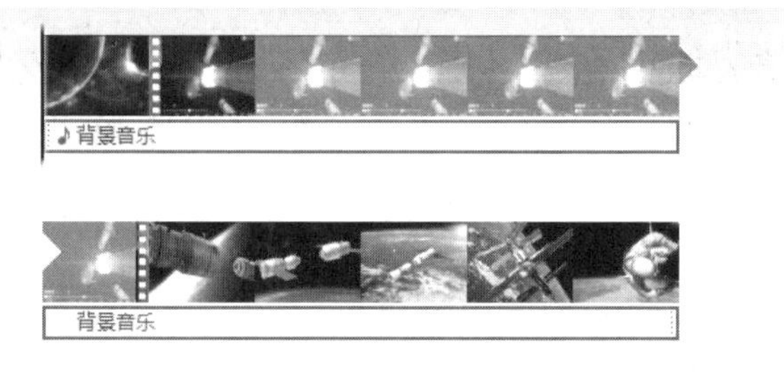

图 2-4-3　添加素材后的界面

(4) 以“飞向太空的航程.mp4”为文件名保存在考生文件夹中。

2. 制作片头片尾及文字描述。

(1) 选中第一个“背景.jpg”照片对象，设置视觉效果“从黑色淡入”，如图 2-4-4 所示。

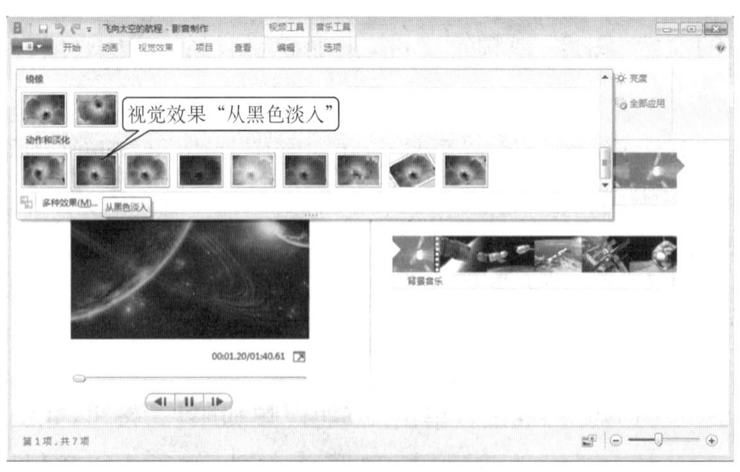

图 2-4-4　视觉效果

(2) 单击“描述”按钮，为该照片添加文字描述，如图 2-4-5 所示。然后在文本编辑中输入“飞向太空的航程”和“空间对接技术”两行标题文字。并设置文字：黑体，36 磅，职业红，效果为“流行型—淡化 1”，开始时间为 0.5 秒，文本时长为 6 秒，如图 2-4-6 所示。

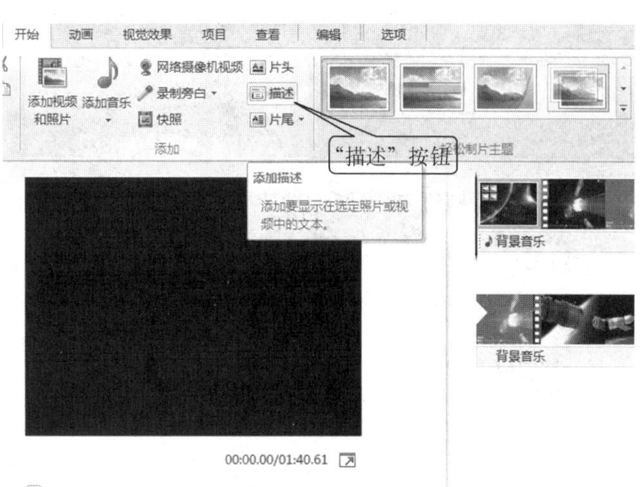

图 2－4－5　添加文字描述

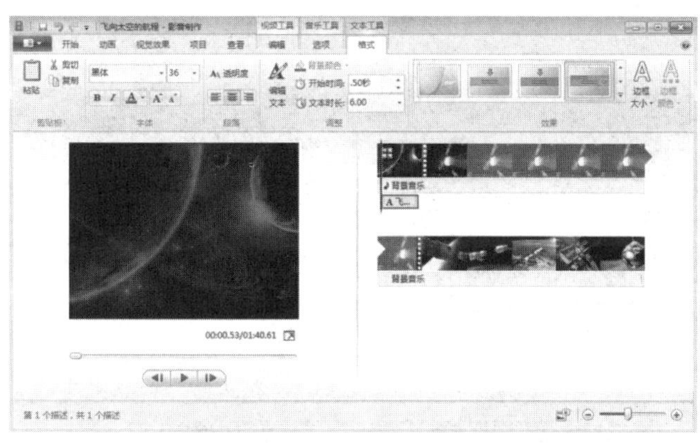

图 2－4－6　编辑描述文字

(3) 在视频中及以后的 4 张照片上加上适当的文字描述，并设置好文字的字体、大小、颜色、效果、时间等内容。

(4) 为最后一张照片添加片尾文字描述“谢谢观赏”，设置视觉效果。完成后如图2－4－7所示。

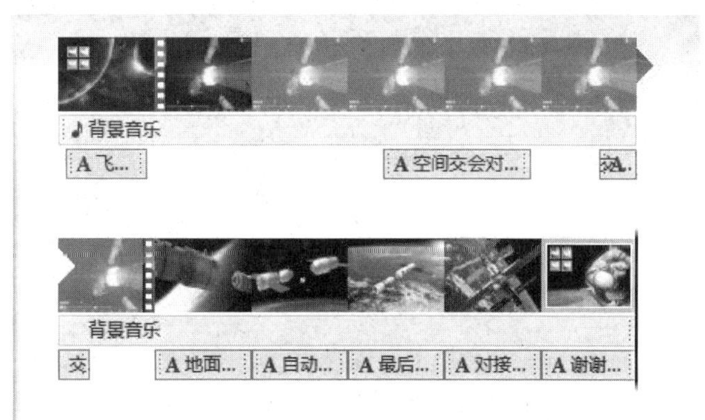

图 2－4－7　文字描述结果

3. 视频工具编辑及动画效果。

(1) 选择视频对象，设置一种过渡特技效果，如图 2－4－8 所示。为以后的 4 张照片也加上过渡特技效果。

(2) 为后 4 张照片加上“平移和缩放”动画效果，增加照片的视觉动感，如图 2－4－9 所示。

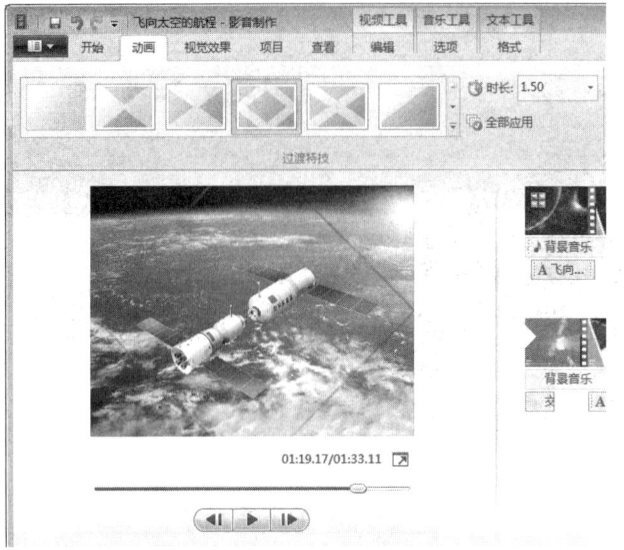

图 2-4-8　过渡特技

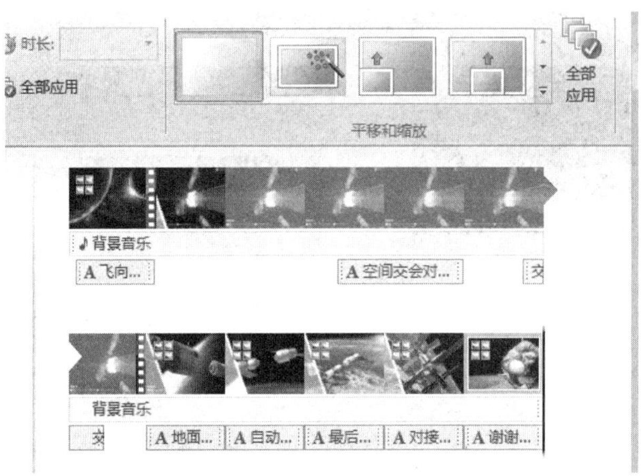

图 2-4-9　平移和缩放

(3) 使用“视频工具”将后四张照片的时长设置为 10 秒,如图 2-4-10 所示。

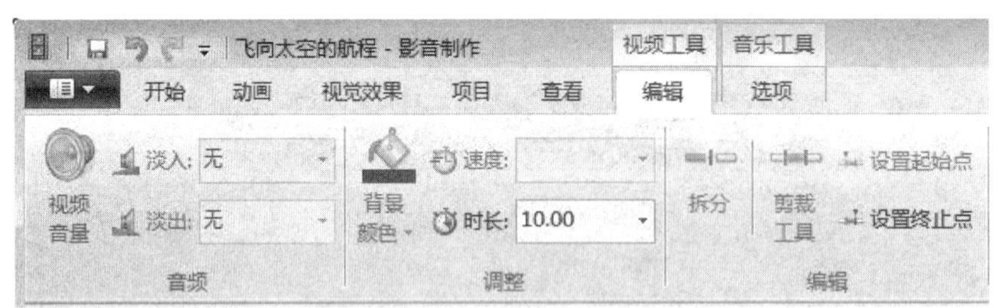

图 2-4-10　照片时长设置

4. 音乐工具选项设置。

在“音乐工具”选项中设置音乐淡入和淡出均为“慢速”,如图 2-4-11 所示。

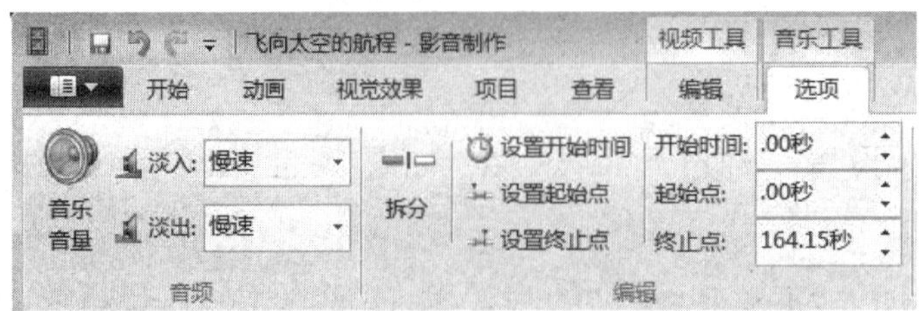

图 2-4-11　音乐工具选项

5. 保存电影。

最后完成影片制作，单击“保存电影”按钮，选择“通用设置”中的计算机，如图 2－4－12 所示。用“飞向太空的航程. mp4”为文件名保存在考生文件夹中。如图 2－4－13 所示为电影截图。

图 2－4－12　保存电影

图 2－4－13　电影截图

综合测试 5　宣传“敦煌旅游”演示文稿

一、项目背景

敦煌位于河西走廊的最西端，地处甘肃、青海、新疆三省（区）的交汇处，位于古代中国通往西域、中亚和欧洲的交通要道——丝绸之路上。敦煌因曾经的辉煌和博大精深的文化内涵而闻名于世。以敦煌石窟、敦煌壁画闻名天下，是世界遗产莫高窟和汉长城边陲玉门关、阳关的所在地。

二、项目任务

上海百花旅行社是一家以国内旅行为主的股份制公司,需要设计制作宣传敦煌旅游的电子演示文稿,在公司各门市部播放。请运用所给素材,制作主题明确、列出主要景点、图文并茂、版面清晰的"敦煌旅游"多媒体电子演示文稿。

完成的作品以"敦煌旅游.pptx"为文件名,保存在指定文件夹中。

三、设计与制作要求

1. 设计不少于6张幻灯片,介绍"敦煌旅游"4个景点。
2. 第一张幻灯片是主题,后面每一张幻灯片介绍一个景点,要有标题、图片和相关文字说明。
3. 设计一张表格,列出行程时间、地点、景点名称、食宿安排等。
4. 整套幻灯片要有统一的主题背景。
5. 幻灯片播放时设置统一的切换方式。
6. 给文字和图片都加上合适的动画效果。
7. 在整套幻灯片的右下角,添加"上海百花旅行社"标记。

四、参考操作步骤

1. 新建文件、确定幻灯片数量、设置幻灯片主题"

(1) 新建幻灯片　启动Power Point 2010,新建6张新的幻灯片。

(2) 设置主题　选中任一张幻灯片,单击"设计"菜单,在"主题"区域,选择合适的应用幻灯片设计模板主题,本例选择"龙腾四海"。右键单击该主题模板,在弹出的对话框中,选择"应用于所有幻灯片",如图2-5-1所示,将整套幻灯片设置成统一风格的主题模板。

2. 编辑第一张幻灯片

(1) 输入标题　在第一张幻灯片的标题栏中,输入"敦煌旅游",设置字体:隶书、72、深红。

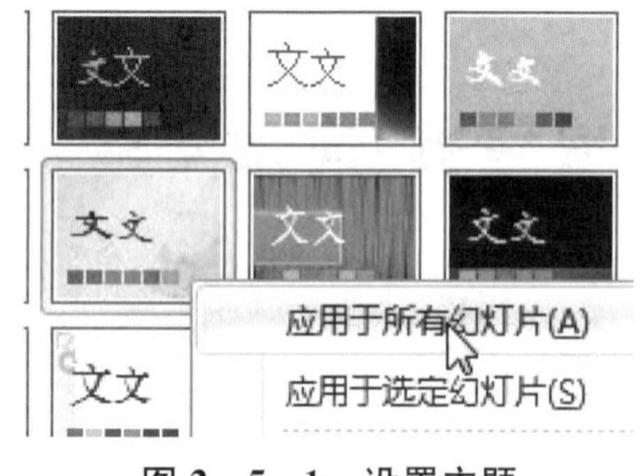

图2-5-1　设置主题

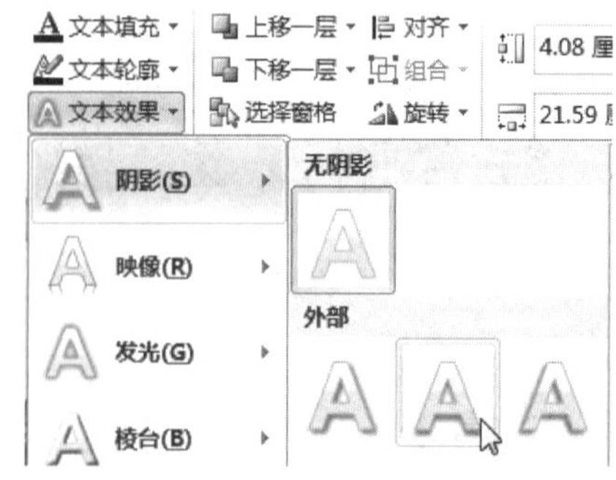

图2-5-2　设置文字阴影

(2) 设置标题阴影　选中该标题,在"绘图工具"→"格式"→"文本效果"中,选择"阴影"→"外部"→"向下偏移",如图2-5-2所示。

(3) 设置标题映像　在"绘图工具"→"格式"→"文本效果"中,选择"映像"→"映像变体"

→"全映像接触",如图 2－5－3 所示。

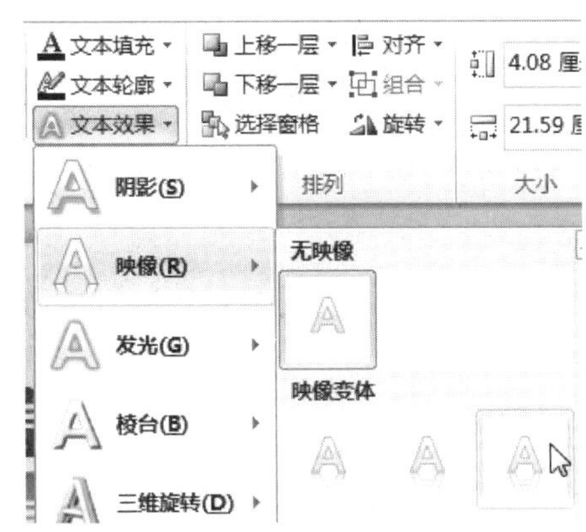

图 2－5－3　设置文字映像

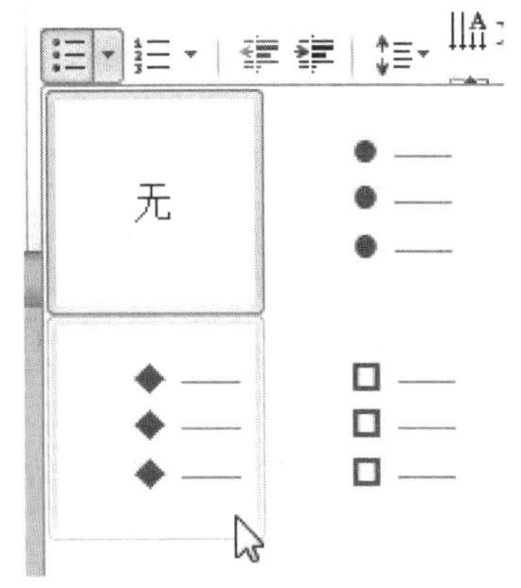

图 2－5－4　设置项目符号

(4) 输入目录名称　在副标题文本框中,输入"行程安排""莫高窟""鸣沙山月牙泉""黄河石林""雅丹地质公园"等文字,并如图 2－5－4 所示设置项目符号。

(5) 插入图片　插入一张有关敦煌旅游景点的图片。

(6) 设置图片格式　选中图片,在"图片工具"→"格式"→"图片样式"中,选择"映像棱台",如图 2－5－5 所示。将"图片边框"颜色设置为"深红",如图 2－5－6 所示。拖曳至合适的大小和位置。

图 2－5－5　设置图片样式

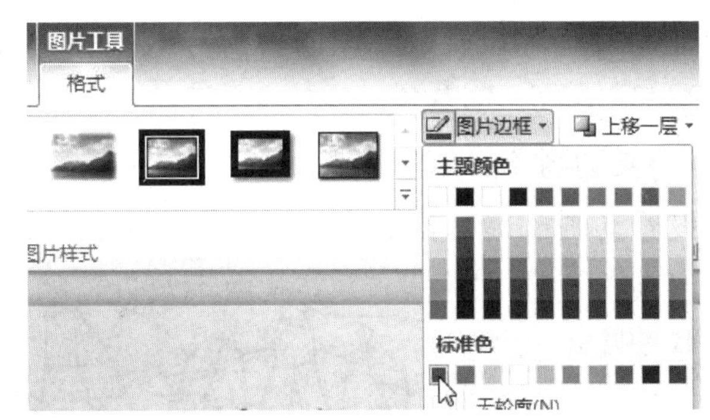

图 2－5－6　设置图片边框颜色

3. 插入表格

(1) 插入表格　在第二张幻灯片中,选择"插入"→"表格"命令,在弹出的"插入表格"对话框中,设置表格 5 行 5 列,单击【确定】按钮。在表格内输入相关旅游行程内容,并根据内容,调整表格的行高和列宽。

(2) 设置表格样式　选中整个表格,选择"表格工具"→"设计",在"表格样式"中,选择"中度样式 2－强调 4",如图 2－5－7 所示。设置完成的表格如图 2－5－8 所示。

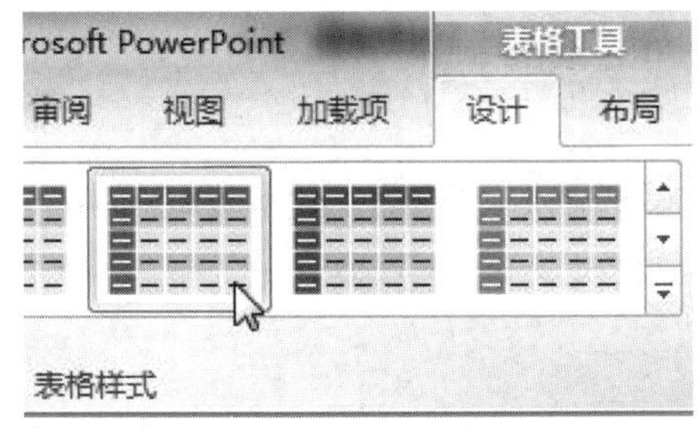

图 2－5－7　设置表格样式

日期	集合时间	游览地点	住宿	就餐
第一天	早晨8:00	莫高窟	甘肃宾馆	早宾馆、中晚团餐
第二天	早晨7:30	鸣沙山月牙泉	大漠酒店	早宾馆、中晚团餐
第三天	早晨8:00	雅丹地质公园	大漠酒店	早宾馆、中晚团餐
第四天	早晨6:30	黄河石林	无	早宾馆、中团餐

图 2－5－8　设置表格样式

4. 制作第三～六张幻灯片

在第三张幻灯片的标题处,输入文字“莫高窟”,设置字体:黑体、60 磅、深红,放置在合适的位置。插入一个文本框,用“复制”→“粘贴选项”→“只保留文本”(因为素材文字中有一些超链接格式,本文档需要,所以在“粘贴选项”时,选择“只保留文本”),插入有关莫高窟的文字说明。再插入一张莫高窟相关图片并作适当调整。

用同样的方法,制作另外 3 个景点的幻灯片。

5. 设置幻灯片的切换

选中第一张幻灯片,单击“切换”,在弹出的“切换”列表中,选择合适的切换方式。当选定某种切换效果以后,则在旁边的“效果选项”中,会出现相匹配的选项供选择,不同的切换方式,有不同的效果选项。本例选“华丽型-时钟”双击该图标即可。单击“效果选项”,选择“顺时针”,如图 2-5-9 所示。

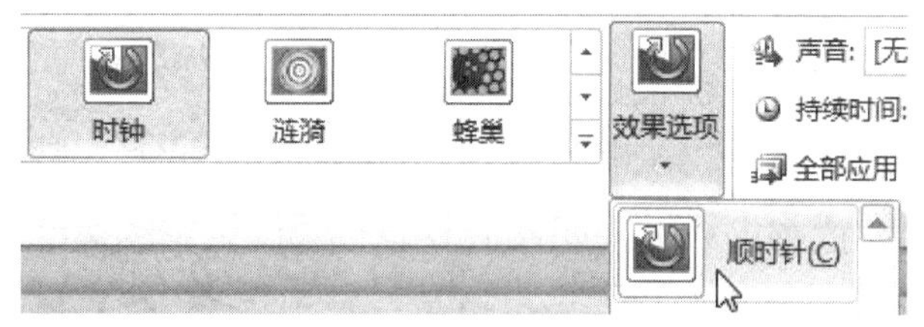

图 2-5-9 设置幻灯片切换效果

图 2-5-10 全部应用相同的切换方式

要把整套幻灯片设置成相同的切换方式,则单击【全部应用】按钮即可,则将整套幻灯片设置为统一的切换方式,如图 2-5-10 所示。

6. 自定义动画

(1) 设置动画 选中要设置动画动作的对象,单击“动画”菜单,在弹出的“动画”列表中,选择合适的动画动作,本例选“翻转式由远及近”,如图 2-5-11 所示,单击该图标即可。

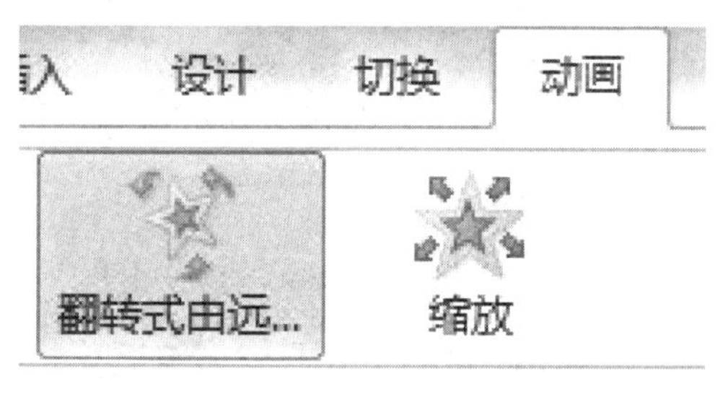

图 2-5-11 设置动画

图 2-5-12

(2) 动画刷 要将其他对象设置成相同的动画动作,可以利用“动画刷”,如图 2-5-12 所示。单击“动画刷”,再点击其他对象,则把前面设置的动画复制到该对象。双击“动画刷”,可以将同一个动画,连续应用到多个对象,结束时再单击“动画刷”即可。

7. 添加上海百花旅行社标志

在第一张幻灯片的右下角,插入一个横排的文本框,输入文字“上海百花旅行社”,设置文本框:无填充色、无轮廓。再用“复制”→“粘贴”到所有幻灯片的右下角。

8. 保存文件

单击“文件”菜单的“另存为”命令,将文件以“敦煌旅游.pptx”为文件名保存在指定文件夹中。

参考样张如图图 2－5－13 所示。

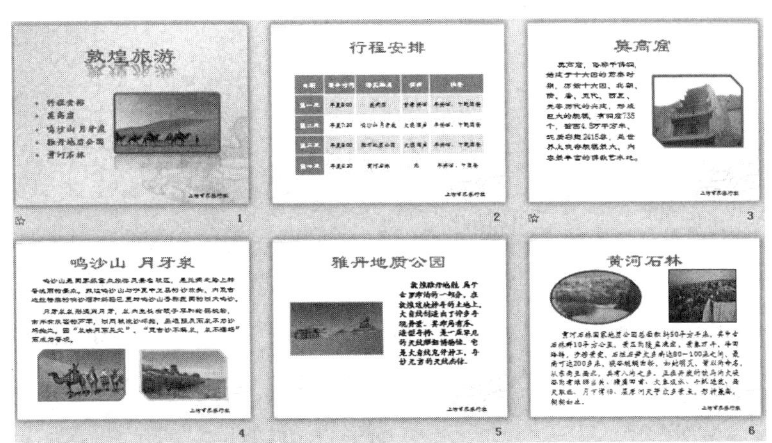

图 2－5－13　参考样张

综合测试 6　中国四大民间神话故事演示文稿的制作

一、项目背景

列入国家级非物质文化遗产名录的中国四大民间神话传说《梁山伯与祝英台》《白蛇传》《牛郎织女》《孟姜女哭长城》，是中国民间文化的一个重要组成部分，对广大民众的生活有着深刻的影响，也从一个侧面反映了人们对真挚感情的认可。

二、项目任务

有关中国四大民间神话传说的资料，存放在"多媒体素材"文件夹中。请运用所给的素材制作一个多媒体演示文稿。将完成的作品以"四大神话. pptx"为文件名，保存在指定文件夹中。

三、设计与制作要求

1. 设计 5 张幻灯片，每个神话故事有一张幻灯片介绍，其中第一张幻灯片是主题和前言。

2. 第一张幻灯片的标题用艺术字，四大神话故事的名称用 SmartArt 图形展示，可以链接到相关的幻灯片，后面每个神话故事的幻灯片，应能返回到第一张幻灯片。

3. 每张幻灯片上要有标题、图片及相应的文字说明。

4. 每个故事要插入相关的图片，外形要作适当的图片处理，有六角形、圆形等样式，增强艺术效果。

5. 每一个神话故事的幻灯片上，至少插入一个相关的视频或音频资料，更加生动地体现中国四大民间神话故事的详细内容和表现形式。

6. 整套幻灯片播放时设置切换方式,文字和图片都加上合适的动画效果。

7. 整套幻灯片的背景选择预设的某种合适的主题。

四、参考操作步骤

1. 新建幻灯片

启动 Power Point 2010,新建 5 张新的幻灯片。

2. 插入艺术字

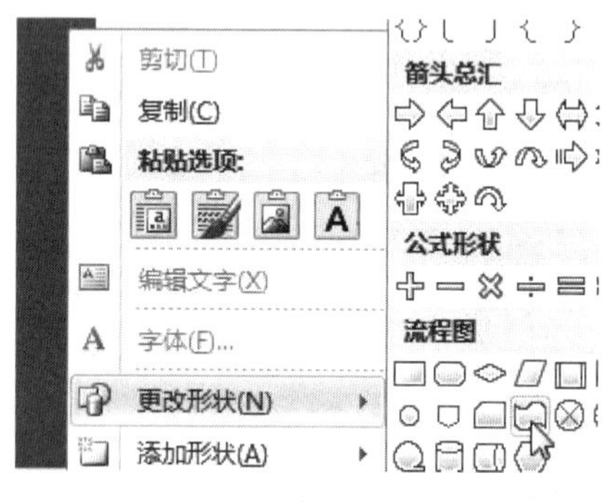

图 2-6-1 更改 SmartArt 图形形状

在第一张幻灯片中,插入艺术字“中国四大民间神话传说”,设置合适的字体,并将艺术字拖曳放置在合适位置。

3. 插入 SmartArt 图形

在“插入”选项卡的“插图”组,打开“SmartArt”列表框,选择“列表”→“棱锥型列表”,单击【确定】按钮。

(1) 更改 SmartArt 图形的形状　在文档中插入的“棱锥型列表”图形中,右键单击图形中的大三角形,在对话框中选择“更改形状”→“流程图”→“资料带”,如图 2-6-1 所示。

(2) 添加形状　右键单击图形中的一个形状,在快捷菜单中,选择“添加形状”→“在后面添加形状”,则将该 SmartArt 图形变成有 4 个形状组成的图形。

(3) 编辑 SmartArt 图形　选中该图形,在“SmartArt 工具—设计”的“SmartArt 样式”组,打开“更改颜色”列表框,本例选“彩色—彩色范围强调文字颜色 5 至 6”,如图 2-6-2 所示。在右侧打开的“SmartArt 样式”列表框中,选择“三维”→“卡通”样式。

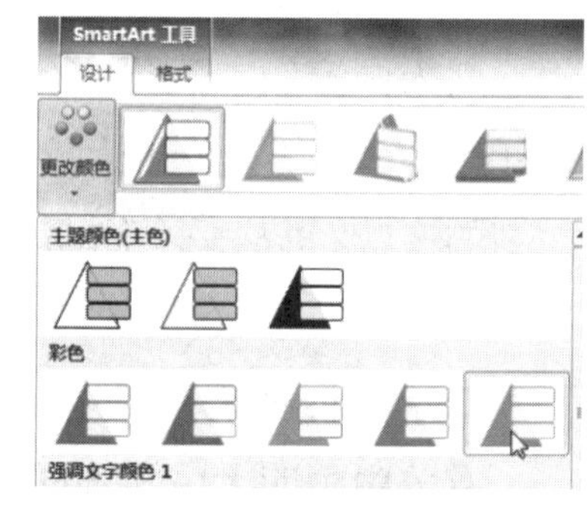

图 2-6-2 更改 SmartArt 图形色彩

(4) 在图形中输入文字　在图形“文本”区域,单击右键,选择“编辑文字”,在 4 个图形中分别输入“梁山伯与祝英台”“白蛇传”“牛郎织女”“孟姜女哭长城”等文字,设置字体:黑体、18 磅。

4. 插入图片

插入一张介绍“四大神话”的图片,并且设置合适的大小和位置。

5. 复制相关文字

在幻灯片插入一个文本框,找到素材中与“四大神话”相关的说明文字,用“复制”→“粘贴”到文本框中,设置合适的字体、大小、颜色和位置。

6. 制作第二～五张幻灯片

用同样的方法,制作另外 4 张幻灯片,插入相关的标题,并且设置字体和颜色,放置在合适的位置。再插入相关图片和说明文字。

7. 设置模板主题

选中任一张幻灯片,单击“设计”菜单,在“主题”区域,选择合适的应用幻灯片设计模板,本例选择“暗香扑面”，右键单击该主题模板，在弹出的对话框中，选择“应用于所有幻灯片”，则将整套幻灯片设置成统一风格的模板。

8. 设置超链接

选中第一张幻灯片上的 SmartArt 图形“梁山伯与祝英台”，单击“插入”→“超链接”，在弹出的“插入超链接”列表框中，选“幻灯片 2”，单击【确定】按钮。用同样方法，设置另外 3 张幻灯片的超链接。

9. 设置“返回”按钮

选中第二张幻灯片，单击“插入”→“形状”，在弹出的列表框中，选“动作按钮”组中的“上一张”形状，用鼠标在幻灯片的右下角空白处，拖曳出一个“上一张”按钮，在弹出的“动作设置”对话框中，选择“超链接”到“幻灯片 1”，单击【确定】按钮。复制此按钮到第三～五张幻灯片中。

10. 设置幻灯片切换

选中第一张幻灯片，单击“切换”菜单，在弹出的“切换”列表中，选择合适的切换方式。如果要把整套幻灯片设置成相同的切换方式，则单击【全部应用】按钮。

11. 设置各对象的动画

选中要设置动作的对象，单击“动画”菜单，在弹出的“动画”列表中，选择合适的动画动作，如果要将其他对象也设置成相同的动画动作，可以利用“动画刷”来完成。

12. 插入音频

单击“插入”→“音频”，列表框中选“文件中的音频”，如图 2－6－3 所示。在弹出的“插入音频”对话框中，选择需要插入的音频文件，单击【插入】按钮。

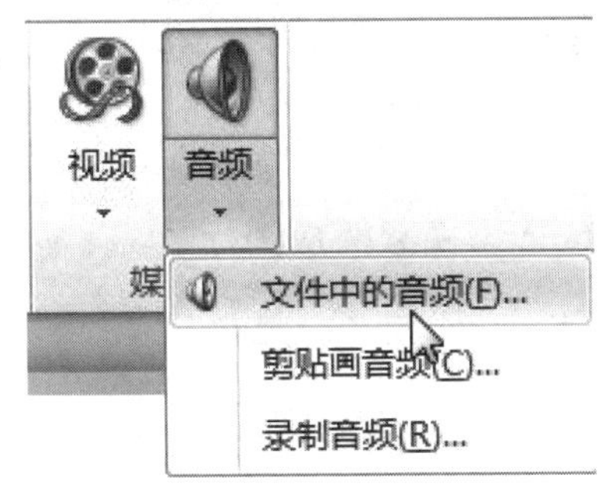

图 2－6－3 插入音频

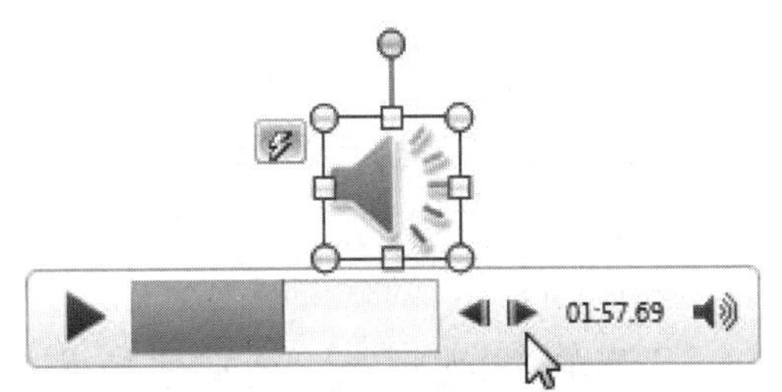

图 2－6－4 “小喇叭”图形

这时，在幻灯片中出现声音图标“小喇叭”图形，当鼠标选中该图形时，则在“小喇叭”图形的下方，会显示音频文件的控制图标，如图 2－6－4 所示，可以控制音频文件的播放、暂停、结束等。控制图标实时反映音频文件的总长度，及当前播放的时间点等信息。

（1）设置音频文件格式 单击“小喇叭”图形，选择“音频工具”→“播放”，在菜单中，可以设置音频音量、裁剪音频、循环播放、放映时隐藏图标、播放开始方式等，如图 2－6－5 所示。

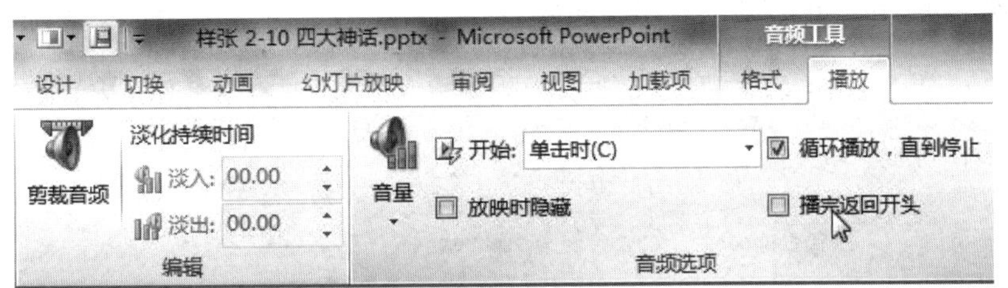

图 2－6－5 设置音频文件格式

也可以右键单击“小喇叭”图形，在出现的快捷菜单中，如图 2－6－6 所示，设置音频格式等的操作。

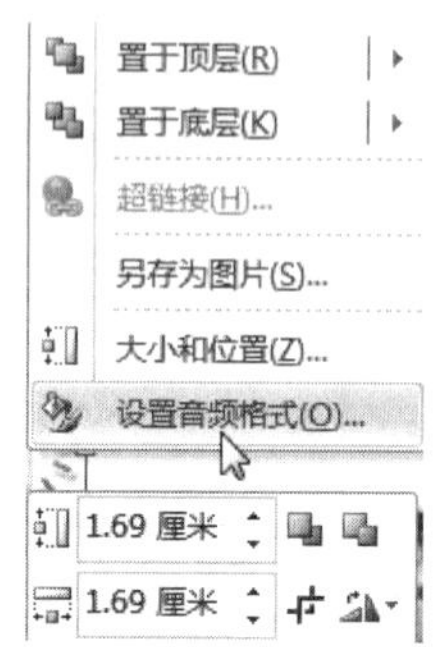

图 2－6－6 设置音频格式

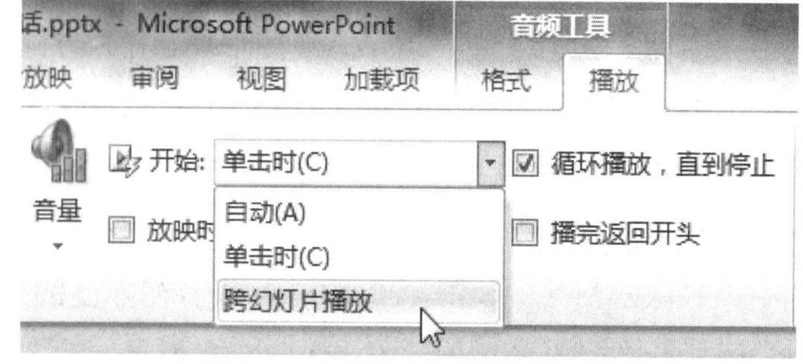

图 2－6－7 设置音频播放

(2) 设置背景音乐 插入要设置成背景音乐的音频文件，在幻灯片中单击小喇叭图形，工具栏有了浮动的“音频工具”，选择“播放”命令，在弹出的工具栏中，先选择“跨幻灯片播放”再选中“循环播放”，如图 2－6－7 所示。在动画窗格中，右键单击该音频，在出现的列表框中，选择“从上一项开始”即可，如图 2－6－8 所示。

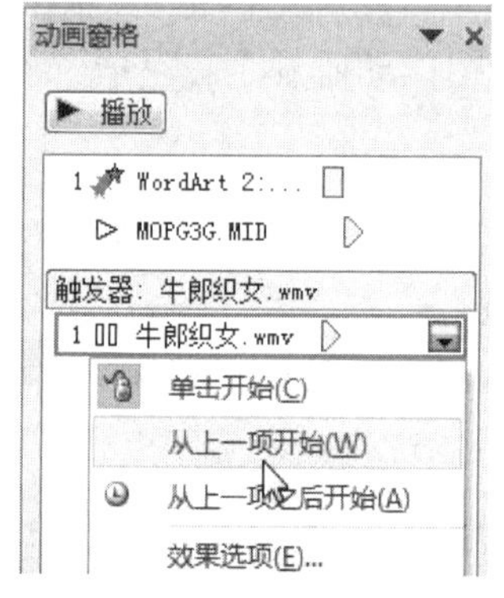

图 2－6－8 设置播放

图 2－6－9 视频播放图标

13. 插入视频文件

单击“插入”菜单的“视频”命令，在快捷菜单中选“文件中的视频”，在弹出的“插入视频”对话框中，选择需要插入的视频文件，单击【插入】按钮。

这时，在幻灯片中出现视频图框和控制图标，通过控制图标中的按钮，可以控制视频文件的播放、暂停、结束等。控制图标也实时反映视频文件的总长度、当前播放的时间点等信息，如图 2－6－9 所示。

(1) 设置视频文件的格式 单击视频图框，在出现的浮动“视频工具”中选择“播放”命令，在弹出的工具菜单中，可以设置视频音量、裁剪视频、设置循环播放、放映时隐藏图标、播放开始方式、全屏播放等，如图 2－6－10 所示。

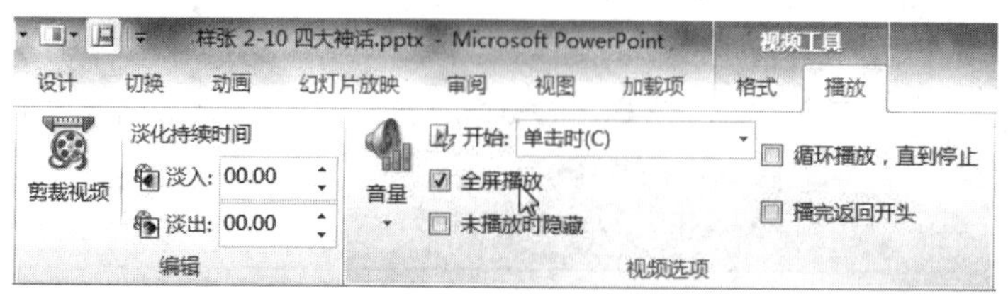

图 2－6－10 设置视频播放格式

(2) 更改视频图框上的图像　在浮动"视频工具"中选择"格式"命令，在弹出的工具菜单中，选择"标牌框架"中的"文件中的图像"，如图 2-6-11 所示。在弹出的"插入图片"对话框中选择合适的图片即可。当幻灯片播放过程中，如果没有播放视频，则视频图框上显示的就是该图片。也可以右键单击幻灯片中的视频图框，在出现的快捷菜单中，设置视频格式、裁剪视频等。

图 2-6-11　设置标牌框架

14. 保存文件

单击"文件"→"另存为"，以"四大神话.pptx"为文件名，保存在指定文件夹中。参考样张如图图 2-6-12 所示。

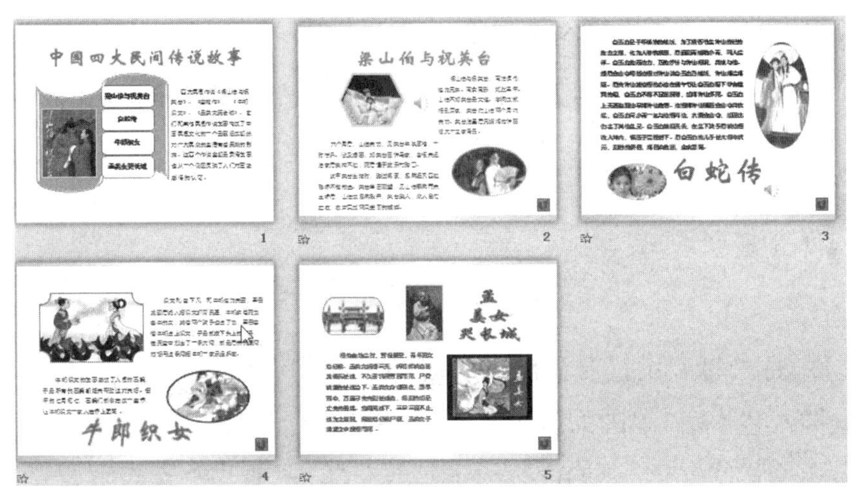

图 2-6-12　参考样张

综合测试 7　"中国世界遗产"演示文稿的制作

一、项目背景

世界遗产具有科研或文化价值上的独一无二、不可代替、不可再现性质。我国于 1985 年加入《保护世界文化和自然遗产公约》。截至 2014 年 6 月，中国确认 47 处世界遗产。其中文化遗产 30 项，自然遗产 10 项，文化和自然双重遗产 4 项，文化景观 3 项。

二、项目任务

为提高和深化公众对世界文化遗产的认知,引导人们对世界文化遗产的主动保护意识,请你运用所给的素材,制作介绍中国的世界遗产的电子演示文稿。最后完成的作品以"中国世界遗产.pptx"为文件名,保存在指定的文件夹下。

三、设计与制作要求

1. 请为"中国的世界遗产"宣传片设计徽标,要有文字和图片,尺寸大约为 1.5 * 1.5 cm,放置在每张幻灯片(除了第一张幻灯片)的右上角。

2. 设计不少于 6 张幻灯片,其中第一张幻灯片是主题"中国的世界遗产",有简单介绍世界遗产的意义和分类的文字及目录,并且和相对应的幻灯片设置相互超级连接。

3. 至少有 4 张幻灯片,介绍对应的中国世界遗产的 4 个方面内容,最后一张幻灯片,就中国的世界遗产,谈谈自己的认识及体会。每张幻灯片应包含有相对应的图片及文字。

4. 为幻灯片设置页眉"中国世界遗产",方正舒体、18 磅、白色文字。

5. 在每张幻灯片的左下角(除了第一张),设置相同颜色、大小、位置的返回按钮。

6. 为幻灯片排练计时,整套幻灯片放映时间约 2 分钟左右,并能自动循环播放。

7. 要求幻灯片图文并茂,排版合理,字体大小合适,有统一的背景设置。

8. 整套幻灯片的主题或标题,用艺术字并设置动画效果。各幻灯片播放时设置切换方式,文字和图片都加上合适的动画效果。图片要加上粗线边框。

四、参考操作步骤

1. 母版设置

(1) 新建文件、打开母版设置对话框　启动 Power Point 2010,新建 6 张新的幻灯片。在第一张幻灯片上插入艺术字"中国的世界遗产",在副标题处输入世界遗产简介,并且设置合适的字体、大小、颜色和位置。选中第一张幻灯片,选择"视图"→"幻灯片母版"命令,如图 2-7-1 所示,进入幻灯片母版的编辑模式,同时会出现"幻灯片母版视图"预览窗。

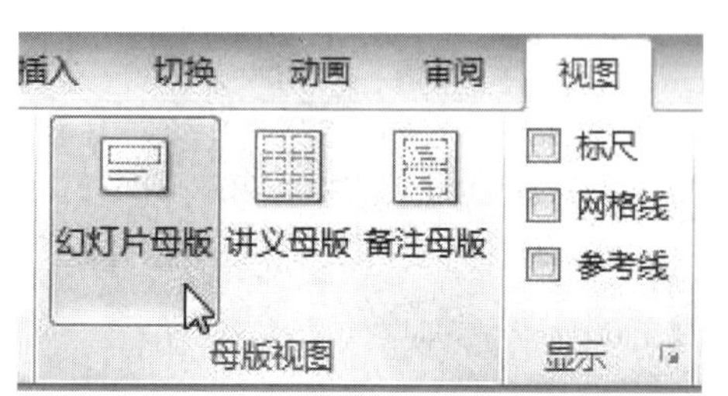

图 2-7-1 "幻灯片母版"命令

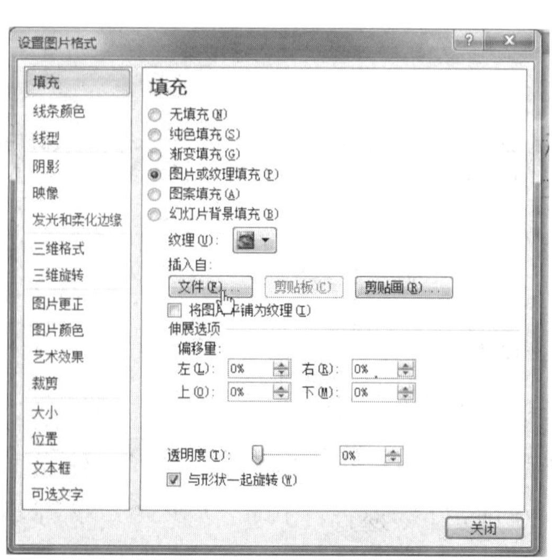

图 2-7-2 设置图片格式

(2) 制作徽标　从打开的“母版”对话框中，进入幻灯片母版的编辑模式，同时出现“幻灯片母版视图”预览窗。单击“插入”→“形状”→“星与旗帜”组中的“前凸带型”形状，用鼠标在第一张幻灯片中，拖曳一个“前凸带型”图形。

(3) 设置徽标格式　右键单击该图形，在快捷菜单中，选择“设置图片格式”，在弹出的对话框中，选择“填充”→“图片或纹理填充”→插入自“文件”，如图 2-7-2 所示，在素材中选择合适的图片；在快捷菜单中选择“编辑文字”，输入“中国世界遗产”，设置合适的字体、大小、颜色和边框，单击【确定】按钮。做好的徽标如图 2-7-3 所示。

(4) 用母版设置返回按钮　选中幻灯片母版编辑模式中的第一张幻灯片，单击“插入”→“形状”→“动作按钮”→“上一张”形状，在幻灯片的左下角空白处，拖曳出一个“上一张”按钮，在弹出的“动作设置”对话框中，选择“超链接”到“幻灯片 1”，单击【确定】按钮。

(5) 设置“按钮”格式　右键单击“返回”按钮，在快捷菜单中，选择“设置形状格式”命令，在弹出的对话框中，设置线条颜色、填充颜色等，单击【确定】按钮。

(6) 用母版设置页眉　选中幻灯片母版编辑模式中的第一张幻灯片，在幻灯片的左上角空白处，用鼠标拖曳出一个“文本框”，并输入文字“中国世界遗产”，并设置字体：方正舒体、18 磅、白色。

(7) 退出母版编辑　以上各项设置完毕，单击“关闭母板视图”命令，如图 2-7-4 所示。返回幻灯片普通视图页面。这时，可以看到整套幻灯片每张右上角，都有徽标，左上角都有“中国世界遗产”页眉，在左下角都有一个“返回”按钮。

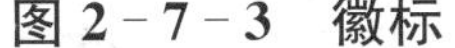

图 2-7-3　徽标

图 2-7-4　关闭母版视图

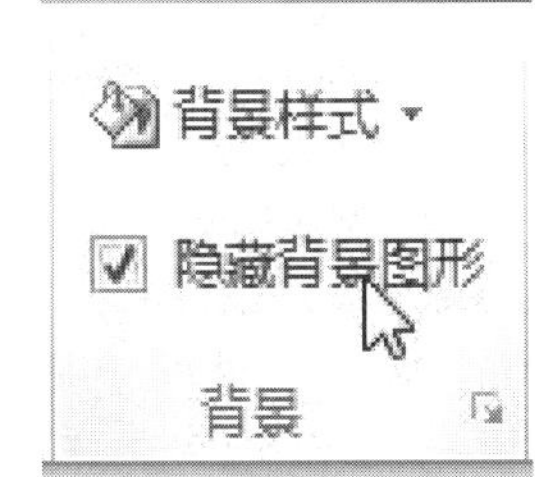

图 2-7-5　隐藏背景图形

(8) 取消第一张幻灯片的页眉、徽标和按钮　第一张幻灯片不需要这些标识。选中第一张幻灯片，选择“设计”菜单中的“背景”区域，将单选按钮“隐藏背景图形”前的“√”选中，如图 2-7-5 所示。

2. 设置目录和超链接

(1) 设置目录　选中第一张幻灯片，单击“插入”→“形状”→“基本形状”→“菱形”图形，用鼠标在幻灯片中，拖曳出一个“菱形”图形，并设置合适的大小、边框和背景颜色。再复制 4 个相同的图形，右键单击该图形，在弹出的快捷菜单中，选择“编辑文字”。分别在这 5 个“菱形”中输入“世界文化遗产”“世界自然遗产”“世界文化和自然双重遗产”“世界文化景观遗产”“感想”等文字。

(2) 设置超链接　选中第一个“菱形”，单击“插入”→“超链接”，在弹出的“插入超链接”列表框中，选“幻灯片 2”，单击【确定】按钮。用同样方法将其余 4 个目录与后面的相关幻灯片设置超链接。

3. 制作第二～六张幻灯片

在第二张幻灯片上插入艺术字“世界文化遗产”作为标题，在下面的文本框中，输入世界文化遗产的 30 种分类名称，并且设置合适的字体、大小、颜色和位置。再在幻灯片的空白处，插入一张世界文化遗产相关图片。

用同样的方法，制作另外 3 个幻灯片和最后一张“感想”幻灯片，并给全部图片加上边框。

4. 设置幻灯片切换

选中第一张幻灯片，单击“切换”菜单，在弹出的“切换”列表中，选择合适的切换方式。本例选“华丽型-时钟”；单击“效果选项”，选择“顺时针”。

如果要把整套幻灯片设置成相同的切换方式，则单击【全部应用】按钮即可，则将整套幻灯片设置为统一的切换方式。

5. 自定义动画

选中要设置动作的对象，单击“动画”菜单，在弹出的“动画”列表中，选择合适的预设的动画动作，本例选“弹跳”。如果需要将其余对象设置成相同的动画动作，为了避免制作相同动画繁琐的重复操作，可以利用“动画刷”来完成。

6. 为演示文档设置播放时间和方式

(1) 排练计时　选中第一张幻灯片，单击“幻灯片放映”菜单的“排练计时”命令，如图 2-7-6 所示，进入“排练计时”状态。根据每张幻灯片的内容，控制排练计时过程，设置该幻灯片的放映总时间在 2 分钟左右，以获得最佳的播放效果。

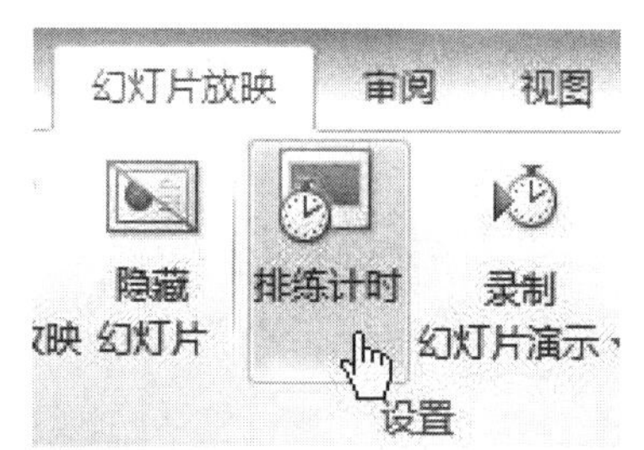

图 2-7-6　选择排练计时

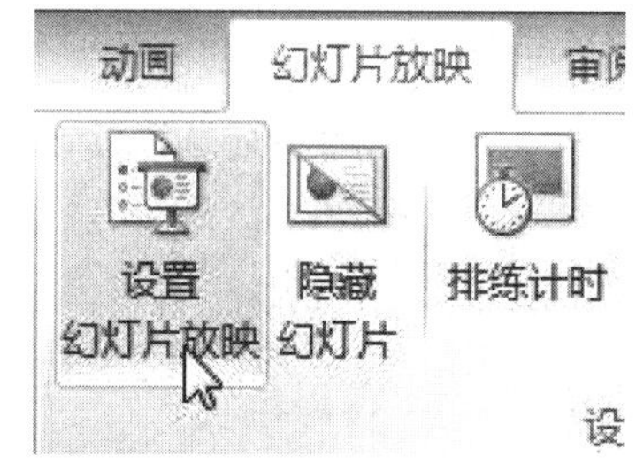

图 2-7-7　设置播放

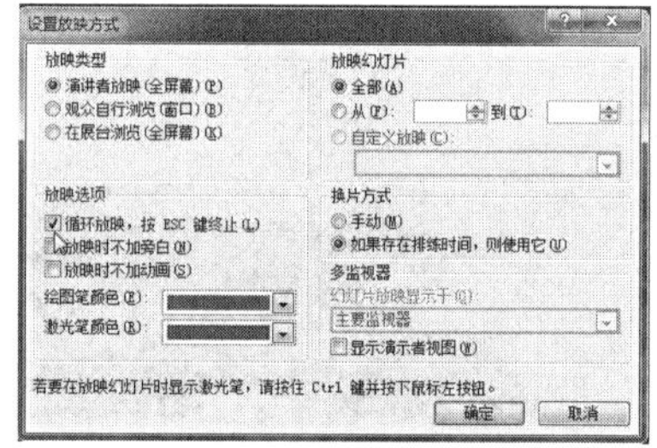

图 2-7-8　设置放映方式

(2) 循环放映　单击“幻灯片放映”→“设置幻灯片放映”按钮，如图 2-7-7 所示。打开“设置放映方式”对话框，在“放映选项”区域，勾选“循环放映，按 ESC 键终止(L)”前的“√”，如图 2-7-8 所示，单击【确定】按钮。

7. 设置幻灯片主题

选中任一张幻灯片，单击“设计”菜单，在“主题”区域，选择合适的应用幻灯片设计模板，本例选择“BlackTie”主题。右键单击该主题模板，在弹出的对话框中，选择“应用于所有幻灯片”，则将整套幻灯片设置成统一风格的模板。

8. 保存文件

单击“文件”→“另存为”，将文件以“中国世界遗产. pptx”为文件名保存在指定的文件夹中。参考样张如图 2-7-9 所示。

图 2－7－9　参考样张

综合测试 8　第二课堂出勤率统计（素材整理、表格设计、格式设置）

一、项目背景

各教学部为丰富学生的业余生活，提高学生的艺术修养，在每周二的下午，开设了丰富多彩的第二课堂。

二、项目任务

为进一步提升第二课堂的教学质量，拟对本月的第二课堂出勤率汇总统计。

三、设计与制作要求

1. 利用各科目上报的数据，设计制作合适的统计表。
2. 统计表应该包含全部第二课堂的项目及其第一至第四周的出勤人数。
3. 根据各项目的实际报名人数，统计出各项目每周的出勤率及一个月总的出勤率。
4. 表格要有标题。
5. 表格作适当的格式设置，使得表格美观，简洁。

四、参考操作步骤

1. 利用各科目上报的数据，设计制作合适的统计表

(1) 整理素材，文字转换成表格　打开素材文件“第二课堂.docx”，如图 2－8－1 所示。这是一个 Word 文件，排列不规范，难以直接复制到 Excel 应用程序中去。可以考虑先把素材文字，转换成 Word 的表格形式。

5 月份 第二课堂出勤统计
项目 报名人数 第一周出勤 第二周 第三周 第四周
照片美化 23 23 21 22 23
电子相册 34 32 34 30 33
点钞 26 25 24 22 21
动漫 19 17 16 13 15
计算机组装 46 46 45 46 4

图 2-8-1 第二课堂出勤原始数据

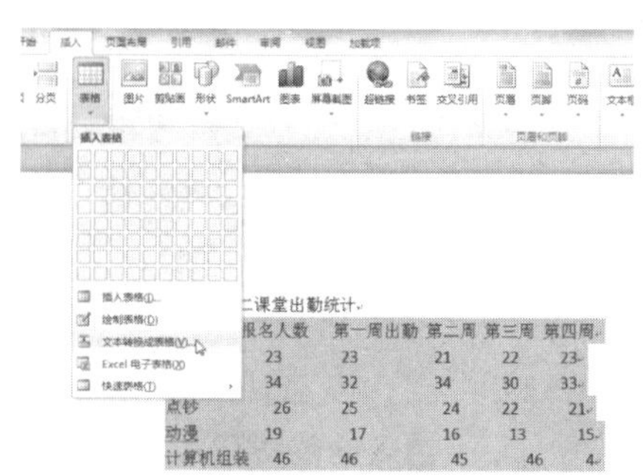

图 2-8-2 文本转换成表格

选中第二行“项目”开始的 6 行文字，单击“插入”→“表格”→“文字转换成表格”，如图 2-8-2 所示，在弹出的“文字转换成表格”对话框中，默认列数 6；行数 6；勾选“根据内容调整表格”；“文字分隔位置”→“空格”，如图 2-8-3 所示，单击【确定】按钮，得到如图 2-8-4 所示的表格。

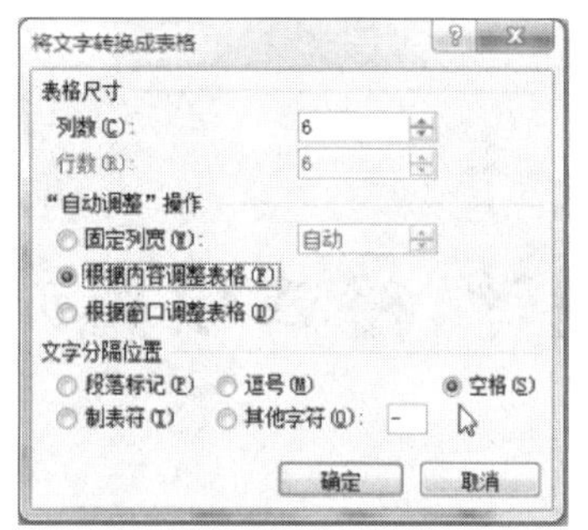

图 2-8-3 文本转换成表格对话框

5 月份 第二课堂出勤率统计

项目	报名人数	第一周出勤	第二周	第三周	第四周
照片美化	23	23	21	22	23
电子相册	34	32	34	30	33
点钞	26	25	24	22	21
动漫	19	17	16	13	15
计算机组装	46	46	45	46	4

图 2-8-4 文本转换成的表格

(2) 复制数据、设计表格 在 Word 应用程序中，选择图 2-8-4 文本转换而成的表格，单击“开始”→“复制”，再运行“Microsoft Excel 2010”，启动电子表格软件。选择 Sheet1 表格的 A2 单元格，单击“开始”→“粘贴”，即把 Word 应用程序中的表格，复制到 Excel 应用程序中。

(3) 设计表格 删除“第一周出勤”中的“出勤”两个文字，在“第一周”的后面，插入一列，选中 D2:D7 单元格。单击右键，在弹出的“插入”对话框中，选择“活动单元格右移”，单击【确定】按钮，如图 2-8-5 所示。就在“第一周”和“第二周”之间，插入一列，在 D2 单元格中，输入文字“第一周出勤率”；以此类推，插入第二～四周的出勤率列。在 J2 单元格中，输入文字“月平均出勤率”，设计好的表格，如图 2-8-6 所示。

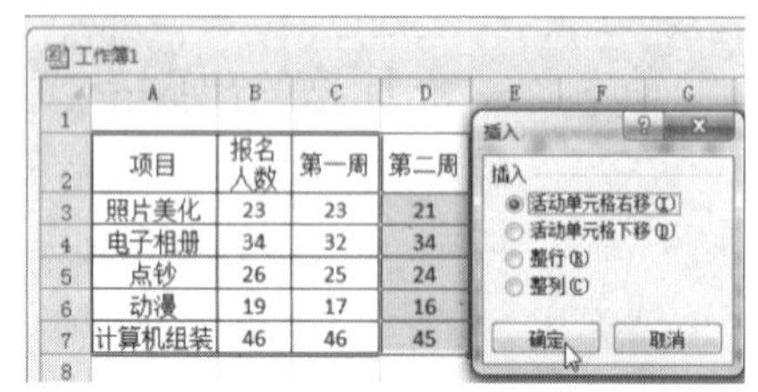

图 2-8-5 插入单元格

工作簿1

	A	B	C	D	E	F	G	H	I	J	K
1											
2	项目	报名人数	第一周	第一周出勤率	第二周	第二周出勤率	第三周	第三周出勤率	第四周	第四周出勤率	月平均出勤率
3	照片美化	23	23		21		22		23		
4	电子相册	34	32		34		30		33		
5	点钞	26	25		24		22		21		
6	动漫	19	17		16		13		15		
7	计算机组装	46	46		45		46		4		

图 2-8-6 插入“第一周出勤率”

2. 统计各项目每周的出勤率及一个月总的平均出勤率

(1) 输入公式计算第一周出勤率 将光标放在 D3 单元格，在编辑栏中输入“=C3/B3”，按回车键，得到数据 1，将数据设置成“百分比样式”，D3 单元格显示“100%”；用自动填充柄，计算出其余 4 个项目的“第一周出勤率”。

（2）绝对引用计算第二～四周的出勤率：选中 D3 单元格，在编辑栏中将光标放在公式“=C3/B3”的“B”前面，按[F4]键，即在 B 前面加了一个“MYM”符号（“3”前面不要加符号），如图 2－8－7 所示。再选中 D3 单元格，单击右键，选择“复制”，然后选中 F3 单元格，右键选择“粘贴公式”，得到 91%，用自动填充柄，计算出其余 4 个项目的“第二周出勤率”。以此类推，计算其余两周的“出勤率”。

（3）计算月平均出勤率　将光标放在 K3 单元格，在编辑栏中输入“=AVERAGE(D3,F3,H3,J3)”，按回车键，得到数据 97%，用自动填充柄，计算出其余 4 个项目的“月平均出勤率”。

=C3/$B3

B	C	D
报名人数	第一周	第一周出勤率
23	23	3/$B3
34	32	94%
26	25	96%
19	17	89%
46	46	100%

图 2－8－7　加如“$”符号

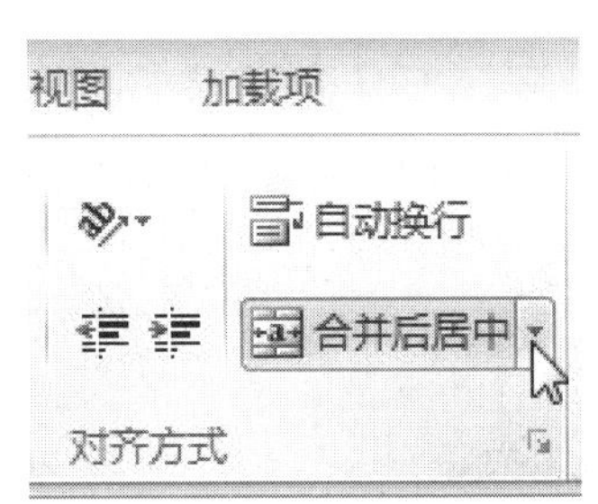

图 2－8－8　合并后居中

3．设置表格标题

（1）输入标题　在 A1 单元格，输入标题“5 月份第二课堂出勤率统计表”。

（2）格式化标题　选中 A1:K1 区域，单击“合并后居中”按钮，如图 2－8－8 所示。并将文字设置为黑体，26，深蓝。

4．表格的格式设置

（1）设置表格字体和对齐方式　将表格的 A2:K7 区域字体设置为宋体、10、居中、自动调整列宽。

（2）表格加框线　选中表格 A2:K7 区域，设置边框线：最粗外框线，最细内部线。

（3）套用表格格式　选择表格 A2:K7 区域，单击“开始”→“套用表格格式”→“浅色”→“表样式浅色 9”，在弹出的“套用表格式”对话框中，确定，并在“表格工具”的“工具”→“转换为区域”，如图 2－8－9 所示。

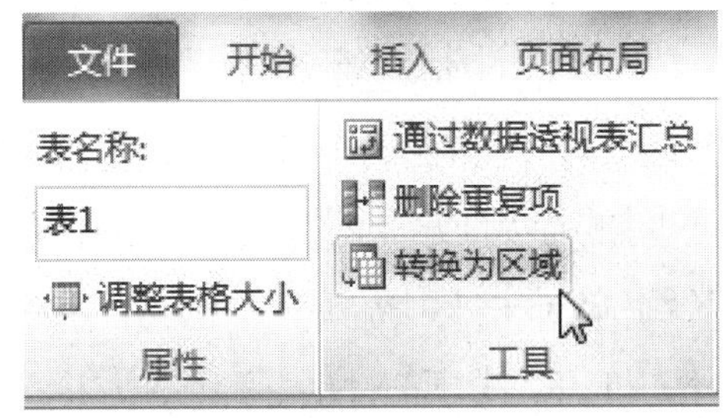

图 2－8－9　转换为区域

设置好的表格如图 2－8－10 所示。

5月份第二课堂出勤率统计表

项目	报名人数	第一周	第一周出勤率	第二周	第二周出勤率	第三周	第三周出勤率	第四周	第四周出勤率	月平均出勤率
照片美化	23	23	100%	21	91%	22	96%	23	100%	97%
电子相册	34	32	94%	34	100%	30	88%	33	97%	95%
点钞	26	25	96%	24	92%	22	85%	21	81%	88%
动漫	19	17	89%	16	84%	13	68%	15	79%	80%
计算机组装	46	46	100%	45	98%	46	100%	4	9%	77%

图 2－8－10　完成表格设置

5. 保存文件

选择“文件”→“另存为”,在打开的“另存为”对话框中,设置保存位置指定文件夹、文件名“第二课堂.docx”,单击【保存】按钮。

综合测试9 英语口语成绩统计(函数运用、排序筛选、统计图设计和格式设置)

一、项目背景

英语口语第二课堂除了每周五举行周考,还经常开展英语口语测试。学校要求该班推选英语成绩前4名同学,参加全市英语口语比赛。

二、项目任务

利用原始素材“英语口语.xlsx”,统计总评成绩前4名同学,参加全市英语口语比赛。

三、设计与制作要求

1. 设计制作合适的统计表,该表应包含全班每位同学的口语测试平均成绩、周考平均成绩和总评成绩(总评成绩=测试平均成绩40%+周考平均成绩60%)。
2. 筛选“总评成绩”最高的4名同学,参加全市英语口语比赛。
3. 设计合适统计图,展现前4位同学的“周考”和“口语测试”平均成绩和总评成绩。
4. 表格和图表都要有标题,并作适当的格式设置,使得表格和统计图美观、简洁。

四、参考操作步骤

1. 设计制作统计表

(1) 按行排序　打开素材“英语口语.xlsx”文件,可以看到“周考”和“口语测试”,两个不同的原始成绩是按照时间记录的,不方便统计各自的平均成绩,必须排序。选择C1:K24单元格区域,单击“开始”→“排序和筛选”→“自定义排序”,在弹出的“排序”对话框中,打开“选项”对话框,在“方向”区域,选择“按行排序”,单击【确定】按钮,如图2-9-1所示。

回到排序对话框中,选择“主要关键字”→“行2”;排序依据→“数值”;“次序’→“升序”,单击【确定】按钮,将“周考”和“口语测试”两门成绩,分别按照第二行的升序排列,结果如图2-9-2所示。

(2) 分别计算“口语测试”和“周考”的平均成绩　选中H列,选择“开始”→“插入”→“插入工作表列”,则在H列的左侧,插入了一列;在H2单元格中,输入“口语测试平均成绩”;将光标放在H3单元格中,单击“开始”→“编辑”→“自动求和”下拉列表中的“平均值”。选择

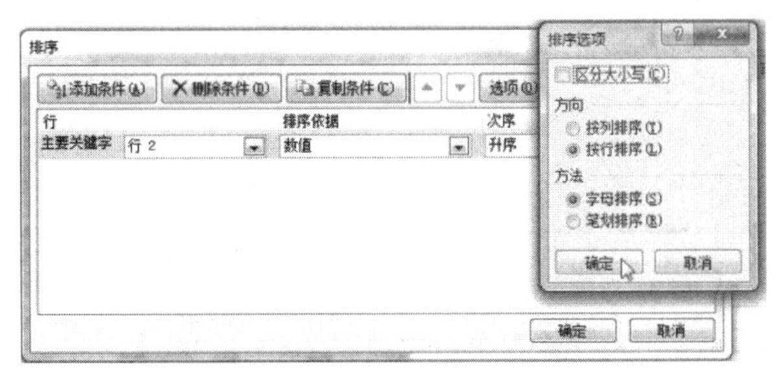

图 2-9-1 排序选项

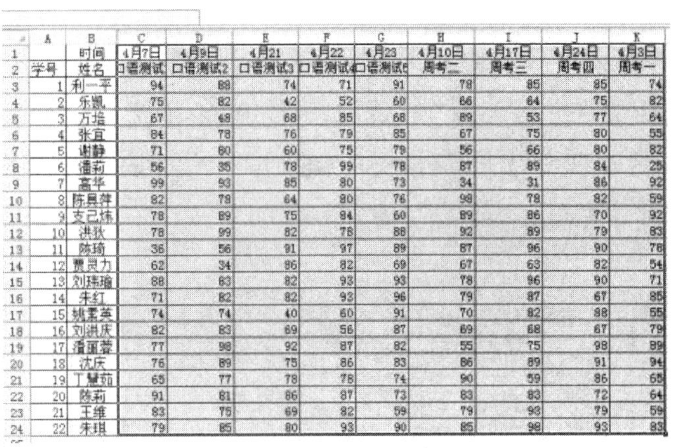

	A	B	C	D	E	F	G	H	I	J	K
1		时间	4月7日	4月9日	4月21	4月22	4月23	4月10日	4月17日	4月24日	4月3日
2	学号	姓名	口语测试	口语测试2	口语测试3	口语测试4	口语测试5	周考二	周考三	周考四	周考一
3	1	利一平	94	88	74	71	91	78	85	85	74
4	2	乐凯	75	82	42	52	60	66	64	75	82
5	3	万培	67	48	68	85	68	89	53	77	64
6	4	张宜	84	78	76	79	85	67	75	80	55
7	5	谢静	71	80	60	75	79	56	66	80	82
8	6	潘莉	56	35	78	99	78	87	89	84	25
9	7	高华	99	93	85	80	73	34	31	86	92
10	8	陈昌祥	82	78	64	80	76	98	78	82	59
11	9	支已炼	78	89	75	84	60	89	86	70	92
12	10	洪狄	78	99	82	78	88	92	89	79	83
13	11	陈琦	36	56	91	97	89	87	96	90	78
14	12	贾灵力	62	34	86	82	69	67	63	82	54
15	13	刘瑞瑜	88	83	82	93	93	78	96	90	71
16	14	朱红	71	82	82	93	96	79	87	67	85
17	15	姚素英	74	74	40	60	91	70	82	88	55
18	16	刘洪庆	82	83	69	56	87	69	68	67	79
19	17	潘丽蓉	77	98	92	87	82	55	75	98	89
20	18	沈庆	76	89	75	86	83	86	89	91	94
21	19	丁慧茹	65	77	78	78	74	90	59	86	65
22	20	陈莉	91	81	86	87	73	83	83	72	64
23	21	王维	83	75	69	82	59	79	93	79	59
24	22	朱琪	79	85	80	93	90	85	98	93	83

图 2-9-2 按行排序后的统计表

C3:G3 单元格区域，单击编辑栏上的“√”，在 H3 单元格中得到第一位同学的“口语测试”平均成绩 83.6 分。再利用自动填充柄，计算全部同学的 5 次“口语测试”平均成绩。

在 M2 单元格中，输入“周考平均成绩”，将光标放在 M3 单元格中，单击“开始”→“编辑”→“自动求和”下拉列表中的“平均值”，选择 I3:L3 单元格区域，单击编辑栏上的“√”，在 M3 单元格中，得到第一位同学的 4 次“周考”平均成绩 80.5 分，再利用自动填充柄，计算全部同学的 4 次“周考”平均成绩。

(3) 计算总评成绩 根据学校规定(总评成绩＝口语测试平均成绩 40%＋周考平均成绩 60%)。在 N2 单元格中，输入“总评成绩”，将光标放在 N3 单元格中，输入公式“＝H3＊40%＋M3＊60%”，单击编辑栏上的“√”，在 N3 单元格中得到第一位同学的总评成绩 81.7 分，再利用自动填充柄，计算全部同学的“总评成绩”。

2. 格式化表格

(1) 合并单元格-设置标题：因为在统计表中，第一行的日期已经没有什么意义，可以考虑合并后作为标题行。选中 A1:N1 单元格，单击“开始”→“对齐方式”→“合并后居中”按钮，输入文字“英语总评成绩统计表”。设置字体：方正姚体、24、蓝色，加粗。

(2) 设置边框底纹

设置边框：选择 A2:N24 单元格，右键选中“设置单元格格式”→“边框”→在“样式”中，选中最粗线，点击“外框线”；在“样式”中选最细单线，点击“内部线”，单击【确定】按钮。

设置底纹：选择 H2:H24 单元格区域，右键选中“设置单元格格式”→“填充”→在“背景色”中，选择“淡绿色”，单击【确定】按钮。同样方法将 M2:M24 单元格区域的底纹，设置为粉红色；N2:N24 单元格区域的底纹，设置为淡蓝色。也可以把学号和姓名列的底纹设置为淡色背景色。

(3) 统计表对齐 选择 B2:N24 单元格，点击“开始”→“段落”→“居中”按钮，将全部文字设置为居中；再选中全部数字单元格，点击“开始”→“段落”→“右对齐”按钮，将全部数字设置为右对齐。

(4) 设置合适列宽 选择 A2:N24 单元格，选择“开始”→“单元格”→“格式”→“自动调整列宽”。

3. 筛选“总评成绩”前 4 位同学

(1) 筛选　选择 B2:N24 单元格区域,单击“开始”→“排序和筛选”→“筛选”,点击 N2 单元格“总评成绩”右边的三角形,在出现的下拉列表中选择“数字筛选”→“10 个最大的值”,在弹出的“自动筛选前 10 个”对话框中,将数字改为“4”,如图 2-9-3 所示,单击【确定】按钮。

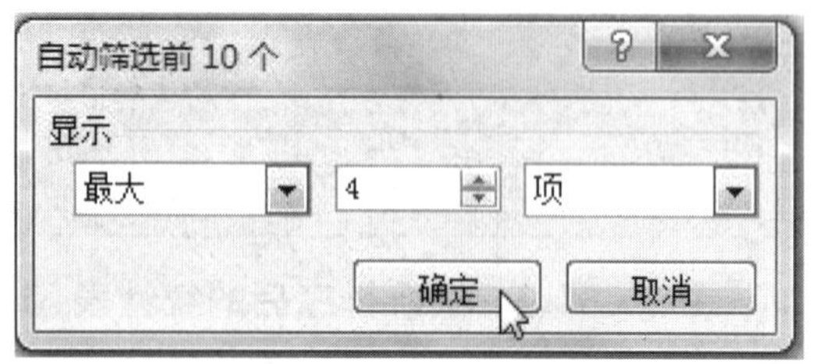

图 2-9-3　筛选前 4 个

	总评成绩前4位同学				
26					
27	学号	姓名	口语测试平均成绩	周考平均成绩	总评成绩
28	10	洪狄	85.0	85.8	85.5
29	13	刘玮瑜	87.8	83.8	85.4
30	18	沈庆	81.8	90.0	86.7
31	22	朱琪	85.4	89.8	88.0

图 2-9-4　筛选出的前 4 位统计表

(2) 复制统计表数值　在筛选好“总评成绩”前 4 位同学的表格中,选中 A2:B24 区域,按住[Ctrl]键,同时选中 H2:H24 和 M2:N24 单元格区域,右键单击“复制”,将光标选中 A27 单元格,右键单击“粘贴”→“数值”。再加上边框,数值全部保留 1 位小数,居中对齐,添加标题“总评成绩前四位同学”,得到如图 2-9-4 所示的表格。

(3) 清除筛选　点击 N2 单元格“总评成绩”右边的三角形,在出现的下拉列表中选择“从“总评成绩”中清除筛选”。则清除了“总评成绩”的筛选,把所有同学都显示出来了。再次单击“开始”→“排序和筛选”→“筛选”,则取消所有单元格的小三角形。

4. 设置统计图

(1) 插入图表　选中 B27:E31 单元格,在“插入”选项卡的“图表”组中,单击“柱形图”按钮,选择“圆柱图”组中的第一个图形“簇状圆柱图”按钮,得到统计图的雏形。

(2) 设置图例位置　右键单击图表中的图例,在快捷菜单中,选择“设置图例格式”,在弹出的“设置图例格式”对话框中,设置“图例位置”→“底部”。

(3) 设置图表区格式　双击图表区,打开“设置图表区格式”对话框。在对话框中选择“填充”→“图片或纹理填充”→“纹理”下拉列表中的“蓝色面巾纸”;选择“边框样式”,框线宽度 2.5 磅,圆角。

(4) 设置图表标题　选中图表,在“表格工具”→“布局”→“标签”区域,点击“图表标题”按钮,在下拉表中选择→“图表上方”。在图表区出现的标题框中输入“总评前 4 名成绩统计图”,设置字体黑体、18、深蓝。

(5) 设置图表位置　将图表移到合适的位置,本例放在 G26:N35 区域,并调整图表的大小完成图表创建。

5. 保存文件

选择“文件”→“另存为”,在打开的“另存为”对话框中,设置保存位置到指定文件夹。文件名“英语口语. xlsx”,单击【保存】按钮。设置完成的结果如图 2-9-5 所示。

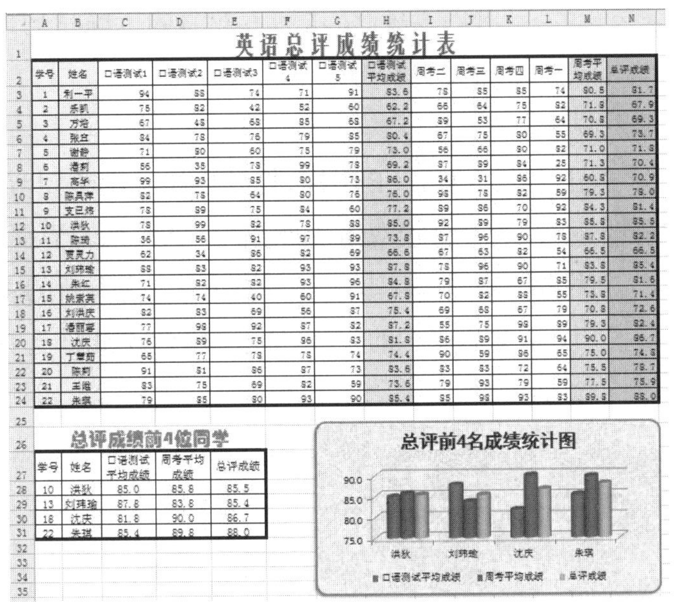

英语总评成绩统计表

学号	姓名	口语测试1	口语测试2	口语测试3	口语测试4	口语测试5	口语测试平均成绩	周考二	周考三	周考四	周考一	周考平均成绩	总评成绩
1	刘一平	94	88	74	71	91	83.6	78	85	85	74	80.5	81.7
2	乐凯	75	82	42	52	60	62.2	66	64	75	82	71.8	67.9
3	万培	67	48	68	85	68	67.2	89	53	77	64	70.8	69.3
4	张立	84	78	76	79	85	80.4	67	75	80	55	69.3	73.7
5	谢静	71	80	60	75	79	73.0	56	66	80	82	71.0	71.8
6	潘莉	56	35	78	99	78	69.2	87	89	84	25	71.3	70.4
7	高华	99	93	85	80	73	86.0	34	31	86	92	60.8	70.9
8	陈具萍	82	78	64	80	76	76.0	98	78	82	59	79.3	78.0
9	文已炜	78	89	75	84	60	77.2	89	86	70	92	84.3	81.4
10	洪秋	78	99	82	78	88	85.0	92	89	79	83	85.8	85.5
11	陈琦	36	56	91	97	89	73.8	87	96	90	78	87.8	82.2
12	贾灵力	62	34	86	82	69	66.6	67	63	82	54	66.5	66.5
13	刘玮瑜	88	83	82	93	93	87.8	78	96	90	71	83.8	85.4
14	朱红	71	82	82	93	96	84.8	79	87	67	85	79.5	81.6
15	姚素英	74	74	40	60	91	67.8	70	82	88	55	73.8	71.4
16	刘洪庆	82	83	69	56	87	75.4	69	68	67	79	70.8	72.6
17	潘丽萍	77	98	92	87	82	87.2	55	75	98	89	79.3	82.4
18	沈庆	76	89	75	86	83	81.8	86	89	91	94	90.0	86.7
19	丁慧茹	65	77	78	78	74	74.4	90	59	86	65	75.0	74.8
20	陈莉	91	81	86	87	73	83.6	83	83	72	64	75.5	78.7
21	王皓	83	75	69	82	59	73.6	79	93	79	59	77.5	75.9
22	朱琪	79	85	80	93	90	85.4	85	98	93	83	89.8	88.0

总评成绩前4位同学

学号	姓名	口语测试平均成绩	周考平均成绩	总评成绩
10	洪秋	85.0	85.8	85.5
13	刘玮瑜	87.8	83.8	85.4
18	沈庆	81.8	90.0	86.7
22	朱琪	85.4	89.8	88.0

图 2－9－5　综合测试 6 的样张

综合测试 10　制作组织自驾旅游的思维导图

一、项目背景

随着人们生活水平的提高，自驾旅游成了许多家庭的旅游方式。这种方式出行灵活、自由，尤其适合中短途距离的旅行。

国庆小长假就要到了，广宇信息技术公司准备组织部分员工到安徽黄山自驾旅行，时间为 4 天，为此需要明确本次活动的具体安排。

二、项目任务

小杨是公司人事主管，具体负责落实这个活动的策划及组织工作。要求能制定较详细有活动安排，画出思维导图，形成确定的方案。

三、设计与制作要求

1. 明确集体旅行要考虑的主要方面。
2. 用思维导图制定思考工具，制定思维导图。
3. 要求能利用百度画出行车线路图。

四、参考操作步骤

1. 项目任务分析

从活动过程看，整个项目包含 4 个方面的内容，一是了解景点情况；二是前期准备，即对准备物资,安排、预订住宿等;三是出行安排,包括地点和时间方面具体安排;四是行车线路的规划,初步确定行车的路线、顺序及时间。

2. 活动策划思维导图制作

(1) 启动导图软件。双击桌面 XMind 6 图标,打开思维导图编辑界面。选择空白主题模板,然后单击【选中并创建】按钮,或者直接双击主题图片,进入编辑界面。

(2) 设置中心主题。在编辑界面中,双击中心主题文字,输入新的主题文字为“安徽黄山自驾游”。利用属性工具栏,设置主题文字的字体、大小、颜色。此处选择字体为幼圆、大小为24,颜色为红色,深色 25%,图框背景色为黄色,浅色 40%,如图 2-10-1 所示。

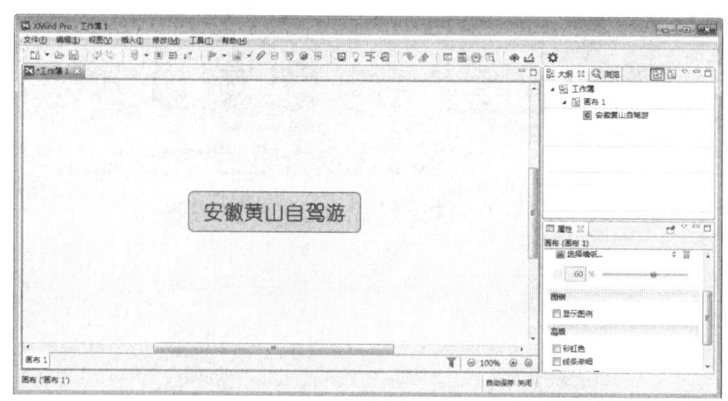

图 2-10-1 设置中心主题

(3) 绘制 4 大主题分支。单击中心主题框,插入生成第一个主题分支,输入关键词“前期准备”。插入生成另 3 支主题分支,分别输入关键词“出行安排”“景点情况”“时间表”,设置文字大小为 16,如图 2-10-2 所示。

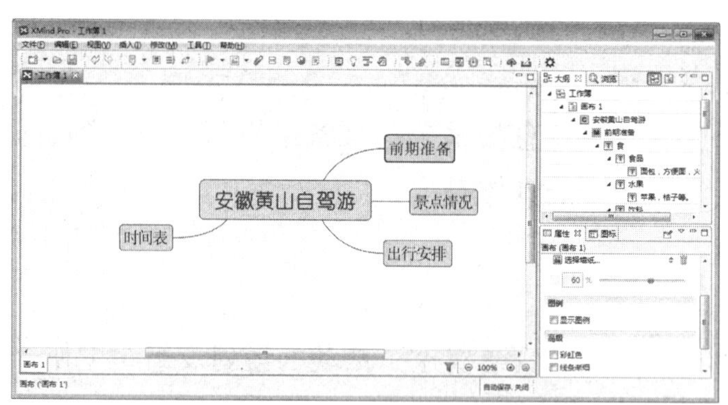

图 2-10-2 绘制 4 大主题分支

(4) 完成“前期准备”主题。鼠标单击“前期准备”的主题框选中,插入下一级主题分支,输入关键词“食”。继续插入下级子分支,输入“饮料”“面包/方便面”“水果”,提醒旅途需要考虑的相应内容。再从“前期准备”节点插入另一个主题分支,输入文字内容“车”。再依次绘制出“用”“住”及其他相应项目所涉及内容。如“住”分支要考虑“预订酒店”,要考虑在山上住宿的“帐篷”等。设置线条形状属性为“箭头线”,完成这个主题分支的制作,如图 2-10-3 所示。

(5) 完成其他主题。选择“出行计划”,按出行时间设置为“出发前”“出发时”“旅途中”“目的地”4 项下级分支。再考虑补充各自的相关内容,选择“景点情况”,输入计划的景点,逐一简介各自情况。本次出行初步确定为“黄山主景区”“宏村”“婺源”等。在时间安排上,初步

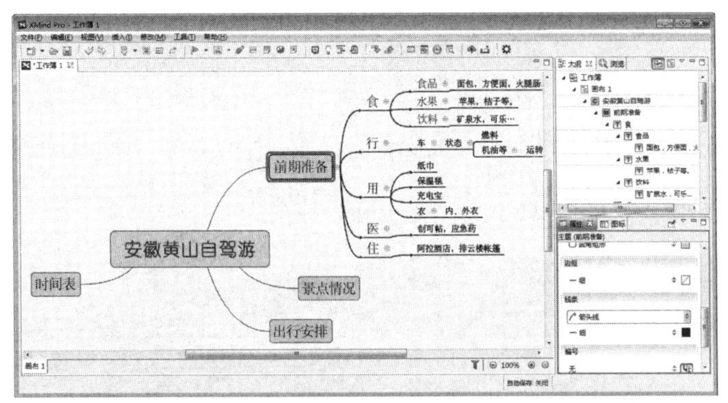

图 2－10－3　完成“前期准备”主题

确定每一天的时间、地点，制作完成的思维导图，如图 2－10－4 所示。

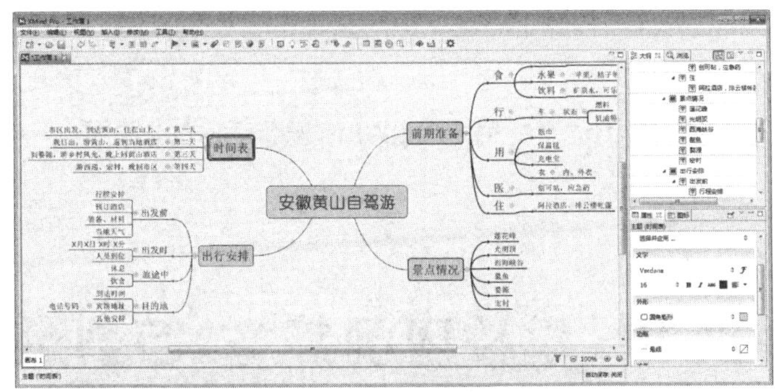

图 2－10－4　完成其他主题

(6) 设置属性修饰外观。在导图空白处单击，在属性工具栏中设置高级项“彩虹色”“线条渐细”，还可以选中各主题框，单独设置每个分支的线条颜色，如图 2－10－5 所示。

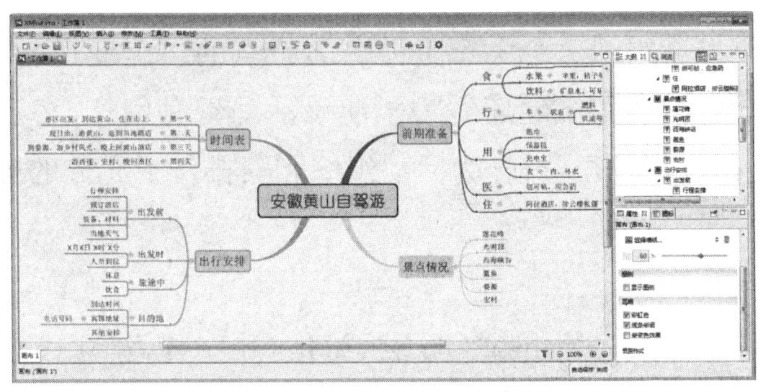

图 2－10－5　设置属性

(7) 保存文件。保存导图文件，输入“黄山自驾游安排”，确定后完成任务。

(8) 根据景点及时间的安排，还可画出“线路图”情况，加入到思维导图中。同学们可参考图 2－10－6，自行完成图形绘制。

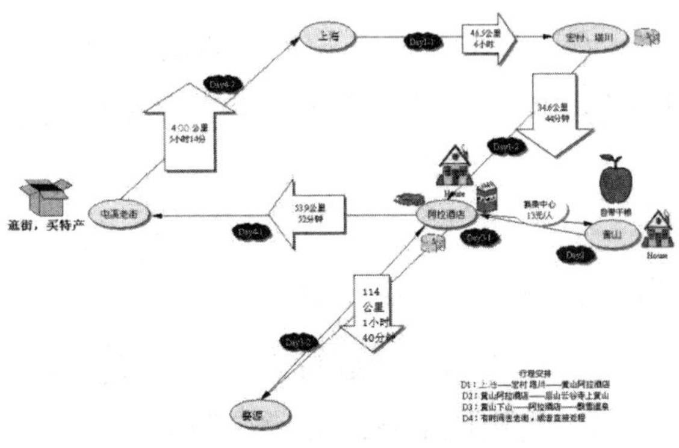

图 2－10－6　画出“线路图”情况

知识拓展

思维导图软件 iMindMap 最大的特点是，每一个分支是从中心主题用鼠标拖画出来的，它的长度、方向、形状可以任意拖动，与手绘导图体验相似，而且模板丰富，外形美观。请同学们用 iMindMap 绘制的同样的导图，如图 2-10-7 所示。

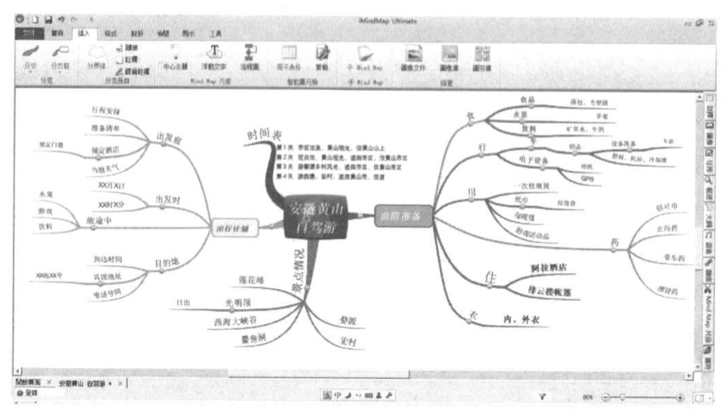

图 2-10-7　用 iMindMap 绘制同样的导图

综合测试 11　学校团委筹备“回到城隍庙”人文素养活动

一、项目背景

阳光职业学校团委准备组织一个考察上海著名景点的历史变迁与文化背景的人文素养活动，其中有一个项目名为“回到城隍庙”，为了使该活动富有创意，多姿多彩，团委通过各种方式听取意见和建议，并收集各类资料，为活动组织和安排作了充分的准备工作。

二、项目任务

通过 QQ 官网或软件管家自行下载 QQ 软、微信，并安装，建立一个以学习、考试为类别的 QQ 群，命名为“回到城隍庙”，并在群中发布公告，发出交流信息，上传并下载交流文件。在微信中建立一个微信群，命名为“回到城隍庙”，并在群中发送关于城隍庙资料（图片、视频）。使用文字、语音聊天在微信群中交流。最后将活动的所有照片和文字材料，通过网易官网邮箱，向团委发送一封带有附件的关于活动方案的邮件，接受团委的回复邮件，设置邮件自动回复。

三、设计与制作要求

1. 使用 QQ 群进行公告的发布及活动交流。
2. 使用微信发送各类资料。
3. 使用邮箱收发资料。

四、参考操作步骤

1. 下载和安装 QQ 软件

QQ 聊天软件是目前最常用的即时聊天工具之一。下载该软件的方法比较多。在此，介绍使用 360 安全卫士软件进行下载。

(1) 运行 360 安全卫士软件。单击“软件管家”图标，打开软件管家面版，如图 2－11－1 所示。

图 2－11－1　“软件管家”面版

(2) 在搜索框中输入“QQ”关键字，单击搜索按钮，在搜索面版中出现了与之相匹配的相关软件，选择“腾讯 QQ6.9”，将光标移至【一键安装】按钮，如图 2－11－2 所示，出现“去插件安装”字样后单击鼠标，安装 QQ 软件，如图 2－11－3 所示。

图 2－11－2　腾讯 QQ6.9 一键安装

图 2－11－3　去插件安装

(3) 自动安装完成后，在桌面中出现　快捷方式图标，双击该图标，可打开 QQ 聊天工具。

2. 在 QQ 群中交流活动信息

(1) 运行 QQ，点击“群/组讨论”选项，打开 QQ 群界面，单击“群/组讨论”下拉按钮，选择“创建群”选项，如图 2－11－4 所示。

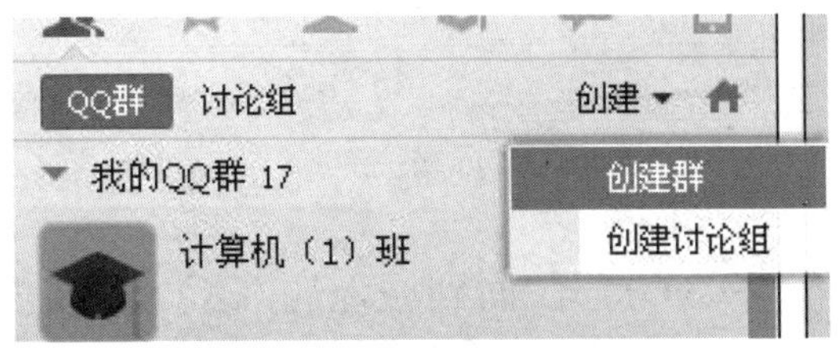

图 2－11－4　创建群

（2）在“创建群”面版中，在“选择群类别”中选择“学习.考试”，如图 2－11－5 所示，进入“填写群信息”，群名称为“回到城隍庙”。其他选项及信息可自由选择，如图 2－11－6 所示。在邀请群成员中打开“好友列表”，选择好友，点击【添加】按钮。选择需要添加的成员，点击【完成创建】按钮，如图 2－11－7 所示。

图 2－11－5　选择群类别

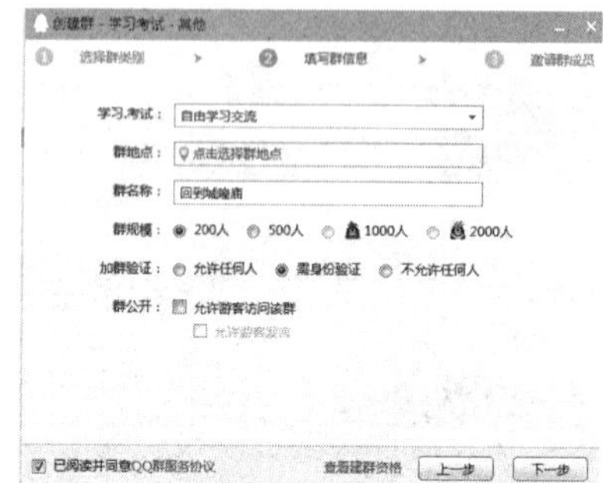

图 2－11－6　填写群信息

图 2－11－7　邀请群成员

3. 在 QQ 群中传达活动交流信息

（1）双击“回到城隍庙”群组图标，打开对话框，在聊天区域中输入“欢迎大家加入该群”字样，并发送文字信息，如图 2－11－8 所示。

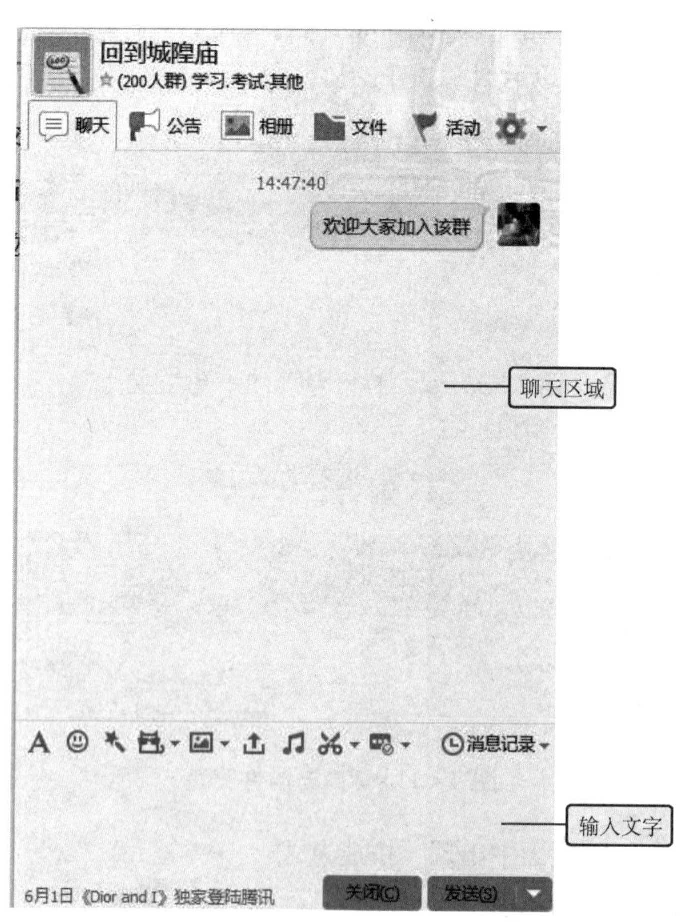

图 2－11－8　输入并发送交流信息

（2）打开“回到城隍庙”QQ 群，点击“公告”图标，进入发布公告面版，点击“发布新公告”，如图 2－11－9 所示。发送完成效果如图 2－11－10 所示。

图 2－11－9　发送公告

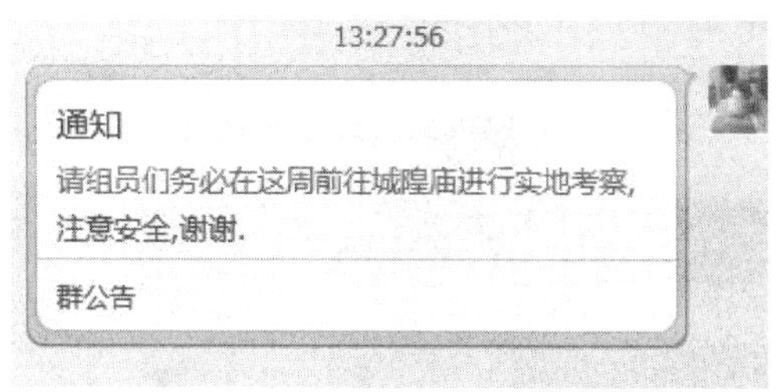

图 2－11－10　公告提示

4. 在 QQ 群中上传和下载活动交流文件

(1) 在 QQ 群中上传文件　打开“回到城隍庙”QQ 群，点击“文件”图标，进入上传文件面版，点击【上传】按钮，在打开的对话框中，打开相应文件，上传文件，如图 2－11－11、图 2－11－12所示。

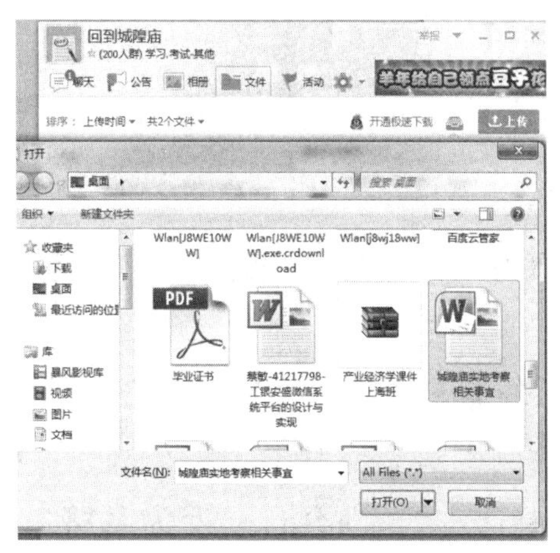

图 2－11－11　上传相应的文件

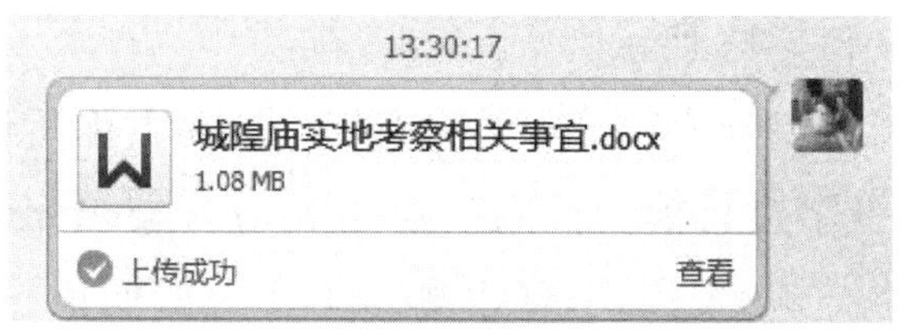

图 2－11－12　上传成功提示

(2) 在 QQ 群中下载活动交流文件　打开“设计”QQ 群，点击“文件”图标，点击【下载】按钮，选择“另存为”选项，如图 2－11－13 所示，选择保存目录，保存文件，如图 2－11－14 所示。

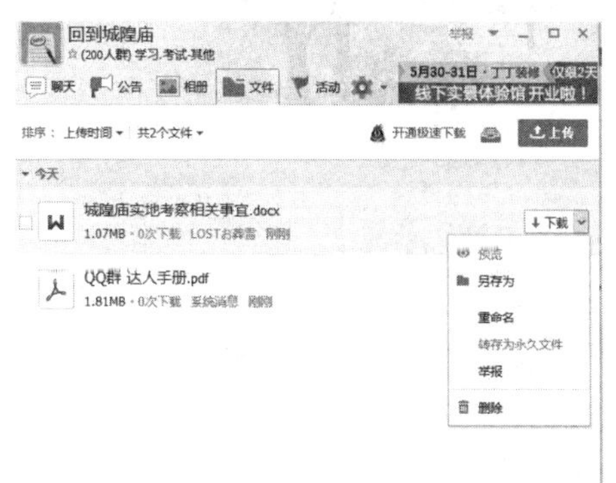

图 2－11－13　下载文件

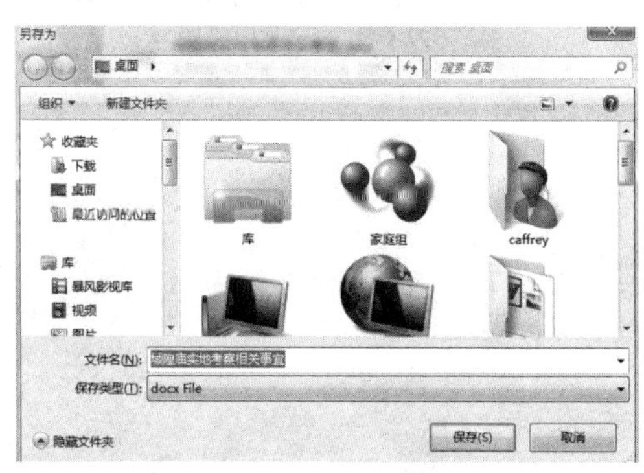

图 2－11－14　保存文件

5. 下载和安装微信软件

微信软件是目前最常用的即时聊天工具之一。下载该软件的方法比较多。在此，介绍使用 360 手机助手下载。

运行 360 手机助手,查询微信。在搜索结果中,点击第一条结果“微信”,如图 2-11-15 所示。若本机已下载过微信,则可直接点击【打开】;若从未下载过该软件,则该按钮显示为【下载】,点击后直接下载即可。

图 2-11-15 微信下载界面

图 2-11-16 微信主界面

6. 建立微信群

(1) 入微信主界面后,点击右上角的“+”号,会弹出一个小菜单,选择第一项“发起群聊”如图 2-11-16 所示。

(2) 新建微信群需要添加群成员,在页面所展示的通讯录好友列表最上方有输入框,可输入关键字进行模糊搜索。点击相应好友名字前的圆圈进行选中,如图 2-11-17 所示。群名为“群聊(人数)”,如群聊(3),3 为最低值。如只选 1 人,则会自动变为私聊。屏幕右上方的人性按钮,进入设置,在“群聊名称”中设置群名字为“回到城隍庙”,如图 2-11-18 所示。

图 2-11-17 发起群聊界面

图 2-11-18 群名称设置

7. 在微信群中发送关于城隍庙资料(图片、视频)

(1) 图片发送　点击屏幕右下方有个"＋",选择图片,然后选择需要发送的图片,如图 2－11－19 所示。发送成功效果如图 2－11－20 所示。

图 2－11－19　图片、视频发布

图 2－11－20　图片、视频效果图

(2) 视频发送,点击屏幕右下方有个"＋",选择小视频。

8. 在微信群中使用文字、语音交流

(1) 文字发送　点击下方白色长条,输入文字,如"什么时候去城隍庙啊?"如图 2－11－21。发送成功效果,如图 2－11－22 所示。

(2) 语音发送　点击左下方喇叭按钮,长按按住说话,直至结束,发送成功效果如图 2－11－23 所示。

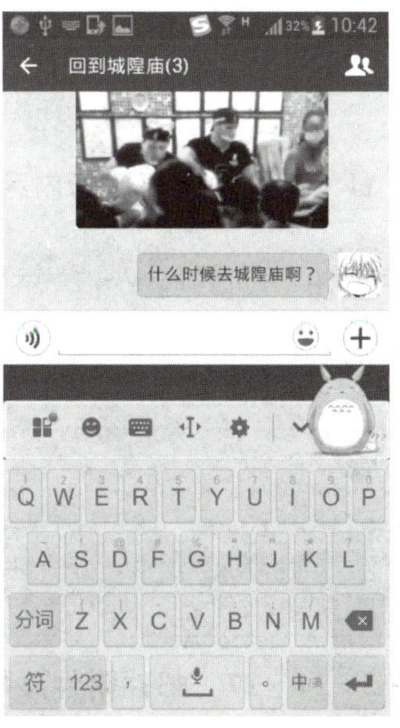

图 2－11－21　输入文字内容

图 2－11－22　文字发送

图 2－11－23　语音发送成功效果图

9. 注册网易邮箱

打开网易邮箱网站 http://email.163.com/，点击页面中的【注册网易免费邮箱】，选择“注册字母邮箱”，按照提示要求完成信息填写，点击【立即注册】，如图 2－11－24 所示。完成网易邮箱注册，如图 2－11－25 所示。

图 2－11－24　邮箱注册信息填写

图 2－11－25　邮箱注册成功

10. 发送带有附件的邮件

(1) 登录网易邮箱页面，进入邮箱收发界面，点击左上方的写信按钮  写信 进入写信状态。在收件人的栏目中输入对方的邮箱地址，主题为“回到城隍庙活动方案”，在空白页面中输入邮件内容，如图 2－11－26 所示，

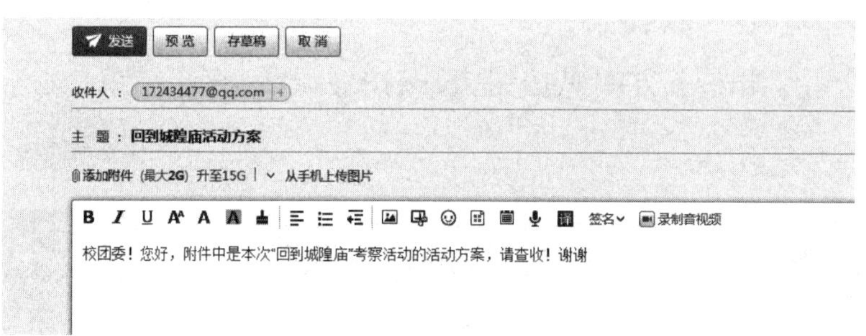

图 2－11－26　发送邮件的内容信息

(2) 并点击主题下的添加附件按钮  添加附件 (最，添加要发送的附件，添加完成效果如图 2－11－27 所示，点击【发送】按钮发送。

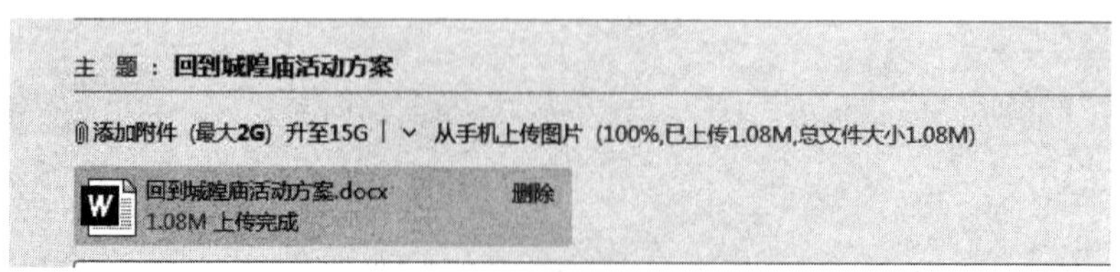

图 2－11－27　邮件附件添加

11. 接收团委的回复邮件

登录网易邮箱页面，进入邮箱收发界面，点击左上方的“收件箱”，如图 2－11－28 所示。

收取未阅读的邮件，如图 2－11－29 所示。查看邮件详情，如图 2－11－30 所示。

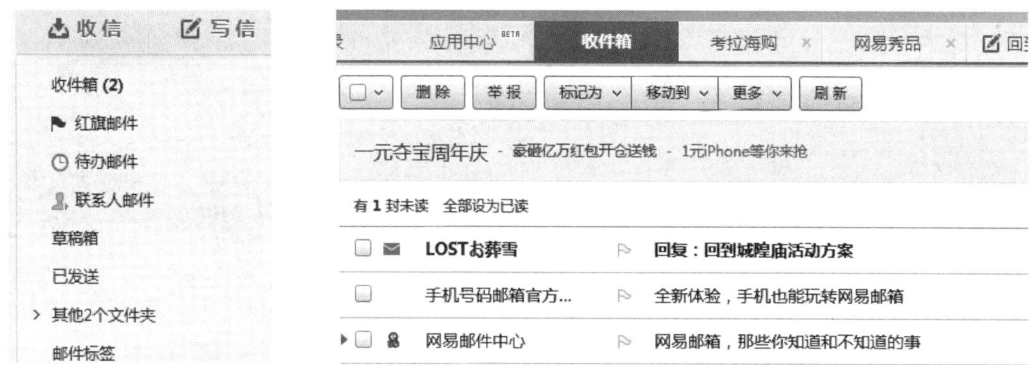

图 2－11－28　点击收件箱　　　　图 2－11－29　收取未阅读的邮件

图 2－11－30　查看邮件详情

12. 自动回复邮件

(1) 登录网易邮箱页面，进入邮箱界面，点击菜单中的“设置”下拉菜单，点击“邮箱设置”，如图 2－11－31 所示。

(2) 进入自动回复设置，如图 2－11－32 所示。设置完成后，保存即可。

图 2－11－31　进入邮箱设置

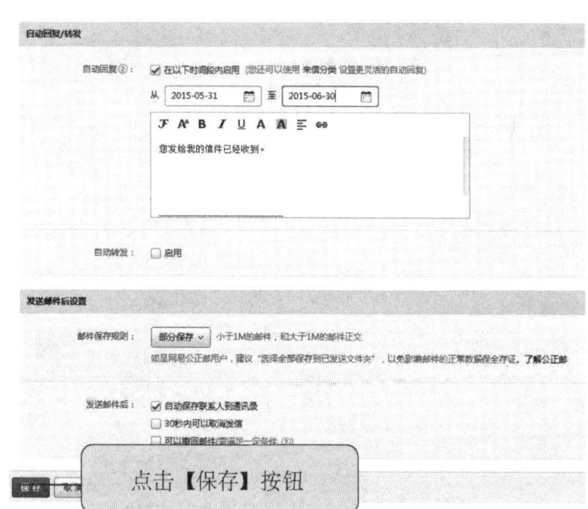

图 2－11－32　自动回复设置

第 三 部 分

模拟题及解题分析

劳动局 DEMO 考试环境操作流程

在参加劳动局 DEMO 考试的过程中，有些同学因为不熟悉考试环境，找不到相关素材，导致考试不顺利。因为劳动局 DEMO 考试用的是虚拟环境，不是正式与 Internet 联网，所以与一般的网络操作不一样。每一套题目的环境，也只有相关的应用程序，比如 PPT 的操作，就没有 Word 的应用程序。为更好地帮助考生参加考试，特把劳动局 DEMO 考试的操作流程，做一个简单说明。

一、登录考试系统

双击桌面的“考试”图标，在登录页的准考证输入框中，输入准确的准考证号，单击“登录”按钮，如图 3－1 所示。

图 3－1　登录页

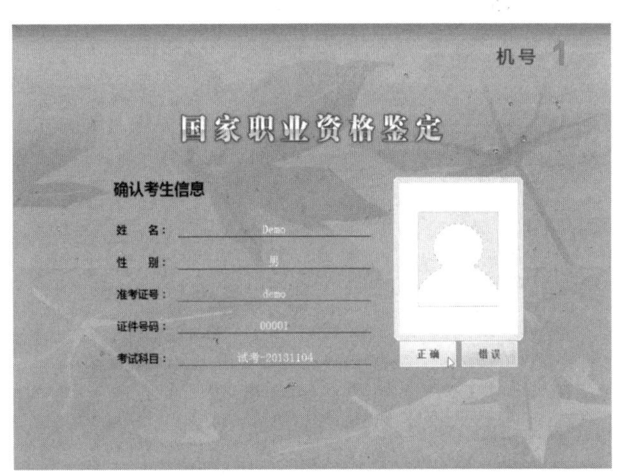

图 3－2　确认考生信息

二、确认考生信息

仔细核对考试本人的姓名、性别、准考证号等信息，单击【正确】按钮，如图 3－2 所示。

三、考试须知

在经过几秒钟的“下载考试数据”后，出现“考生须知”界面。仔细阅读完“考生须知”以后，单击【开始考试】按钮，如图 3－3 所示，进入考试界面。

四、题目 1 操作系统使用

单击【开始答题】，如图 3－4 所示，进入答题界面。

图 3-3　考生须知

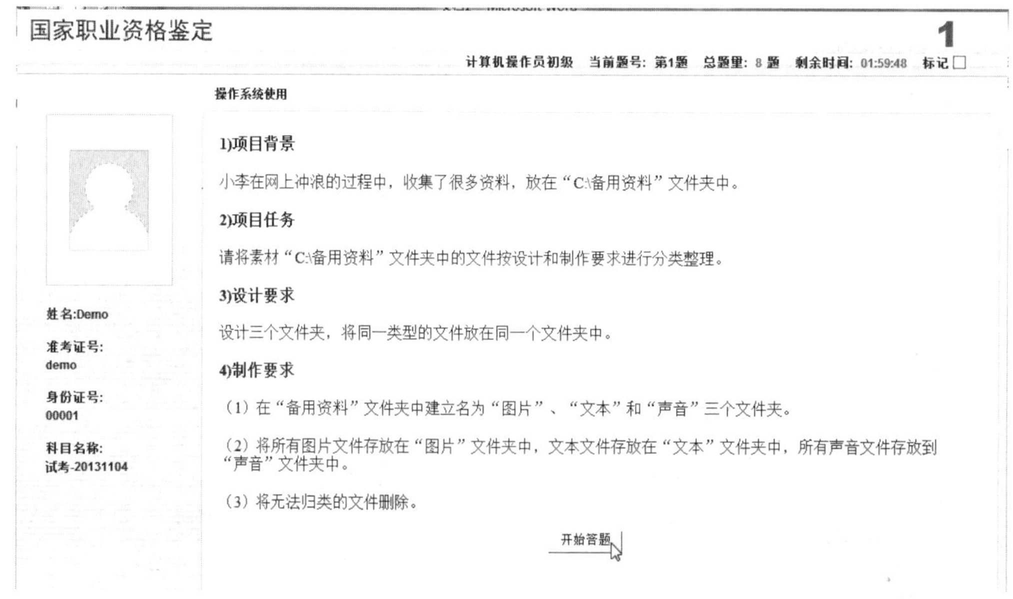

图 3-4　题目 1

1. 在如图 3-5 所示的桌面中，右键单击左下角的“微软”图标，打开资源管理器，如图 3-6 所示。

图 3-5　题目 1 桌面

图 3-6　打开资源管理器

2. 在资源管理器中，找到C盘中的“备用资料”文件夹，在其中新建3个文件夹，按照题目要求答题，操作完毕，单击“问题”框左下角的【完成】按钮，如图3-7所示。

注　意

每一次答完题目，单击【完成】按钮以前，先确认“未完成”前的“☑”，一定要先去除“√”，如图3-7所示。否则在交卷时，该题目将提示为“未完成”。

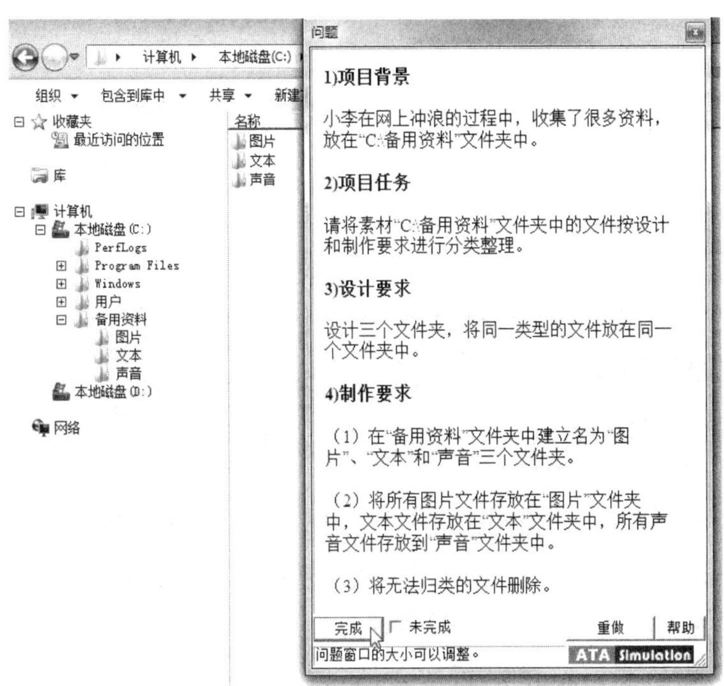

图3-7　完成题目1

3. 回到考试主界面，单击左下角的【下一题】按钮，进入题目2考试界面。

五、题目2因特网操作

该部分共有3个小题，在题目2考试界面，单击【开始答题】，如图3-8所示。

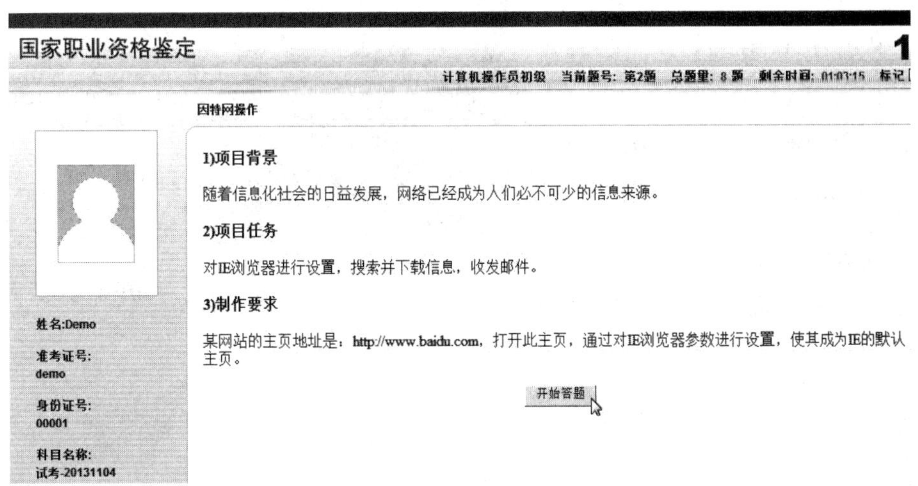

图3-8　题目2-1

1. 题目 2－1 设置主页　双击桌面左下角的 IE 图标，打开网页，在网页的地址栏中，输入题目要求的网址，选择“工具”→“Internet 选项”，如图 3－9 所示。

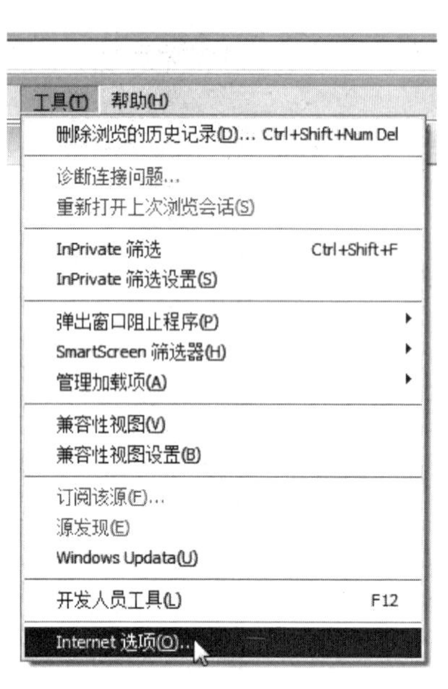

图 3－9　工具选项

图 3－10　设置主页

在对话框中，选择“主页”→“使用当前页”，如图 3－10 所示，单击【确定】按钮。

按照题目要求完成操作后，单击“问题”框左下角的【完成】按钮，回到考试主界面。再单击左下角的【下一题】按钮，进入题目 2－2 考试界面。

2. 题目 2－2 搜索资料　双击桌面左下角的 IE 图标，打开网页，按照题目要求，将搜索到的资料，点击“复制”→“附件”→“记事本”→“粘贴”，在“记事本”中，单击“文件”→“另存为”，保存到 C:\DATA1 目录下。完成操作后，单击“问题”框左下角的【完成】按钮。回到考试主界面，再单击左下角的【下一题】按钮，进入题目 2－3 考试界面。

3. 题目 2－3 发送邮件　双击桌面左上角的“Windows Live Mail”图标，如图 3－11 所示，打开邮箱，单击“新建”区域的“电子邮件”，如图 3－12 所示。

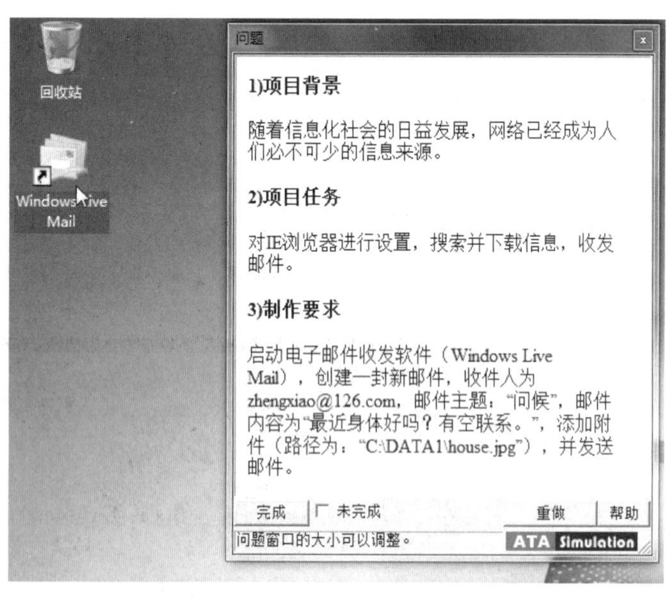

图 3－11　打开邮箱

图 3－12　电子邮件

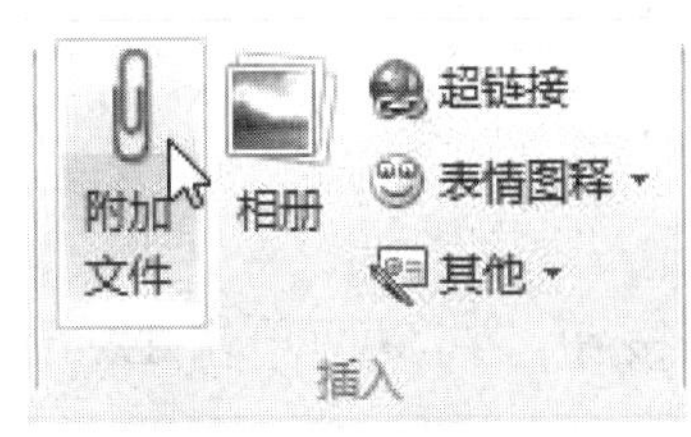

图 3－13　附加文件

图 3－14　发送邮件

按照题目，输入收件人的邮箱地址、主题、内容等。要添加附件，则单击“附加文件”按钮，如图 3－13 所示，找到附件后，单击【插入】。邮件设置完毕，点击【发送】按钮，如图 3－14 所示。完成题目 2－3 的操作。

答题完毕，单击“问题”框左下角的【完成】按钮，回到考试主界面，再单击左下角的【下一题】按钮，进入题目 3 考试界面。

六、题目 3 文字资源整合

共 2 个小题，在题目 3 考试界面，单击【开始答题】按钮。

1. 题目 3－1 输入文字　在桌面单击 Word 图标，选择“文件”→“打开”，找到题目指定路径的文件“文字录入”，打开该空白文档，单击“问题”框下的【样张】按钮，按照样张，在“文字录入”文档中输入文字，如图 3－15 所示。输入完毕，以原文件名，以原路径保存在原目录中。

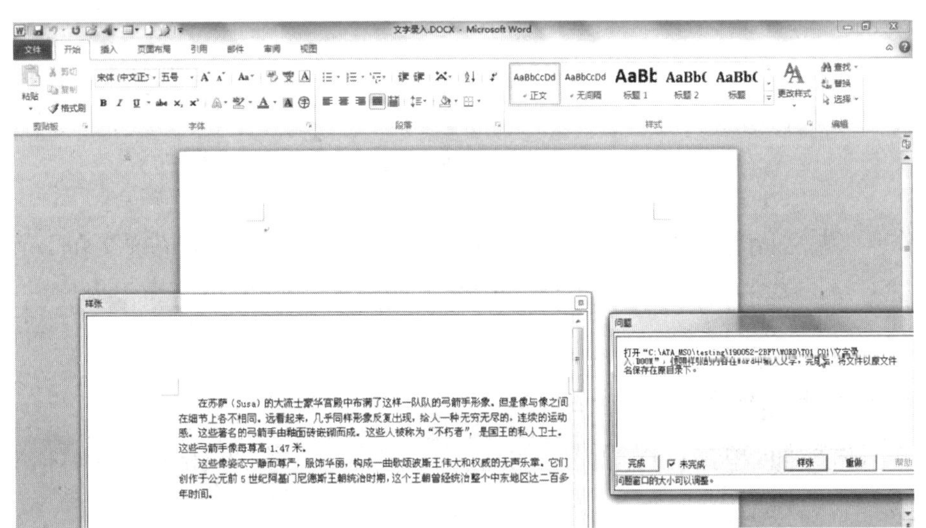

图 3－15　输入文字

注　意

(1) 文字输入的准确性，标点符号全部用全角，首行缩进 2 个字符。

(2) 必须关闭 Word 应用程序，才能在“问题”框单击【完成】按钮。

在考试主界面,单击左下角的【下一题】按钮,进入题目 3-2 考试界面。

2. 题目 3-2 Word 编辑　在桌面单击 Word 图标,按照题目要求,编辑文档,打开素材文件,或者新建一个文件。答题完毕,按指定路径,以规定的文件名保存。

关闭该文件,退出 Word 应用程序,再单击"问题"框下的【完成】按钮,回到考试主界面。单击左下角的【下一题】按钮,进入题目 4 考试界面。

七、题目 4 数据资源整合

在题目 4 考试界面,单击【开始答题】按钮。在桌面单击 Excel 图标,按照题目要求,编辑文档。

如果给出的素材是一个 Word 文档,则在打开的 Excel 文件中,选择"文件"→"打开",文件类型选择"所有文件",找到指定路径下的 Word 文档。在右侧的显示栏中,选中需要的数据,右键选择"复制",如图 3-16 所示。再切换到 Excel 工作表中,把数据整理好,或者设计表格,按照题目要求,计算或汇总数据,编辑表格。答题完毕,按指定路径、规定的文件名,保存到规定的目录中。

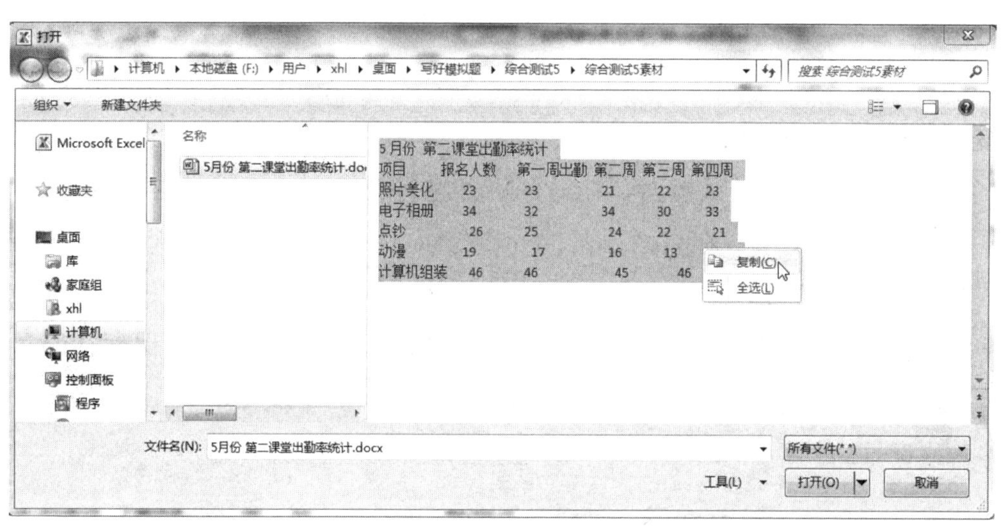

图 3-16　在 Excel 文档中,打开 Word 素材

完成操作后,先关闭该文件,退出 Excel 应用程序,再单击"问题"框下的【完成】按钮,回到考试主界面。单击左下角的【下一题】按钮,进入题目 5 考试界面。

八、题目 5 多媒体作品编辑制作

在题目 5 考试界面,单击【开始答题】按钮。在桌面左上角,双击 PPT 图标,打开 PPT 文档,按照题目要求,编辑文档。

1. 插入图片　在 PPT 文档中,选择"插入"→"图片",在打开的"插入图片"对话框中,找到素材图片,选择【插入】即可。

2. 复制文字　在 PPT 文档中,选择"文件"→"打开",文件类型选择"所有文件",找到指定路径下的素材 Word 文档。在右侧显示栏中,选中需要的文字,单击右键,选择"复制",如图 3-17 所示。再切换到 PPT 文档中,把文字粘贴到文本框中。

图 3－17　复制文字

答题完毕，按指定路径，以规定的文件名，保存在指定的目录中。

九、选择试题

在考试过程中，也可以选择熟悉的题目先做，或者对已经检查做好的题目。在考试主界面，有【选题】按钮，打开“试题检查”对话框，如图 3－18 所示。

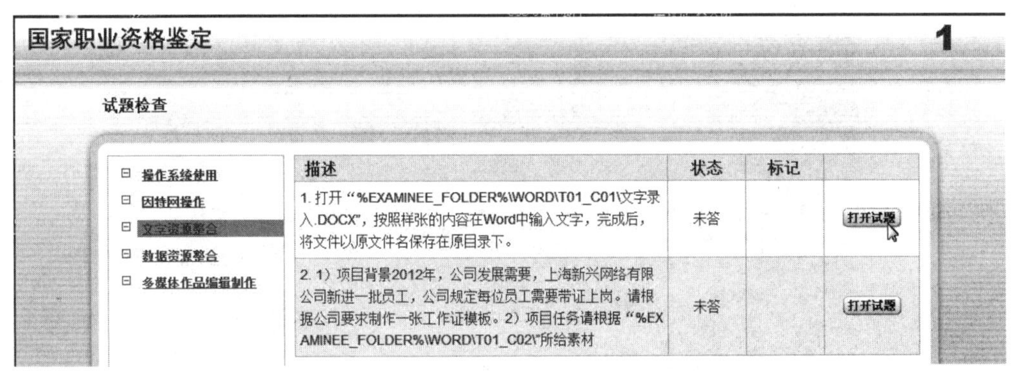

图 3－18　选题

选中试题后，单击【打开试题】按钮，则进入选中的试题的考试界面。也可以单击【返回继续答题】按钮，如图 3－19 所示，则回到原来答题状态。

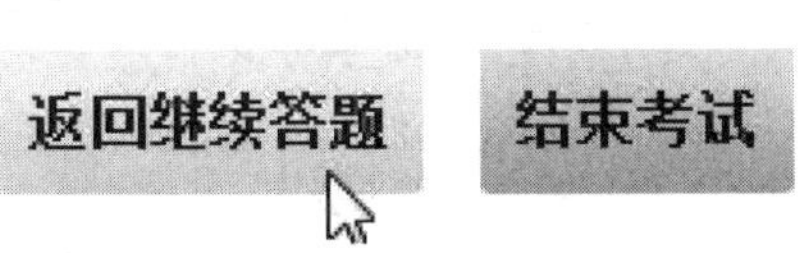

图 3－19　主界面按钮

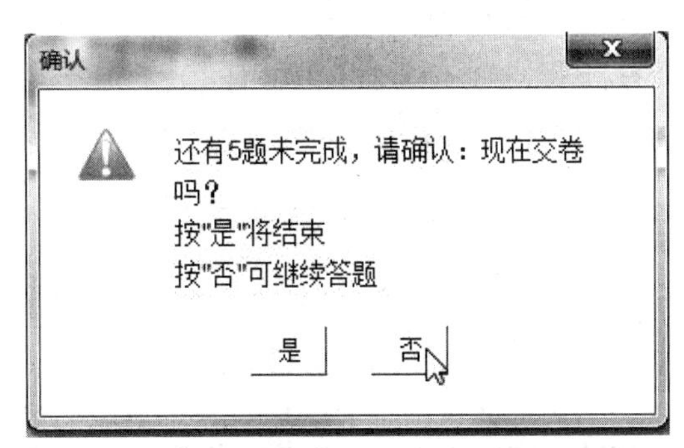

图 3－20　第一次确认

十、结束考试

全部试题答题完毕，单击考试主界面的【结束考试】按钮，如图 3－19 所示，系统自动弹出确认对话框，如图 3－20 所示。如果还有题目没有做完，或者没有保存，都视作“未完成”，提醒考生：现在交卷吗？选择【否】则可以继续答题；选择【是】将弹出第二个确认框，如图 3－21 所示。

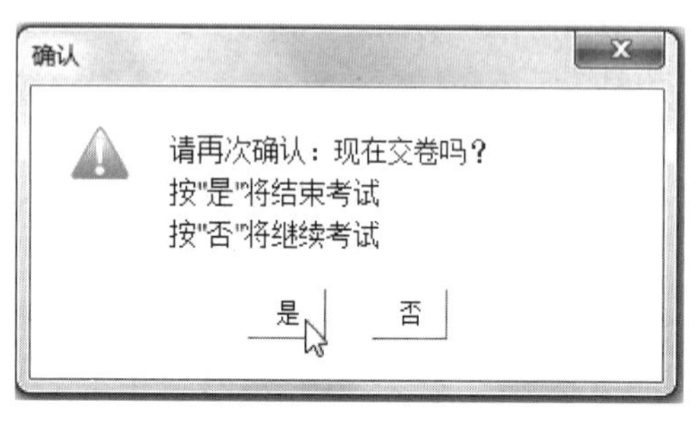

图 3－21　再次确认

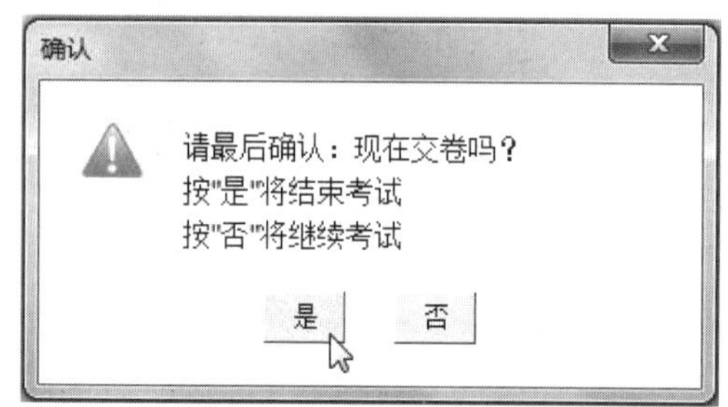

图 3－22　最后确认

在第二个“确认”框中再次确认：现在交卷吗？点击【是】，会弹出第三个确认框，如图 3－22 所示。第三次点击【是】，则结束本次考试，桌面如图 3－23 所示。考生离开考场。

图 3－23　考试结束

十一、模拟题说明

《信息技术基础实践指导》(第七版)附有 12 套模拟题，其中，模拟 1～4 套有简单的解题分析和参考样张。模拟 5 和 6 套有参考样张。模拟 7～12 套只有试题，没有样张。在配套光盘里有全部 12 套的素材和参考样张，供广大师生参考使用。模拟题分值分配如下：

题型	操作系统使用	因特网操作	文字资源整合		数据资源整合	多媒体作品编辑
			文字录入	Word 文档编辑		
满分	10	10	10	20	20	30

模拟题1及解题分析

题型	操作系统使用	因特网操作	文字资源整合		数据资源整合	多媒体作品编辑
			文字录入	Word 文档编辑		
满分	10	10	10	20	20	30

一、操作系统使用(10 分)

1. 项目背景　张逸的手机里有许多资料，有图片、短信和声音等文件。请你帮助整理“备用资料”文件夹，将不同的文件分类存放。

2. 项目任务　在素材“备用资料”文件夹中，存放有若干个文件，按设计要求将其整理，将经过整理后的“备用资料”文件夹存放在指定的考生文件夹中。

3. 操作要求

(1) 在“备用资料”文件夹中建立名为“图片类”、“文本类”和“声音类”3 个文件夹。

(2) 将所有图片存放在“图片类”文件夹中，文本类文件存放在“文本类”文件夹中，声音文件存放到“声音类”文件夹中。

(3) 将无法归类的文件删除。

4. 解题分析　设计操作基本要求与分数分配(共 10 分)：

(1) 正确建立 3 个文件夹(3 分)。

(2) 将图像文件存入“图像类”文件夹中(2 分)。

(3) 将声音文件存入“声音类”文件夹中(2 分)。

(4) 将文本文件存入“文本类”文件夹中(2 分)。

(5) 将 Task2. html 文档删除(1 分)。

二、因特网操作(10 分)

1. 项目背景　网络已成为人们不可或缺的交流工具，通过它，人们可以知天下事并能和远在千里、万里之外的亲人和朋友交流、视频等。

2. 项目任务　根据要求设置默认主页、网上搜索以及收发邮件。

3. 操作要求

(1) 将 IE 的启动主页设置为空白页。

(2) 打开 IE 浏览器，通过百度搜索引擎(网址为 http://www. baidu. com)搜索“上海外滩图片”资料，任选一张搜索到的图片，以“外滩. jpg”为文件名保存到指定的考生文件夹。

(3) 启动电子邮件收发软件(Windows Live Mail)，发一封电子邮件到 yjx@126. com，主题为“会议通知”,邮件内容为“开会通知已下发,收到请回复。”并附加一个文件 C:\Program Files\Windows Live\Writer\WindowsLiveWriter.exe。

4. 解题分析

(1) 将 IE 的启动主页设置为空白页(3 分)

(2) 打开百度网页(1 分),输入搜索内容(1 分),保存文件至指定位置(1 分)。

(3) 启动电子邮件收发软件,输入主题(1 分),邮件内容(1 分),上传附加文件(1 分),发送邮件(1 分)。

三、文字资源整合(30 分)

(一) 文字录入题(10 分)

在 Word 中输入下列文字,以“helan.docx”为文件名,保存在指定的考生文件夹中:

> 荷兰(Holland)郁金香的世界,风车的王国,伦勃朗与凡·高的艺术圣地,还有浓郁美味的奶酪制品和带着彩绘的木鞋,这里就是美丽的低地国家荷兰。
>
> 阿姆斯特丹(Amsterdam)在郁金香绽放的水都,带上巧克力和奶酪,骑着自行车去运河找浪漫,或者“宅”在博物馆里寻找凡·高的踪迹。
>
> 鹿特丹(Rotterdam)是欧洲第一大港,它不仅拥有世界文化遗产小孩堤防风车群,还是现代建筑的试验场。
>
> 海牙是荷兰的海边皇城,宫殿让这座城市庄严而肃穆,而席凡宁根海滩则轻松自由,这一切使得这座城市既富帝王魅力又具现代活力。

(二) Word 文档编辑(20 分)

1. 项目背景　云南省昆明市有着亚洲最大的鲜花交易市场,是著名的花都,有“全国 10 支鲜花 7 支产自云南”之说。凡是去昆明旅游的游客一定不会忘记到鲜花市场去参观和游览一番。

2. 项目任务　请运用“花卉素材”文件夹中的素材,制作宣传文字资料,完成的作品以“鲜花市场.docx”为文件名保存在指定的考生文件夹中。

3. 设计要求

(1) 使用 A4 纸版面,页边距:上、下各为 0 厘米;左、右各为 3.17 厘米。

(2) 版面中的图像和文字合理搭配,大小适当,并美化处理图像。

4. 制作要求

(1) 选择一张图片作为背景,大小与 A4 纸相同,图片放在底层,图片颜色“橄榄色,强调文字颜色 3,浅色”。

(2) 标题“昆明花卉市场”,隶书,字号 70,艺术字设置“填充-橙色,强调文字颜色 6,渐变轮廓-强调文字颜色 6”。文本效果:“映像→映像变体→紧密映像,接触”。

(3) 正文段落:宋体、小四、行距 1.5 倍,首行缩进 2 个字符。

(4) 第一段分栏:两栏等宽、分隔线格式。

(5) 在正文中插入形状为缺角矩形，并填充图片“h3.jpg”。图片大小：宽 8.5 厘米，高 6 厘米；图片位置：水平居中(相对于页面)；环绕方式为四周型。

(6) 在文末适当位置插入 3 张花卉图片，图片的环绕方式为四周型，将图片调整至合适大小并美化。

5. 解题分析(1) 设置标题艺术字(4 分)。

(2) 所有段落首行缩进 2 个字符(2 分)。

(3) 第一段分栏(3 分)。

(4) 正文中插入图片(4 分)。

(5) 图片作为背景(4 分)。

(6) 文末 3 张花卉图片(3 分)。

6. 参考样张　参考样张如图 3-1-1 所示。

图 3-1-1　Word 样张

四、数据资源整合(20 分)

1. 项目背景　人口普查是一项重要的国情调查，对国家管理、制定各项方针政策具有重要的意义。

2. 项目任务　请运用所给的素材，对少数民族人口情况进行统计，制作适当的统计图。完成的作品以“民族人口普查.xlsx”为文件名保存在指定的考生文件夹中。

3. 设计要求

(1) 使用 Excel 制作人口普查统计表，并对表格进行格式设置，做到清晰和简洁。

(2) 利用公式和函数对数据进行正确的计算和统计，对数据进行格式处理，字体大小合适。

(3) 根据统计表的数据进行统计图的制作，并对统计图进行格式处理，做到美观、色彩协调。

4. 制作要求

(1) 第一行标题“少数民族人口普查”，隶书、36 磅、加粗。水平：合并居中，垂直：居中。

(2) 从素材中整理出人口数最少的 6 个民族(以第五次人口普查为准)的相关数据，设计统计表。表格中应分别包括第五次普查和第六次普查中每个民族的人数、6 个民族人口的总和、平均人数及人口增长数、人口增长最快的民族以及人口增长最慢的民族等数据，负数用红色字体表示。

(3) 单元格内所有文字：宋体、加粗、14 磅，居中对齐；数字 14 磅，右对齐。

(4) 创建适合的图表反映出 6 个少数民族的人口增长情况。

5. 解题分析

(1) 添加标题(2 分)；输入“单位：人”(1 分)。

(2) 在统计表中正确输入文字和相应数据(4 分)；计算数据正确(4 分)；

(3) 对齐方式正确(2 分)；对表格进行美化(1 分)。

(4) 创建正确的图表(3 分)；图表进行美化(3 分)。

6. 参考样张　参考样张如图 3-1-2 所示。

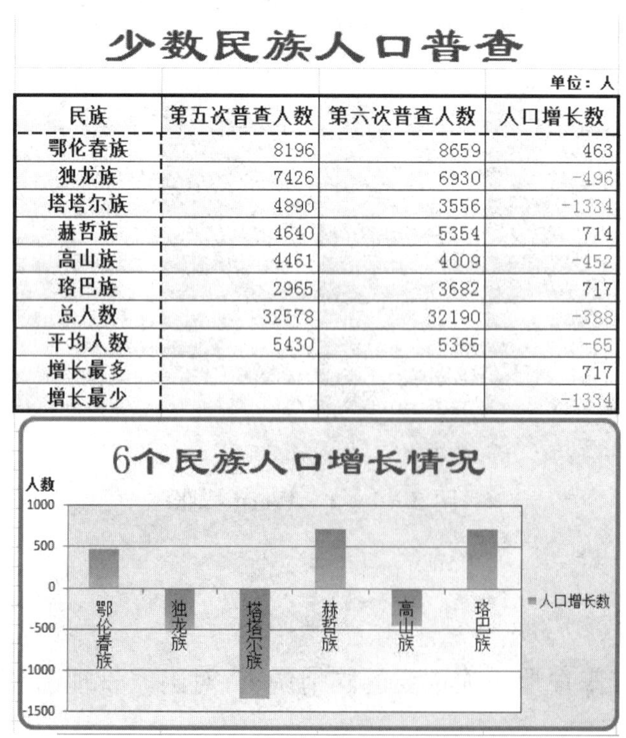

少数民族人口普查

单位：人

民族	第五次普查人数	第六次普查人数	人口增长数
鄂伦春族	8196	8659	463
独龙族	7426	6930	-496
塔塔尔族	4890	3556	-1334
赫哲族	4640	5354	714
高山族	4461	4009	-452
珞巴族	2965	3682	717
总人数	32578	32190	-388
平均人数	5430	5365	-65
增长最多			717
增长最少			-1334

图 3-1-2　表格样张

五、多媒体作品编辑制作(30分)

1. 项目背景　中国是一个多民族国家,除汉族外还有55个民族。在全部人口中,汉族人口占绝大部分。相对于汉族,其他民族的人口较少,所以统称少数民族。每个民族,不分大小,都为中华民族的发展做出了贡献。

2. 项目任务　请使用“少数民族介绍”文件夹中的素材,制作少数民族介绍演示文稿,将完成的作品以“少数民族介绍.pptx”为文件名保存在指定的考生文件夹中。

3. 设计要求

(1) 设计5张幻灯片,分别介绍4个少数民族的情况。

(2) 幻灯片图文并茂,版面合理。

4. 制作要求

(1) 整套幻灯片的背景主题为“主管人员”,背景样式设置为“样式5”效果。

(2) 其中第一张幻灯片中有主题和4个民族名称的目录。

(3) 第二～五张幻灯片上要有标题、图片及相应的文字说明。

(4) 幻灯片的标题均使用艺术字、图片均设置动画效果。

(5) 各幻灯片播放时设置合适的切换方式。

(6) 通将第一张幻灯片中的名称目录链接到相应的幻灯片,并在相应的幻灯片上设置返回按钮,能返回到第一张幻灯片。

5. 解题分析

(1) 使用背景主题和样式插入(2分)。

(2) 第一张幻灯片中包括主题和4个民族的名称(2分)。

(3) 每张幻灯片上要有标题、图片及相应的文字说明(共12分,每张3分)。

(4) 标题均使用艺术字(4分);图片均设置动画效果(4分)。

(5) 各超级链接正确(4分)。

(6) 各幻灯片播放时设置合适的切换方式(2分)。

6. 参考样张　参考样张如图3-1-3所示。

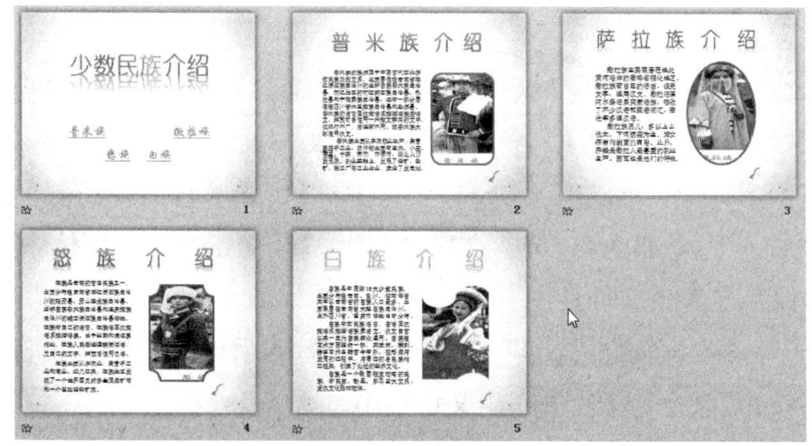

图3-1-3　PPT样张

模拟题 2 及解题分析

一、操作系统使用(10 分)

1. 项目背景　最近班级里要进行一次读书心得的交流会。同学们积极性很高,交给班长陈东许多相关的文章。陈东想对文件夹进行必要的整理。

2. 项目任务　在素材“读书心得”文件夹中,存放有若干个文件,按要求将其整理,并将整理后的文件和文件夹存放在指定的考生文件夹的“主题分类”文件夹中。

3. 操作要求

(1) 在考生文件夹中,建立名为“主题分类”的文件夹,并在此文件夹下分别建立名为“红楼梦”“水浒”和“西游记”的文件夹。

(2) 各文件夹中应包括原文件夹中所有此主题的文件,例如,在“红楼梦”文件夹中应包含原“读书心得”文件夹中的所有有关《红楼梦》题材的文件。

4. 解题分析

(1) 正确建立 4 个文件夹(4 分)。

(2) 将有关《红楼梦》题材的文件存入“红楼梦”文件夹中(2 分)。

(3) 将有关《水浒》题材的文件存入“水浒”文件夹中(2 分)。

(4) 将有关《西游记》题材的文件存入“西游记”文件夹中(2 分)。

二、因特网操作(10 分)

1. 项目背景　上网已是人们日常的生活方式之一,通过网络人们足不出户就可以知道天下事,网络已成为人们不可或缺的交流工具。

2. 项目任务　根据要求设置默认主页、网上搜索以及收发邮件。

3. 操作要求

(1) 百度的主页地址是 http://www.baidu.com,通过对 IE 浏览器参数设置,使其成为 IE 的主页。

(2) 指定网址 http://www.shedu.net,显示主页,找寻并转向“星光计划”;找寻并转向“历届大赛”,把当前页面全部内容(包括文字、图像等)以 html 类型、简体中文(GB2312)、文件名“ljds.htm”,保存在考生文件夹中。

(3) 启动电子邮件收发软件(Windows Live Mail),查看收件箱中的邮件,将其中某一封邮件以文件名“yj.eml”保存到指定的考生文件夹中。

4. 解题分析

(1) 打开百度主页(1 分),打开 Internet 选项(1 分),设置默认主页(1 分)。

(2) 打开百度网页(1 分),寻找并打开搜索的网页(2 分),保存搜索网页至指定位置(1

分)。

(3) 打开电子邮件收发软件,查找到收件箱中所需的邮件(2 分),保存邮件至指定位置(1 分)。

三、文字资源整合(30 分)

(一) 文字录入题(10 分)

在 Word 中输入下列文字,以“Word 文档. docx”为文件名,保存在指定的考生文件夹中:

> 代尔夫特(荷兰语:Delft)是荷兰南荷兰省的一个城市,地处海牙和鹿特丹之间。人口 94 577(2006 年 6 月 1 日,来源:荷兰 CBS)。由于拥有荷兰高等学府代尔夫特理工大学和研究机构荷兰应用科学研究所,代尔夫特也被称为知识之城。
>
> 代尔夫特是荷兰著名观光城市之一。代尔夫特拥有一个历史性内城,内城以前有环城水道护城,但现在只能看到部分河段。内城遍布水道和小桥,老建筑林立,和阿姆斯特丹的市中心颇有相似之处,因此也有人称代尔夫特是阿姆斯特丹的缩影。代尔夫特最著名的纪念品是源自中国的青花瓷器,荷兰文称 Delfts Blauw。

(二) Word 文档编辑(20 分)

1. 项目背景　学校运动会的报名工作开始了,各个班级的学生都在踊跃报名,准备参加比赛。

2. 项目任务　请在“参赛报名表素材. docx”中,修改运动员报名表,最后完成的作品以“参赛报名表. docx”为文件名保存在指定的考生文件夹中。

3. 设计要求

(1) 使用 A4 纸版面。

(2) 本题应根据制作要求的顺序进行制作。

4. 制作要求

(1) 标题设计:输入标题“运动员参赛报名表”,字体:黑体、20 磅,设置为艺术字;式样:填充-红色,强调文字颜色 2,暖色粗糙棱台;文本效果:转换→弯曲→正方形。

(2) 增加 400 米项目,报名参加的有张宏云、程龙江,新增加的刘潇潇将参加 100 米和跳高项目(增加在最后一行)。

(3) 删去铅球项目。

(4) 各项目从左至右排列:100 米、200 米、400 米、跳高和跳远(要求按列进行操作)。

(5) 文字:黑体、四号;单元格内容居中,表格居中,调整列宽、行高。

(6) 在表格左上角单元格中画斜线,输入相应符号:黑体、20 磅、粗体。

(7) 表格设置边框线:外边框 2.25 磅单线,颜色为橙色,强调文字颜色 6,深色 50%,表内单元格双线为同色系的 0.75 磅。

5. 解题分析

(1) 标题设置艺术字(4 分)。

(2) 增加 400 米项目(2 分),最后一行增加单元格(2 分)。

(3) 删去铅球项目(2 分)。

(4) 各项目次序从左至右排列(3 分)。

(5) 表格格式制作(3 分)。

(6) 画斜线(2 分),填写相应的符号(2 分)。

注:不添加底纹颜色不扣分。

6. 参考样张 参考样张如图 3-2-1 所示。

运动员参赛报名表

项目 / 名单	100 米	200 米	400 米	跳高	跳远
王琦		√			√
张宏云	√		√	√	
赵大磊	√	√			
程龙江			√	√	
朱宇		√			√
刘潇潇	√			√	

图 3-2-1 Word 样张

四、数据资源整合(20 分)

1. 项目背景 红晓开了水果连锁店,每个月她都要了解和分析几家店的销售情况,以便随时调整水果品种。

2. 项目任务 请使用所给素材,对水果连锁店情况进行统计,制作适当的统计图。完成的作品以"水果连锁店. xlsx"为文件名保存在指定的考生文件夹中。

3. 设计要求

(1) 使用 Excel 中制作数据表,并对表格进行格式设置,做到清晰和简洁。

(2) 利用公式和函数对数据进行正确的计算和统计,对数据进行格式处理,字体大小合适。

(3) 根据统计表的计算数据进行统计图的制作,并对统计图进行格式处理,做到美观、色彩协调。

4. 操作要求

(1) 标题"水果连锁店销售情况",隶书、32 磅、加粗、水平分散对齐。

(2) 计算各连锁店每个月每种水果的销售金额。

(3) 计算各连锁店 7~9 月每种水果的总销售量以及相应的金额,制作适当的统计图显示销量情况。

(4) 单元格内所有文字居中对齐(店名文字靠左对齐),数字右对齐,保留一位小数,字号 12 磅。自动调整列宽。

(5) 图表中的标题使用艺术字,对图表进行美化。

5. 解题分析

(1) 添加标题(2 分);输入单位(1 分)。

(2) 在统计表中正确输入文字和相应数据(3 分);计算数据正确(5 分)。

(3) 对齐方式正确(2 分);对表格进行美化(1 分)。

(4) 创建正确的图表(3 分)。

(5) 图表标题使用艺术字(1 分);输入单位(1 分)图表进行美化(2 分)。

6. 参考样张 参考样张如图 3-2-2 所示。

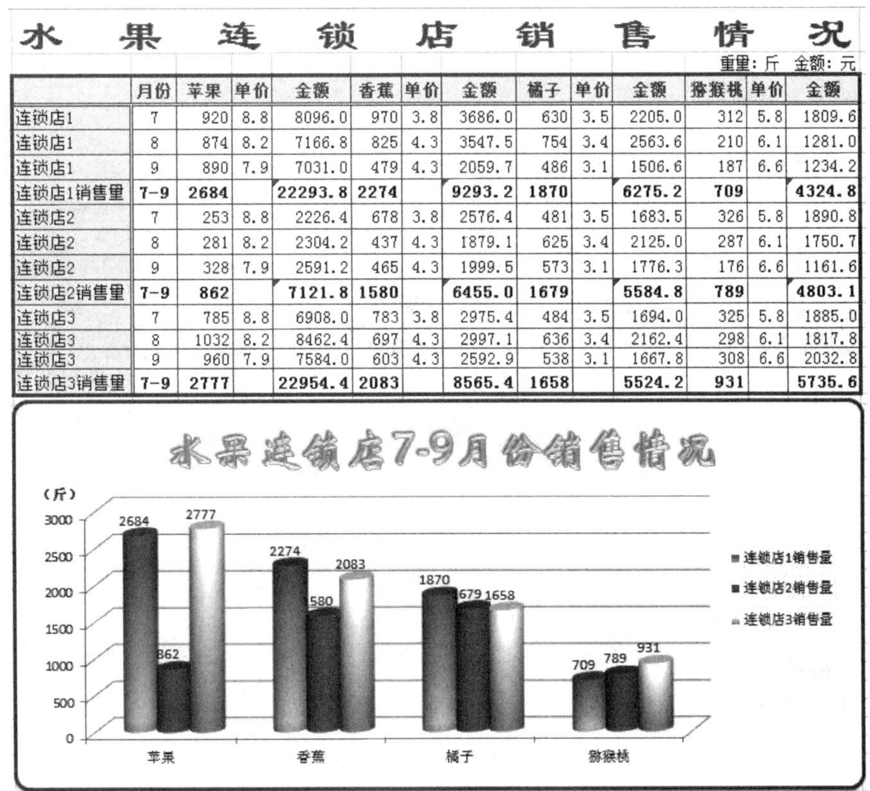

水 果 连 锁 店 销 售 情 况

重里:斤 金额:元

	月份	苹果	单价	金额	香蕉	单价	金额	橘子	单价	金额	猕猴桃	单价	金额
连锁店1	7	920	8.8	8096.0	970	3.8	3686.0	630	3.5	2205.0	312	5.8	1809.6
连锁店1	8	874	8.2	7166.8	825	4.3	3547.5	754	3.4	2563.6	210	6.1	1281.0
连锁店1	9	890	7.9	7031.0	479	4.3	2059.7	486	3.1	1506.6	187	6.6	1234.2
连锁店1销售量	**7-9**	**2684**		**22293.8**	**2274**		**9293.2**	**1870**		**6275.2**	**709**		**4324.8**
连锁店2	7	253	8.8	2226.4	678	3.8	2576.4	481	3.5	1683.5	326	5.8	1890.8
连锁店2	8	281	8.2	2304.2	437	4.3	1879.1	625	3.4	2125.0	287	6.1	1750.7
连锁店2	9	328	7.9	2591.2	465	4.3	1999.5	573	3.1	1776.3	176	6.6	1161.6
连锁店2销售量	**7-9**	**862**		**7121.8**	**1580**		**6455.0**	**1679**		**5584.8**	**789**		**4803.1**
连锁店3	7	785	8.8	6908.0	783	3.8	2975.4	484	3.5	1694.0	325	5.8	1885.0
连锁店3	8	1032	8.2	8462.4	697	4.3	2997.1	636	3.4	2162.4	298	6.1	1817.8
连锁店3	9	960	7.9	7584.0	603	4.3	2592.9	538	3.1	1667.8	308	6.6	2032.8
连锁店3销售量	**7-9**	**2777**		**22954.4**	**2083**		**8565.4**	**1658**		**5524.2**	**931**		**5735.6**

图 3-2-2 表格样张

五、多媒体作品编辑制作(30 分)

1. 项目背景 随着大陆游客赴台湾旅游启动,两岸交流进入全新的局面。大陆民众纷纷到台湾探亲、观光旅游,了解台湾的风土人情和名胜。

2. 项目任务 请使用所给素材制作一个介绍台湾风土人情的多媒体演示文稿。将完成的作品以“台湾介绍.pptx”为文件名保存在指定考生文件夹中。

3. 设计要求

(1) 设计 5 张幻灯片,介绍台湾的风土人情。

(2) 幻灯片图文并茂,版面合理。

4. 制作要求

(1) 设计 5 张幻灯片,分别介绍 4 个景点或人文。要求图文并茂,版面合理。

(2) 第一张幻灯片是主题和 4 个目录。

(3) 后面每张幻灯片的均有标题、图片及相应的文字说明。

(4) 每张幻灯片的标题均为艺术字并设置动画效果。

(5) 各幻灯片播放时设置切换方式。

(6) 设置第一张幻灯片的超级链接,能直接链接到相应的幻灯片,在相应的幻灯片上设置返回按钮,能返回到第一张幻灯片。

5. 解题分析

(1) 插入 5 张幻灯片(2 分)。

(2) 第一张幻灯片是主题和 4 个目录(2 分)。

(3) 每张幻灯片上要有标题、图片及相应的文字说明(共 12 分,每张 3 分)。

(4) 各标题使用艺术字(4 分);各标题设置动画效果(4 分)。

(5) 各超级链接正确(4 分)。

(6) 各幻灯片播放时设置合适的切换方式(2 分)。

6. 参考样张　参考样张如图 3-2-3 所示。

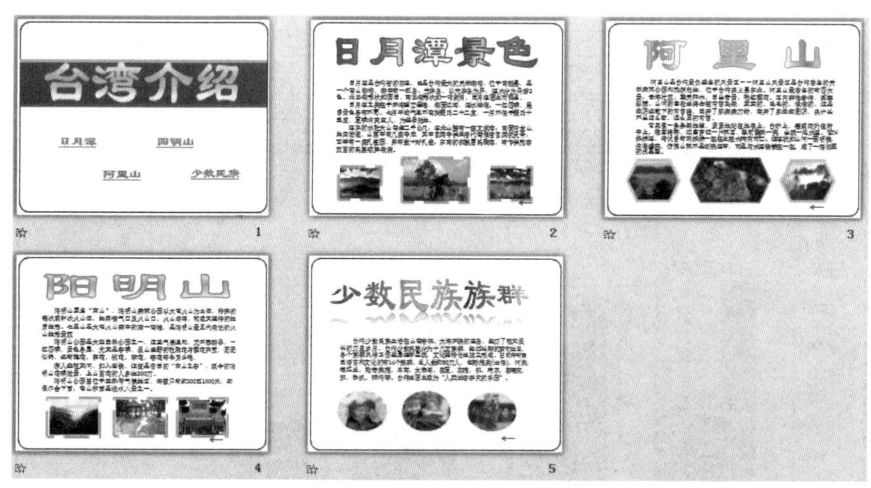

图 3-2-3　PPT 样张

模拟题 3 及解题分析

一、操作系统使用(10 分)

1. 项目背景　小张同学的手机里有许多照片、短信文本,还有歌曲(铃声)和其他文件。请你帮助小张整理“手机文件”文件夹,将不同的文件分类存放,并把不必要的文件删除。

2. 项目任务　请将素材“手机文件”文件夹中的所有文件,按设计要求整理,并将整理后的文件和文件夹存放在指定的考生文件夹中。

3. 制作要求

(1) 在“手机文件”文件夹中，分别设立名为“歌曲”“照片”“短信”的 3 个文件夹。

(2) 将内容相关的文件，存放在指定文件夹中。例如，所有的声音文件存放到“歌曲”文件夹中；所有图片文件存放在“照片”文件夹，文本文件存放在“短信”文件夹。每个文件夹中只能有指定类别的文件。

(3) 请将无法归类到上述 3 个文件夹中的文件及文件夹全部删除。

4. 解题分析 设计操作基本要求与分数分配(共 10 分)：

(1) 在指定文件夹中，新建 3 个文件夹(共 3 分)。

(2) 文件夹的名称分别为“歌曲”“照片”“短信”(一个文件夹 1 分，共 3 分)。

(3) 每个文件夹中只能有指定类别的文件(少或错一项扣 1 分，共 3 分)。

(4) 将其他不能归类的文件删除(共 1 分)。

二、因特网操作(10 分)

1. 项目背景 信息技术时代，要求我们必须掌握因特网技术，通过网络及时掌握社会最新动态，了解最新技术，整理和保存相关资料。同时还要利用邮件与别人进行信息交流。

2. 项目任务 根据要求修改默认主页，网上搜索与保存相关信息，利用电子邮件沟通交流。

3. 制作要求

(1) 将 IE 浏览器中的默认主页地址修改为 http://www.2345.com。并将其网页放到收藏夹中，便于浏览。

(2) 使用 Internet Explorer 浏览器，通过百度搜索引擎搜索“中华艺术宫”的资料，将搜索到的第一个网页内容，以文本文件格式保存到考生文件夹下，命名为“zhysg.txt”。

(3) 启动电子邮件收发软件(Windows Live Mail)，创建一封新邮件，收件人为 xxjs2012@126.com，主题：参观通知；邮件内容为“定于本周六下午一点，组织信息技术 1502 班全体团员，参观中华艺术宫，收到请回复。”并插入一张名为“艺术宫.xlsx”图片作为附件。

4. 解题分析 设计操作基本要求与分数分配(共 10 分)：

(1) 修改指定的主页并将其网页放到收藏夹中(各 1 分，共 2 分)。

(2) 将搜索到的内容，以指定的文件名和文本文件格式，保存到考生文件夹中(各 1 分，共 3 分)。

(3) 启动邮箱，发给指定的收件人，主题和邮件内容正确，插入附件正确(各 1 分，共 5 分)。

三、文字资源整合(30 分)

(一) 文字录入题(10 分)

在 Word 中输入下列文字，以“Word 文档.docx”为文件名，保存在指定的考生文件夹中：

中华艺术宫由2010年上海世博会中国馆改建而成,于2012年10月1日开馆,总建筑面积16.68万平米,展示面积近7万平米,拥有35个展厅,公共教育空间近2万平米。

中华艺术宫是集公益性、学术性于一身的近视代艺术博物馆,以收藏保管、学术研究、陈列展示、普及教育和对外交流为基本职能,坚持立足上海、携手全国、面向世界。自开馆试展后,参照国际艺术博物馆运行的经验,逐步建立了政府主导下"理事会决策、学术委员会审核、基金会支持"的"三会一体"运营架构。

中华艺术宫以打造整洁、美丽、友好、诚实、知性的艺术博物馆的目标,联手世界著名艺术博物馆合作展示各国近现代艺术经品,成为中国近现代经典艺术传播、东西方文化交流展示的中心。

(二) Word文档编辑(20分)

1. 项目背景　选址2010年上海世博会中国馆的中华艺术宫,是具有收藏保管、学术研究、陈列展示、普及教育和对外交流为基本职能的艺术博物馆。请整理一篇宣传介绍中华艺术宫的文字海报。

2. 项目任务　请使用"中华艺术宫"文件夹中的素材,制作宣传介绍中华艺术宫概况的文字海报,最后完成的作品以"中华艺术宫.docx"为文件名保存在指定文件夹中。

3. 设计要求

(1) 利用所给的素材,设计宣传"中华艺术宫"海报。

(2) 海报必须包含"中华艺术宫"的文字介绍及图片。

(3) 海报应该要有艺术字及适当的图形,并配上醒目的色彩。

(4) 以上各元素排版合理,符合海报设计要求。

4. 制作要求

(1) 海报的大小为A4纸;并设置页面边框,艺术型样式自定。

(2) 海报的标题"中华艺术宫"及副标题"上海当代艺术博物馆"使用合适的艺术字。

(3) 海报正文所有段落首行缩进2字符,设置合适的行距和段落间距。

(4) 海报必须插入2张以上与主题相关图片,图片大小、效果自定。

(5) 海报的某些段落设置适当的分栏或加上边框底纹。

5. 解题分析

(1) 海报纸张大小设置正确(2分);并设置艺术型页面边框(2分,共4分)。

(2) 海报的标题及副标题使用合适的艺术字(各2分,共4分)。

(3) 海报正文所有段落首行缩进2字符,设置合适的行距和段落间距(各2分,共6分)。

(4) 海报必须插入2张以上与主题相关的图片(各2分,共4分)。

(5) 海报的某些段落设置适当的分栏或加上边框底纹(共2分)。

6. 参考样张　参考样张如图3-3-1所示。

中华艺术宫

上海世博会中国馆是2010年上海世博会中国国家馆，以城市发展中的中华智慧为主题，表现出了"东方之冠，鼎盛中华，天下粮仓，富庶百姓"的中国文化精神与气质。

展馆的展示以"寻觅"为主线，带领参观者行走在"东方足迹"、"寻觅之旅"、"低碳行动"三个展区，在"寻觅"中发现并感悟城市发展中的中华智慧。

展馆从当代切入，回顾中国三十多年来城市化的进程，凸显三十多年来中国城市化的规模和成就，回溯、探寻中国城市的底蕴和传统。随后，一条绵延的"智慧之旅"引导参观者走向未来，感悟立足于中华价值观和发展观的未来城市发展之路。

上海世博园区后续将进行大规模的规划改造建设，中华艺术馆和上海当代艺术博物馆（2012年10月1日隆重开馆试展）分别选址在世博浦东园区的中国馆、浦西园区的城市未来馆。中华艺术宫将作为今后上海美术馆的永久场所，成为以中国近现代美术收藏、展示、研究、教育、交流为基本职能的综合性艺术博物馆。

上海当代艺术博物馆

中华艺术宫展示面积达6.4万平米，拥有27个展厅。中华艺术宫是具有收藏保管、学术研究、陈列展示、普及教育和对外交流为基本职能的艺术博物馆，将收藏、展示和陈列反映中国近现代美术的起源与发展脉络的艺术珍品。

除了原用原来中国馆的空调设备外，中华艺术宫在藏品区域新增控制温度的恒空设施，保证展览区域能够保证展品保存所需要的温度，而大厅则根据人体舒适的标准制定。此外，中华艺术宫在原来中国馆的基础上，在原地边增加两处升降电梯，并在平台连接处也增设扶梯，从而更加保障观展客流的疏通。

图 3－3－1　Word 样张

四、数据资源整合（20 分）

1. 项目背景　期中考试后，班级学习委员，要对考试情况做统计分析，并将该统计表交学校教务处备案。

2. 项目任务　有关的资料已存放在桌面上的“期中考试”文件夹下。请使用所提供的资料，完成相关数据的计算，以表格和图表展示数据，将完成的统计表以“期中考试.xlsx”为文件名保存在指定文件夹中。

3. 设计要求

（1）设计合适的计算公式，计算每位同学的总分和全班各门课程的平均分。

（2）对全班“总分”排序。

（3）对表格美化。

（4）设计适当的统计图，能反映出每门课程的平均分情况。

（5）对统计图表进行美化。

4. 制作要求

（1）请将已经休学的“乐平”同学隐藏，不参加统计表计算。

（2）在给出的数据表上插入一行作为标题行，标题为“期中考试统计表”，颜色自定，字号 24 磅，相对于下面的表格居中。

(3) 设计合适的计算方法,将有关计算出来的数据填入表格中,各项数据均保留整数。

提示:最大值、最小值的函数分别是 MAX、MIN。

(4) 对全班“总分”,按照降序排序。

(5) 在 A26:F35 区域,将每门课程的平均分,以合适的统计图表呈现出来,标题“各门课程平均分统计图”,设置阴影,圆角;并做适当的美化。

(6) 表格样式套用“中等深浅 16”,并转换为区域;表格外框线用双线、内部线用最细线。

(7) 表格进行格式设置:文字和数字均居中,自动调整列宽。

5. 解题分析

(1) 将休学的同学隐藏(2 分),不参加统计表计算(2 分,共 4 分)。

(2) 标题行字号 24 磅,居中,设置正确(3 分)。

(3) 利用公式计算出来的数据正确(3 分),各项数据均保留整数(1 分,共 4 分)。

(4) “总分”按照降序进行排序(共 2 分)。

(5) 统计图设置合适(共 2 分)。

(6) 表格样式套用正确(共 2 分)。

(7) 表格进行格式设置:文字和数字均居中,自动调整列宽(共 3 分)。

6. 参考样张 参考样张如图 3-3-2 所示。

	A	B	C	D	E	F
1	期中考试统计表					
2	学号	姓名	语文	数学	外语	总分
3	6815	潘丽蓉	89	100	98	287
4	6807	万培	92	99	93	284
5	6809	支炜	92	78	89	259
6	6816	沈庆	94	76	89	259
7	6801	林菁	74	94	88	256
8	6806	乐平	25	56	35	116
9	6820	朱琪	83	79	85	247
10	6812	刘玮瑜	71	88	83	242
11	6802	赵春霄	82	75	82	239
12	6813	朱红	85	71	82	238
13	6818	陈莉	64	91	81	236
14	6805	胡桂玲	82	71	80	233
15	6808	陈强	59	82	78	219
16	6804	王捷	55	84	78	217
17	6819	王维	59	83	75	217
18	6817	丁慧茹	65	65	77	207
19	6814	姚素英	55	74	74	203
20	6803	李忠杰	64	67	48	179
21	6810	陈琦	78	36	56	170
22	6811	贾琦	54	62	34	150
23		平均分	74	78	77	229
24		最高分	94	100	98	287
25		最低分	54	36	34	150

各门课程平均分统计图

图 3-3-2 表格样张

五、多媒体作品编辑制作(30 分)

1. 项目背景 上海正在向建设国际文化大都市目标,一步一步踏实迈进。要把上海建设成国内国际文化交流中心,让全中国、全世界的优秀文艺作品,都能到上海来交流汇演,发挥上海这个大都市的作用,为文化大发展大繁荣作贡献。

2. 项目任务 有关资料放在“上海剧院”文件夹中。使用所给素材制作介绍“上海剧院”的多媒体演示文稿。将完成的作品以“上海剧院.pptx”为文件名,保存在指定文件夹中。

3. 设计要求

(1) 设计至少 5 张幻灯片,至少介绍 4 个剧院。

(2) 幻灯片中要有各剧院名称,并选择相关的图片作为背景。

(3) 每张幻灯片是一个剧院介绍,应包含有合适图片及相应的文字说明。

(4) 添加背景音乐。

(5) 幻灯片图文并茂,排版合理。

4. 制作要求

(1) 第一张幻灯片的标题为“上海剧院”，运用 SmartArt 图形展示四个剧院的名称。主题用艺术字并设置动画效果。

(2) 将第一张幻灯片上 SmartArt 图形链接到相应的幻灯片，在相应的幻灯片上设置返回按钮，能返回到第一张幻灯片。各张幻灯片上的返回按钮大小、位置相同。

(3) 各张幻灯片播放时设置合适的切换，各标题和图片设置动画效果。

(4) 各张幻灯片上的标题要用统一字体和字号。

(5) 背景音乐效果合理。

5. 解题分析

(1) 设计基本要求与分数分配(共 15 分)：

① 至少有 5 张幻灯。(1 分)。

② 至少介绍 4 个剧院的详细情况(5 分，少或错一项扣 1 分)。

③ 其中第一张幻灯片是主题和 4 个剧院的名称(2 分)。

④ 整套幻灯片上的标题用统一字体和字号(2 分)。

⑤ 每张幻灯片上有合适图片，大小、样式合适，图文并茂，排版合理(3 分)。

⑥ 每张幻灯片上有相应的文字说明、字体大小合适(2 分)。

(2) 制作版面要求与分数分配(共 15 分)：

① 第一张幻灯片的主题用艺术字并设置动画效果(各 1 分，共 2 分)。

② 第一张幻灯片上通过 SmartArt 图形和后面几张的幻灯片超级链接(3 分)，后面 4 张都要有返回按钮能返回到第一张幻灯片(3 分)。

③ 幻灯片播放时设置切换方式(3 分，漏或错一项扣一分)。

④ 各幻灯片播放时标题和图片都加上合适的动画效果(2 分)。

⑤ 整套幻灯片有“背景音乐”设计(2 分)。

6. 参考样张 参考样张如图 3-3-3 所示。

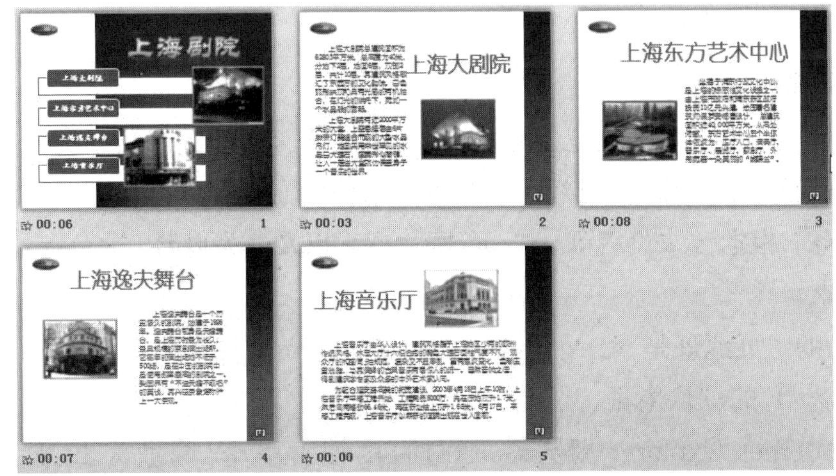

图 3-3-3 PPT 样张

模拟题 4 及解题分析

一、操作系统使用(10 分)

1. 项目背景　同学们在网络课程的学习中,学会了很多技能,通过网络收集了很多资料放在同一个文件夹中。每隔一段时间应该对这样的文件夹进行必要的整理,将不同的文件分类,存放在相应的文件夹中,把不能归类的文件删除。

2. 项目任务　在素材"学习资料"文件夹中,存放有若干个文件,按设计要求将其整理,将整理后的文件和文件夹存放在指定的考生文件夹中。

3. 制作要求

(1) 在"学习资料"文件夹中,设计 3 个文件夹,分别取名为"礼仪修养""信息技术"和"纪念馆"。

(2) 各文件夹中应包括原文件夹中所有此主题的文件,例如,在"礼仪修养"文件夹中应包含原"学习资料"文件夹中的所有有关"礼仪修养"的各种文件。

(3) 每个文件夹中只能有指定类别的文件,将无法归类到上述 3 个文件夹中的文件删除。

4. 解题分析　设计操作基本要求与分数分配(共 10 分):

(1) 在"学习资料"文件夹中,新建 3 个文件夹(共 3 分)。

(2) 文件夹的名称分别为"礼仪修养""信息技术"和"纪念馆"(一个文件夹 1 分,共 3 分)。

(3) 每个文件夹中只能有指定类别的文件(少或错一项扣 1 分,共 3 分)。

(4) 将其他不能归类的文件删除(共 1 分)。

二、因特网操作(10 分)

1. 项目背景　当人们启动浏览器时,总是希望能快速访问到想访问的网页,尽快搜索到想找的资料;通过网络收发邮件,已经是当代办公通信的必要技术技能。

2. 项目任务　根据要求设置默认主页、网上搜索以及收发邮件。

3. 制作要求

(1) 某网站的主页地址是 http://www.scasqhwz.com,打开此主页,通过对 IE 浏览器参数设置,使其成为 IE 的默认主页。

(2) 使用 Internet Explorer 浏览器,通过百度搜索引擎(网址为 http://www.baidu.com)搜索"职业教育"的资料,将搜索到的第一个网页内容以文本文件的格式保存到考生文件夹下,命名为"zyhy.txt"。

(3) 启动电子邮件收发软件(Windows Live Mmail),创建一封新邮件,收件人为 zhengxiao@126.com,邮件主题"教务会议通知";邮件内容"定于下周一,下午 2 点,召开教务会议,请准时出席,收到请回复。”插入图片(路径为“我的文档\jy1.jpg”)。

4. 解题分析 设计操作基本要求与分数分配(共10分):

(1) 打开指定的主页并将其设置为IE的默认主页(各1分,共2分)。

(2) 将搜索到的内容,以指定的文件名和文本文件格式,保存到考生文件夹中(各1分,共3分)。

(3) 启动邮箱,发给指定的收件人,主题和邮件内容正确,插入附件正确(各1分,共5分)。

三、文字资源整合(30分)

(一) 文字录入题(10分)

在Word中输入下列文字,以“Word文档.docx”为文件名,保存在指定的考生文件夹中:

中等职业教育是职业技术教育的重要组成部分,其中包括中等专业学校、技工学校等,为社会,为社会的教育体系做出了突出贡献。它为社会输出初、中级技术人员及技术工人,在整个教育体系中处于十分重要的位置。中等职业学校培养与我国社会主义现代化建设要求相适应,德、智、体、美全面发展,具有综合职业能力,在生产、服务一线工作的高素质劳动者和技能型人才。

中等职业教育是高中阶段教育的重要组成部分,其课程设置分为公共基础课程和专业技能课程两类。**公共基础课程**:语文,数学,英语,计算机应用基础,体育与健康,心理健康,德育;**专业课**:指专业技术课和专业理论课。

(二) Word文档编辑(20分)

1. 项目背景 弘盾职业学校是专门培养电工、机械加工等技术工人的中等职业学校,为做好新生招生工作,需要整理编辑一篇宣传“弘盾职业学校”的文字资料。

2. 项目任务 请使用“弘盾职业学校”文件夹中的素材,制作宣传“弘盾职业学校”的文字资料,最后完成的作品以“弘盾职业学校.docx”为文件名,保存在考生文件夹中。

3. 设计要求

(1) 文档必须包含弘盾职业学校的专业、师资力量、教学设施等文字介绍及图片。

(2) 文档应该要有艺术字及适当的图形,并配上醒目的色彩。

(3) 以上各元素排版合理,符合海报设计要求。

4. 制作要求

(1) 纸张大小:宽度20厘米,高度28厘米;页边距:上、下2.6厘米,左、右3.2厘米。

(2) 将标题“上海弘盾职业学校”设置为垂直的艺术字。

(3) 正文所有段落首行缩进2个字符、1.5倍行距、段后空一行、两端对齐。

(4) 将第四段落设置为右宽左窄的两栏,加分隔线。

(5) 将最后一段文字设置:华文琥珀、20号,并加上边框,颜色自定。

(6) 插入带有形状的学校图片和圆形的校徽图片(路径为“我的文档\hs2.jpg”),大小合适。

5. 解题分析

(1) 文档纸张大小设置正确(2 分);并设置艺术型页面边框(2 分,共 4 分)。

(2) 文档的标题使用合适的垂直艺术字(共 2 分)。

(3) 文档正文所有段落首行缩进 2 字符,设置合适的行距和段落间距(各 2 分,共 6 分)。

(4) 文档的第四段落设置为右宽左窄的两栏,加分隔线格式(共 2 分)。

(5) 最后一段文字设置:华文琥珀、20 号,并加上边框(共 2 分)。

(6) 文档必须插入 2 张以上与主题相关的图片(其中 1 张是校徽)(各 2 分,共 4 分)。

6. 参考样张　参考样张如图 3-4-1 所示。

图 3-4-1　Word 样张

四、数据资源整合(20 分)

1. 项目背景　党中央、国务院高度重视职业教育工作,2015 年初专门召开座谈会,就职业教育听取各方面意见和建议,力求以科学发展观为指导,促进职业教育更好更快地的发展。

2. 项目任务　运用所给的素材,在 Excel 中以表格和统计图表的形式,对 2013～2015 年弘盾职业学校情况进行统计分析,展现这 4 个年度弘盾职业学校的学校专业数量、在校学生人数及师生比例等情况。最后完成的统计表格以“弘盾职业学校. xlsx”为文件名,保存在考生文件夹中。

3. 设计要求

(1) 设计合适的数据表格,在表格中显示 2012～2015 年弘盾中等职业学校各项数据。

(2) 利用公式计算 4 年弘盾中等职业学校的各相关数据。

(3) 对表格内容进行格式设置。

(4) 对表格进行美化。

(5) 设计适当的统计图,能反映出四年来学校在校学生和专任教师的变化情况。

(6) 对统计表进行美化。

4. 制作要求

(1) 设计统计表,应包含 2012～2015 年弘盾中等职业学校的各专业数、各专业学生人数、各年度在校人数、每年的教职工师生比例(在校教职员工数/每年在校学生数)、专任教师和学生的比例(专任教师数/每年在校学生数)等相关数据情况。统计表标题“弘盾中等职业学校四年统计表”,蓝色,隶书或黑体,18 磅,合并居中。

(2) 利用公式计算各项目的数据。

(3) 表格样式套用“中等深浅 2”,并转换为区域;师生比例用百分比,并保留 1 位小数;其余所有数字取整数,字体为宋体;字号 15 磅。

(4) 对齐方式:所有文字、数字均居中对齐;自动调整列宽。

(5) 在 sheet1 数据表的 H5:N15 区域,将 2012～2015 年的学生在校人数和专任教师人数用统计图展示。图表区设置合适的标题、背景填充;边框样式:实线、6 磅、深蓝、圆角。

5. 解题分析

(1) 统计表设计包含 4 年弘盾中等职业学校的各专业数、各专业学生人数、各年度在校人数、每年的师生比例等相关数据。学校数量、教职工数、在校学生人数等情况。统计表标题设置正确(各 2 分,共 4 分)。

(2) 利用公式计算 4 年弘盾中等职业学校的各专业数、各专业学生人数、各年度在校人数、每年的师生比例等相关数据(各 1 分,共 4 分)。

(3) 表格样式套用正确(2 分)保留 2 位小数(1 分);字体为宋体;字号 15 磅(2 分,共 5 分)。

(4) 所有文字、数字均居中对齐;自动调整列宽(各 1 分,共 2 分)。

(5) 利用三维簇状条形图展示 4 年的学生在校人数和专任教师(3 分),图表区背景、边框样式、圆角设置正确(2 分,共 5 分)。

6. 参考样张　参考样张如图 3－4－2 所示。

弘盾中等职业学校四年统计表

指　　标	2012	2013	2014	2015	总数
学校专业数	7	8	9	10	
电工	70	80	98	120	368
车床	85	80	70	88	323
机械设计	60	84	82	101	327
计算机应用	80	120	142	160	502
钣金工	40	36	44	56	176
会计	52	34	35	30	151
广告	30	28	34	32	124
商务英语		30	56	66	152
会展			30	35	65
网络管理				60	60
在校教职员工	88	110	121	162	
专任教师	57	68	91	127	
每年在校学生数	424	500	600	758	
教职工师生比例	20.8%	22.0%	20.2%	21.4%	
专任教师师生比	13.4%	13.6%	15.2%	16.8%	

图 3－4－2　表格样张

五、多媒体作品编辑制作(30 分)

1. 项目背景　介绍你就读学校的学校概况、专业设置、教学设施、教师风采、社团活动等。

2. 项目任务　请自己收集素材,设计并制作所就读的学校宣传片,要有合适的图片和相应的文字。最后完成的作品保存在指定考生文件夹中,文件名为"XXXX 学校. PPTX"。

3. 设计要求

(1) 至少设计 6 张以上幻灯片,介绍自己就读的学校。要求图文并茂,版面合理。

(2) 其中第一张幻灯片是标题"XXXX 学校",介绍学校几个方面的内容名称。

(3) 后面每张幻灯片上要有标题、图片及相应的文字说明。

(4) 每一张幻灯片的标题要用统一字体和字号。

(5) 幻灯片图文并茂,排版合理,字体大小合适。

4. 制作要求

(1) 第一张幻灯片的标题为"上海 XXXX 学校",并运用文字或图形展示学校的学校概况、专业设置、教学设施、教师风采、校风建设等 5 个方面的名称。

(2) 通过第一张幻灯片上文字或图片链接到相应的幻灯片,在相应的幻灯片上设置返回按钮,能返回到第一张幻灯片,返回按钮要求大小、位置相同。

(3) 从第二张幻灯片开始,每张幻灯片采用 2 张以上图片,图片轮廓采用六角形、菱形等图片样式。

(4) 各幻灯片播放时设置切换方式,各对象设置动画效果。

(5) 整套幻灯片的背景主题为"波形",背景样式设置为"样式 11"效果。

(6) 幻灯片上使用的图片加彩色边框。

5. 解题分析

(1) 设计基本要求与分数分配(共 15 分):

① 至少要有 6 张幻灯片(2 分)。

② 至少介绍学校 5 个方面的详细情况(3 分,少或错一项扣 1 分)。

③ 其中第一张幻灯片是主题和学校 5 个方面详细情况的名称(3 分)。

④ 每张幻灯片上有相应的文字说明(2 分)。

⑤ 每张幻灯片上有合适图片,并加上彩色粗的边框,大小要合适(3 分)。

⑥ 幻灯片图文并茂,排版合理、字体大小合适(如标题很大,正文很小,或者左右不对称,不要颜色都很深或很淡,容易看不清文字)(2 分)。

(2) 制作版面要求与分数分配(共 15 分):

① 第一张幻灯片的主题用艺术字(2 分);第一张幻灯片的主题设置动画效果(1 分)。

② 第一张幻灯片上通过文字或图片和后面几张的幻灯片有超级链接(3 分),而后面 5 张都要有返回按钮,能返回第一张幻灯片(3 分)。

③ 幻灯片播放时设置切换方式,在播放时有动态效果(3 分,漏或错一项扣一分)。

④ 各幻灯片播放时文字和图片都加上合适的动画效果(3 分)。

(3) 关键点　文件名一定要保存正确。

6. 参考样张　参考样张如图 3-4-3 所示。

图 3-4-3　PPT 样张

模拟题 5

一、操作系统使用(10 分)

1. 项目背景　小李电脑中收集了很多资料,请你帮助小李对文件夹进行必要的整理分类。

2. 项目任务　在素材“公司资料”文件夹中,存放有若干文件,按设计要求对其进行整理,并将整理后的文件夹存放在指定的考生文件夹中。

3. 制作要求

(1) 在“公司资料”文件夹中,设计 3 个文件夹,分别取名为“图片”“文本”和“声音”。

(2) 各文件夹中应包括原文件夹中所有此主题的文件,将所有图片文件存放在“图片”文件夹中,文本文件存放在“文本”文件夹中,所有声音文件存放到“声音”文件夹中。

(3) 将无法归类到上述 3 个文件夹中的文件删除。

二、因特网操作(10 分)

1. 项目背景　通过网络收集信息、收发邮件,已经是当代办公通信的必要技术技能。在高度信息化的今天,要学会在浩如烟海的网络信息中获取所需资料,并使用电子邮件与朋友分享数据信息。

2. 项目任务　对 IE 浏览器进行设置,搜索并下载信息,收发邮件。

3. 制作要求

(1) 某网站的主页地址是 http://www.hao360.cn,打开此主页,通过对 IE 浏览器参数设置,使其成为 IE 的默认主页。

(2) 使用 Internet Explorer 浏览器，通过百度搜索引擎(网址为 http://www.baidu.com)搜索“新能源汽车”的资料，将搜索到的第一个网页内容以文本文件的格式保存到指定目录下，命名为“xnyqc.txt”。

(3) 启动电子邮件收发软件(Windows Live Mail)，创建一封新邮件，收件人为 scasqhwz@126.com，邮件主题“咨询购买新能源汽车”，邮件内容为“你 4S 店销售新能源汽车吗？如有请给介绍几款车型。”并添加附件(联系方式.jpg)。

三、文字资源整合(30 分)

(一) 文字录入题(10 分)

在 Word 中输入下列文字，以“Word 文档.docx”为文件名，保存在指定的考生文件夹中：

> 新能源汽车智能化程度较高，其在整车设计环节增加了智能充电模式，一旦启动铁电池检测到电量偏低，在安全条件满足的情况下，会通过动力电池给启动电池充电，保证一段时间内启动铁电池不亏电，以便保证顺利启动车辆。
>
> 新能源汽车还可通过手机终端软件实现远程解锁及上锁、开启空调、预约开空调、位置服务(车辆定位、人车距离、历史轨迹)，以及寻车、车况检测、信息更改等功能，并且在多媒体端可实现车队服务，以及实时路况、天气、位置查询等，为用户提供更加便捷、人性化的服务。我国目前新能源汽车续航在 70—300 公里左右。

(二) Word 文档编辑(20 分)

1. 项目背景　弘盾职业学校需要新设计一批学生证，请根据学校具体要求制作一张学生证模板。

2. 项目任务　请根据所给素材，分析该学生证要素，运用 Word 软件制作一份学生证模板。最后完成的作品以“学生证.docx”为文件名，保存在考生文件夹中。

3. 设计要求

(1) 学生证必须包含学校标志、学校名称、学生证等字样。

(2) 学生证中必须设置学生 1 寸(2.5 cm×3.3 cm)照片处，并写入“贴照片处”字样。

(3) 学生证中应包含学生姓名、学号、专业、班级、发证日期等元素。

(4) 以上各种元素排版合理、符合学生证制作要求。

4. 制作要求

(1) 学生证的大小：宽 15 cm、高 10 cm。

(2) 学生证的页边距上下左右均为 0。

(3) 学生证设置页面背景。

(4) 学生证包含相应的学校名称、“学生证”字样，其中学校名称与“学生证”均使用艺术字。

(5) 设置学生“姓名”“学号”“专业”“班级”“发证日期”字样，并在相应处设置横线，以便填写。

(6) 设计带有“贴照片处”字样的文本框,宽 2.5 cm、高 3.3 cm。

5. 参考样张 参考样张如图 3-5-1 所示。

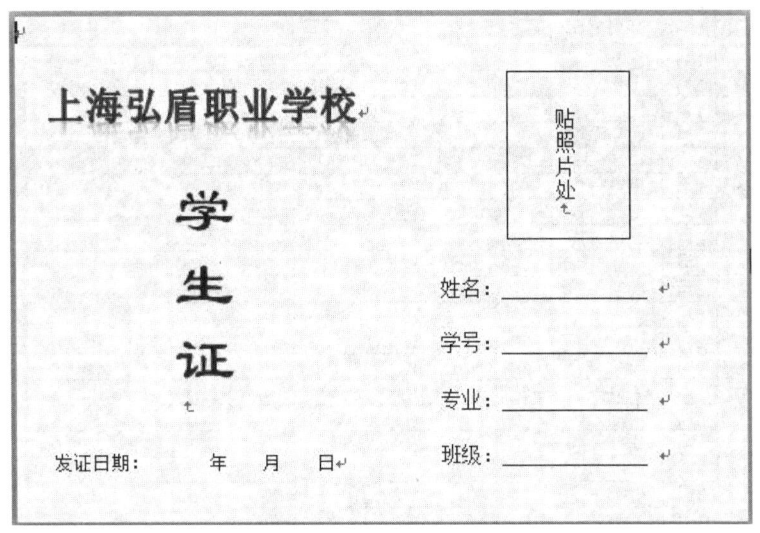

图 3-5-1 学生证

四、数据资源整合(20 分)

1. 项目背景 弘盾商贸公司所属各分店上缴的账款还未完全收到,请统计各分店应收款及余额情况。

2. 项目任务 使用素材“账务.xlsx”,完成相关数据的统计和汇总工作,并以表格和图表形式对各分店应收款及余额进行统计。最后完成的统计表格以“账务.xlsx”保存在考试文件夹中。

3. 设计要求

(1) 设计合适的计算公式,计算应收款以及尚需收款。

(2) 对表格进行美化。

(3) 设计适当的统计图,能反映出第一季度上海 1 号店销售情况。

(4) 对统计图进行美化。

4. 制作要求

(1) 计算应收款以及尚需收款,数据保留 2 位小数。

(2) 应收款和尚需收款数据用货币形式表示。

(3) 表格进行格式设置:标题居中、字号 22 磅;标题行与表头行设置不同的底纹;表格有外粗内细黑边框、字号 12 磅,数据右对齐,文字居中。

(4) 制作合适的统计图,能够反映出第一季度上海 1 号店销量情况。

(5) 统计图设置“第一季度上海 1 号店销售情况”标题;边框:阴影,圆角。

5. 参考样张 参考样张如图 3-5-2 所示。

五、多媒体作品编辑制作(30 分)

1. 项目背景 生活条件提高了,旅游越来越受到大众青睐。请利用所给素材,制作一份

一季度财务分析

日期	商店名称	单价	数量	应收款	已收款	尚需收款
1月	上海1号店	798	220	¥175,560.00	¥18,000.00	¥157,560.00
1月	上海2号店	798	232	¥185,136.00	¥28,000.00	¥157,136.00
1月	上海3号店	798	266	¥212,268.00	¥33,000.00	¥179,268.00
1月	上海4号店	798	300	¥239,400.00	¥48,000.00	¥191,400.00
1月	上海5号店	798	312	¥248,976.00	¥70,000.00	¥178,976.00
1月	南京分店	798	278	¥221,844.00	¥18,900.00	¥202,944.00
1月	广州分店	798	202	¥161,196.00	¥23,000.00	¥138,196.00
1月	北京分店	798	365	¥291,270.00	¥16,000.00	¥275,270.00
2月	上海1号店	798	270	¥215,460.00	¥50,000.00	¥165,460.00
2月	上海2号店	798	260	¥207,480.00	¥88,000.00	¥119,480.00
2月	上海3号店	798	361	¥288,078.00	¥36,000.00	¥252,078.00
2月	上海4号店	798	169	¥134,862.00	¥47,890.00	¥86,972.00
2月	上海5号店	798	410	¥327,180.00	¥69,800.00	¥257,380.00
2月	南京分店	798	320	¥255,360.00	¥30,000.00	¥225,360.00
2月	广州分店	798	345	¥275,310.00	¥78,000.00	¥197,310.00
2月	北京分店	798	356	¥284,088.00	¥15,000.00	¥269,088.00
3月	上海1号店	798	180	¥143,640.00	¥32,600.00	¥111,040.00
3月	上海2号店	798	542	¥432,516.00	¥20,000.00	¥412,516.00
3月	上海3号店	798	260	¥207,480.00	¥50,000.00	¥157,480.00
3月	上海4号店	798	165	¥131,670.00	¥45,000.00	¥86,670.00
3月	上海5号店	798	455	¥363,090.00	¥25,000.00	¥338,090.00
3月	南京分店	798	478	¥381,444.00	¥39,800.00	¥341,644.00
3月	广州分店	798	456	¥363,888.00	¥80,000.00	¥283,888.00
3月	北京分店	798	488	¥389,424.00	¥68,000.00	¥321,424.00

图 3-5-2　表格样张

旅游宣传单。

2. 项目任务　运用素材，制作介绍“上海一日游”旅游资源的多媒体电子演示文稿。最后完成的作品以“上海一日游.pptx”为文件名保存在原目录中。

3. 设计要求

(1) 设计至少 5 张幻灯片，至少介绍 4 个上海旅游地。

(2) 幻灯片中要有主题和旅游地名称，并选择某一景点的图片作为背景。

(3) 每张幻灯片是一个旅游景点，应包含有合适图片及相应的文字说明。

(4) 添加背景音乐。

(5) 幻灯片图文并茂，排版合理，字体大小合适。

4. 制作要求

(1) 主题用艺术字并设置动画效果。

(2) 在标题幻灯片和各景点幻灯片之间设置合适的超级链接和返回按钮。

(3) 各幻灯片播放时设置切换方式，文字和图片都加上合适的动画效果。

(4) 幻灯片上使用的图片和文字恰当。

(5) 背景音乐效果合理。

5. 参考样张 参考样张如图 3-5-3 所示。

图 3-5-3 PPT 样张

模拟题 6

一、操作系统使用(10 分)

1. 项目背景 小潘是一名昆虫爱好者，他收集了许多昆虫图片存放在一个文件夹中，为了方便观看，请你帮他将图片文件重新分类，把不能分类的图片文件删除掉。

2. 项目任务 在素材“昆虫”文件夹中，存有一些图片文件，按要求重新整理，并将整理后的文件和文件夹存放在指定的考生文件夹中。

3. 操作要求

(1) 在“昆虫”文件夹中，新建 3 个名为“蝴蝶”“蜜蜂”“知了”的文件夹。

(2) 将不同科的昆虫图片，分别存放在相应文件夹中。

(3) 每个文件夹中只能有指定类别的文件，并将无法归类到上述 3 个文件夹中的文件及文件夹全部删除。

二、因特网操作(10 分)

1. 项目背景 为了丰富学生的艺术修养，提升学生的综合素质，王老师要在学校开设艺术欣赏课，需要经常收集一些音乐欣赏的资料，并与同学交流。

2. 项目任务　根据要求收藏相关网页,网上搜索与保存相关信,利用电子邮件沟交流通。

3. 操作要求

(1) 将IE浏览器设置为"关闭浏览器时清空Internet临时文件"。

(2) 在IE浏览器的"本地收藏夹"中新建一个名为"交响乐"的文件夹,然后将2个主页地址"http://music.163.com"和"http://baike.baidu.com/"收藏到该文件夹中。

(3) 启动电子邮件收发软件(Windows Live Mail),创建一封新邮件,收件人为apple719@live.cn,邮件主题为"世界名曲",邮件内容为"星期天下午2:00,大剧院,上海城市交响乐团演出",在文字后插入"大剧院.jpg"图片。

三、文字资源整合(30分)

(一) 文字录入题(10分)

在Word中输入下列文字,以"Word文档.docx"为文件名,保存在指定的考生文件夹中:

> 交响音乐的起源可以追溯到十分遥远的历史长河中。它的名称源于古希腊,是当时"和音"和"和谐"两个词的总称。到了古罗马时期,它就演变成为泛指一切器乐合奏曲和重奏曲的代称。15、16世纪,也就是欧洲的文艺复兴时期,交响乐这一名称被当作了一切和声性质的、多音响器乐曲的标志。
>
> 按照西方音乐史分期,欧洲交响音乐的发展大约经历了古典主义、浪漫主义、民族主义、印象主义、现代主义等历史阶段。交响乐一般分为四个乐章:
>
> 第一乐章:奏鸣曲式,快板;
>
> 第二乐章:复三部曲式或变奏曲,慢板;
>
> 第三乐章:小步舞曲或者谐谑曲,中、快板;
>
> 第四乐章:奏鸣曲或回旋曲式,快板。

(二) Word文档编辑(20分)

1. 项目背景　根据教学安排,上海启慧职业学校为每个班级设计了新的课程表。为了方便学生,教务主任要求将课程表公布在班级的QQ群上,请你为班级设计一张课程表。

2. 项目任务　运用所给素材,制作一张课程表,最后完成的作品以"课程表.docx"为文件名保存在原目录中。

3. 设计要求

(1) 用Word应用程序,设计一张课程表,使用表格形式。

(2) 课程表必须设置标题。

(3) 表格适当美化。

(4) 符合课程表样式。

(5) 课程表设置美观、简洁、明了。

4. 制作要求

(1) 制作一张课程表表格,标题“班课程表”。

(2) 表格中显示具体课程内容(星期、节数、上下午、课程内容)。

(3) 表格边框线分明,设置两种以上线型。

(4) 表格格式设置(标题居中,字号一号,黑体;课程内容居中,字号五号、宋体)。

5. 参考样张　参考样张如图 3-6-1 所示。

课 程 表

星期 / 节数		星期一	星期二	星期三	星期四	星期五
上午	8：30~9：50	英 语	语 文	品 德	计算机	数 学
	10：10~11：30	数 学	电工基础	数 学	语 文	英 语
午餐、午休						
下午	13：00~14：20	艺术体操	计算机	英 语	电工基础	班 会
	14：40~16：00	普通话	自 习	艺术欣赏	体 育	

图 3-6-1　课程表样张

四、数据资源整合(20 分)

1. 项目背景　因为业务需求,上海慧程旅行社对下半年的国际旅游营业情况做个简单汇总,请你制作一张能够说明各国旅游营业情况的电子表格,以便市场部分析汇总。

2. 项目任务　打开“国际旅游营业情况. xlsx”,请使用所提供的资料,完成相关数据的统计和汇总工作,并以表格和图表形式对各国旅游营业情况进行统计。最后完成的电子表格以“国际旅游营业情况. xlsx”为文件名,保存在原目录中。

3. 设计要求

(1) 设计合适的数据表格,在表格中显示每个国家旅游从 7～12 月营业数据。

(2) 计算每个国家旅游 6 个月的平均营业额以及营业总计。

(3) 对表格内容进行格式设置。

(4) 美化表格。

(5) 设计适当的统计图,能反映出 6 个月每个国家旅游平均营业额。

(6) 美化统计表。

4. 制作要求

(1) 制作一个反映每个国家旅游情况的电子表格。

(2) 计算每个国家旅游 6 个月的平均营业额(保留 1 位小数)以及营业总计。

(3) 制作 6 个月每个国家旅游平均营业额的统计图,能够反应每个国家旅游的平均营业情况。

(4) 表格格式设置:标题“国际旅游平均营业情况”,字号 14 磅、加粗、居中、加底纹;表头字号 12 磅、居中;内容字号 10 磅,右对齐。外框线双线粗,内部线最细线。

(5) 统计图设置“国际旅游平均营业情况”标题 18 磅,其余字体 12 磅,阴影,圆角,取消自动缩放。

5. 参考样张　参考样张如图 3-6-2 所示。

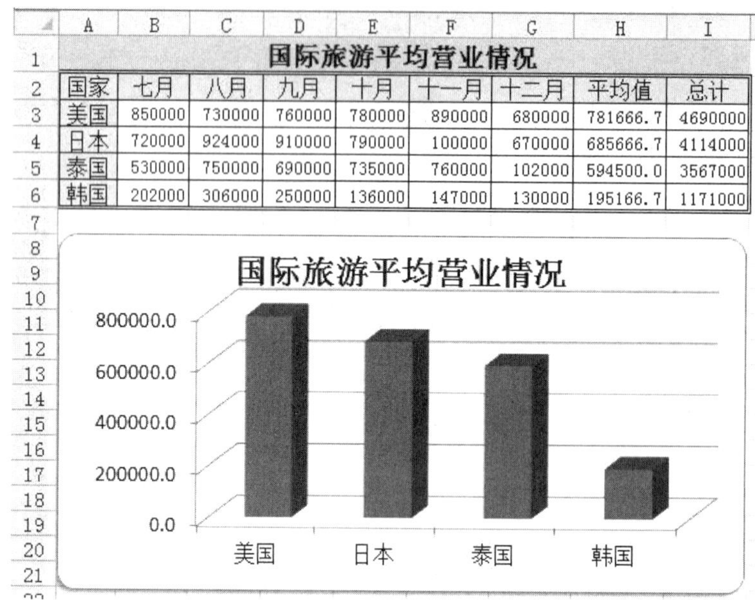

国际旅游平均营业情况

国家	七月	八月	九月	十月	十一月	十二月	平均值	总计
美国	850000	730000	760000	780000	890000	680000	781666.7	4690000
日本	720000	924000	910000	790000	100000	670000	685666.7	4114000
泰国	530000	750000	690000	735000	760000	102000	594500.0	3567000
韩国	202000	306000	250000	136000	147000	130000	195166.7	1171000

图 3-6-2　表格样张

五、多媒体作品编辑制作(30 分)

1. 项目背景　上海小吃是中国饮食文化一个重要的流派。上海是各种名特小吃荟萃的地方,它的口味有别于四川、重庆的麻辣味,而是以清淡、鲜美、可口著称,品种很多,深受消费者喜爱。

2. 项目任务　请使用“上海小吃”文件夹中的素材,制作宣传上海小吃知识的演示文稿,完成的作品保存在指定考生文件夹中,文件名为“上海小吃. pptx”。

3. 设计要求

(1) 设计至少 6 张幻灯片,至少介绍 5 种上海小吃。

(2) 有主题和各种小吃的名字。

(3) 每张幻灯片是一种上海小吃,应包含有合适图片及相应的文字说明。

(4) 幻灯片图文并茂,排版合理,字体大小合适。

(5) 添加背景音乐。

4. 制作要求

(1) 主题用艺术字并设置动画效果。

(2) 在标题幻灯片和各幻灯片之间设置合适的超级链接及返回按钮。

(3) 各幻灯片播放时设置切换方式,文字和图片都加上合适的动画效果。

(4) 整套幻灯片的设置统一背景主题。

(5) 背景音乐运用恰当。

5. 参考样张　参考样张如图 3-6-3 所示。

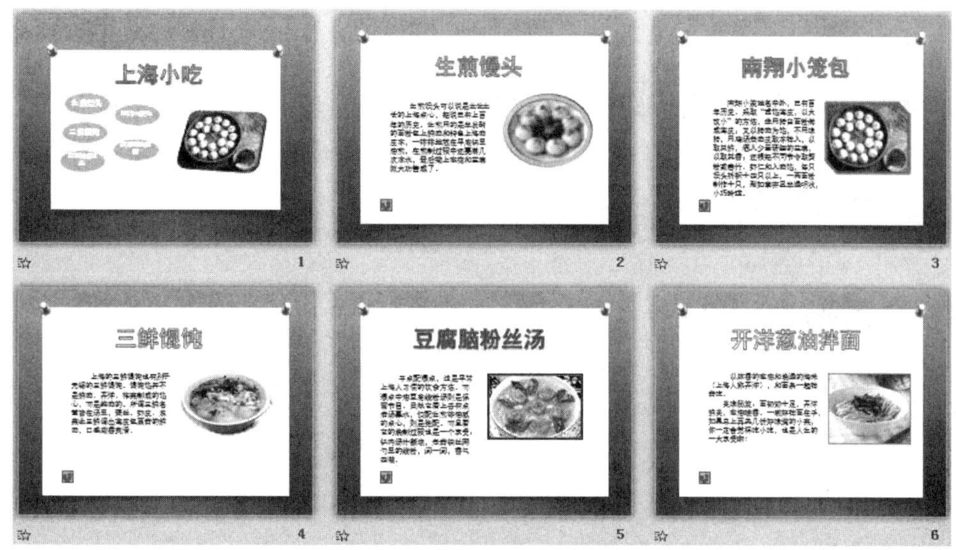

图 3-6-3　PPT 样张

模拟题 7

一、操作系统使用(10 分)

1. 项目背景　小金同学比较喜欢中国戏曲,在日常生活中收集了许多戏曲资料。请你帮助小金对“戏曲资料”文件夹进行整理,将不同的文件分类存放,并把不必要的文件删除掉。

2. 项目任务　在素材“戏曲资料”文件夹中,存放有若干个文件,按设计要求将整理后的文件和文件夹存放在指定的考生文件夹中。

3. 制作要求

(1) 在“戏曲资料”文件夹中,设计 3 个名为“京剧”“越剧”和“沪剧”的文件夹。

(2) 将内容相关的文件,存放在指定文件夹中,每个文件夹中只能有指定类别的文件。

(3) 请将无法归类到上述 3 个文件夹中的文件删除。

二、因特网操作(10 分)

1. 项目背景　当人们启动浏览器时,总是希望能快速访问到想访问的网页,尽快搜索到想找的资料;通过网络收发邮件,已经是当代办公通信的必要技术技能。

2. 项目任务　根据要求设置默认主页、网上搜索以及收发邮件。

3. 制作要求

(1) 某网站的主页地址是 http://www.scacqhwz.com,打开此主页,通过对 IE 浏览器参数设置,使其成为 IE 的默认主页。

(2) 使用 Internet Explorer 浏览器,通过百度搜索引擎(网址为 http://www.baidu.

com)搜索“京剧”的资料，将搜索到的第一个网页内容以文本文件的格式保存到考生文件夹下，命名为“jinju. txt”。

(3) 启动电子邮件收发软件(Windows Live Mail)，创建一封新邮件，收件人为 xxjs2012@126. com，邮件内容为“定于本周五下午一点，在校大礼堂观摩京剧《四郎探母》，请准时出席，收到请回复。”并插入图片(素材\jj1. jpg”)。

三、文字资源整合(30 分)

(一) 文字录入题(10 分)

在 Word 中输入下列文字，以“Word 文档. docx”为文件名，保存在指定的考生文件夹中：

> 京剧，曾称平剧，中国五大戏曲剧种之一，腔调以西皮、二黄为主，用胡琴和锣鼓等伴奏，被视为中国国粹
>
> 清代乾隆五十五年(1790 年)起，原在南方演出的三庆、四喜、春台、和春，四大徽班陆续进入北京，他们与来自湖北的汉调艺人合作，同时接受了昆曲、秦腔的部分剧目、曲调和表演方法，又吸收了一些地方民间曲调，通过不断的交流、融合，最终形成京剧。京剧形成后在清朝宫廷内开始快速发展，直至民国得到空前的繁荣。
>
> 京剧为演绎、传播中国传统文化的重要手段。分布地以北京为中心，遍及中国。京剧表演的四种艺术手法：唱、念、做、打，也是京剧表演四项基本功。

(二) Word 文档编辑(20 分)

1. 项目背景　京剧是中国影响最大的戏曲剧种，堪称“中国国剧”。京剧应用了中国传统艺术的表现方式，展现了中国的灿烂文化。为更好地推广和传承京剧的精髓，需要整理一篇宣传京剧的文字资料。

2. 项目任务　请使用“京剧”文件夹中的素材，制作宣传京剧的文字资料，最后完成的作品以“中国京剧. docx”为文件名保存在考生文件夹中。

3. 设计要求

(1) 利用所给的素材，设计宣传京剧海报；

(2) 海报必须包含“中国京剧”的文字介绍及图片。

(3) 海报应该要有艺术字及适当的图形，并配上醒目的色彩。

(4) 以上各元素排版合理，符合海报设计要求。

4. 制作要求

(1) 纸张大小 A4 纸；页边距上、下各 2 厘米，左、右各 3 厘米。

(2) 将标题“中国京剧”设置为艺术字。

(3) 所有段落首行缩进 2 个字符，单倍行距。将第四段落设置为 3 栏，加分隔线。

(4) 给整篇文档加 20 磅的艺术边框，样式自定。

(5) 插入 2 张图片(路径为“素材\图 1. jpg 和图 2. jpg”)，图片样式作适当美化。

(6) 添加页眉文字“中国戏曲”字体为华文琥珀、加粗、3 号居中。

四、数据资源整合(20 分)

1. 项目背景 近两年上海市演出市场空前活跃,演出收入增幅较大。为丰富人民群众的业余文化生活,需要对近两年的演出情况进行分析统计。

2. 项目任务 请使用所给素材,对两年上海市演出情况进行统计分析,并制作适当的统计图。最后完成的作品以"演出统计表.xlsx"为文件名保存在考生文件夹中。

3. 设计要求

(1) 设计统计表,反映两年上海市各剧院演出情况。

(2) 对全市今年的"演出分成收入"排序。

(3) 美化表格。

(4) 设计适当的统计图,能反映出各剧团今年的"演出场次"情况。

(5) 美化统计图表。

4. 制作要求

(1) 使用所给资料,设计数据表,标题为"两年上海演出市场统计表",绿色,隶书或黑体,18 磅,跨列居中。

(2) 计算两年来各剧院的演出场次、观众人次、演出分成收入的增减数据、总计、平均值、最大值、最小值(提示:平均值、最大值、最小值的函数分别是,:AVERAGE、MAX、MIN)。

(3) 对全市今年的"演出分成收入"数据,按降序排序。

(4) 表格样式套用"深色 3",并转换为区域;所有数字均取整数。

(5) 在数据表的 A25:J45 区域,将各剧团今年的"演出场次"用合适的统计图展示。

五、多媒体作品编辑制作(30 分)

1. 项目背景 京剧是世界级的"非物质文化遗产",是中国影响最大的戏曲剧种,堪称"中国国剧"。京剧应用了中国传统艺术的表现方式,展现了中国的灿烂文化。

2. 项目任务

(1) 有关京剧的资料已放在桌面上的"京剧资料"文件夹下。

(2) 使用所给素材制作一个介绍我国京剧的多媒体演示文稿。

(3) 将完成的作品以"京剧.pptx"为文件名,保存在指定的考生文件夹中。

3. 设计要求

(1) 设计至少 6 张幻灯片,至少介绍 5 个方面有关京剧的内容。

(2) 每张幻灯片上要有标题、图片及相应的文字说明。

(3) 第一张幻灯片和后面每张幻灯片要有超链接。

(4) 整套幻灯片要有统一的背景主题。

(5) 幻灯片图文并茂,排版合理,字体大小合适。

4. 制作要求

(1) 设计至少六张幻灯片,从京剧概况、京剧唱腔、京剧伴奏、京剧行当、传统剧目等 5 方面介绍,要求图文并茂,版面合理。

(2) 其中第一张幻灯片主题"中国京剧",并以列表形式展示京剧的 5 个方面。

(3) 第 2 张幻灯片的图片用圆形展示,并加 6 磅红色框线。

(4) 各幻灯片播放时设置切换方式;各对象设置动画效果。

(5) 整套幻灯片的背景主题为“夏至”。

(6) 幻灯片上使用的图片大小一致(有要求的图片另行设置),图片加 6 磅绿色边框。

(7) 通过第一张幻灯片的超级链接,能直接链接到相应的幻灯片,在相应的幻灯片上设置返回按钮,能返回到第一张幻灯片。

模拟题 8

一、操作系统使用(10 分)

1. 项目背景　林立同学喜欢旅游,并且收集和拍摄了许多风景资料和照片,请你帮助林立同学对“旅游”文件夹进行整理,将不同的文件分类存放,并把不必要的文件删除掉。

2. 项目任务　在素材“旅游”文件夹中,存有若干文件,按要求将整理后的文件和文件夹存放在指定的考生文件夹中。

3. 操作要求

(1) 在“旅游”文件夹中,设计 3 个名为“安徽黄山”“浙江杭州”和“江西婺源”的文件夹。

(2) 将内容相关的文件,存放在指定文件夹中,每个文件夹中只能有指定类别的文件。

(3) 请将无法归类到上述 3 个文件夹中的文件删除。

二、因特网操作(10 分)

1. 项目背景　当人们启动浏览器时,总是希望能快速访问到自己想访问的网页、尽快搜索到想找的资料。通过网络收发邮件,已经是当代办公通信的必要技术技能。

2. 项目任务　根据要求设置默认主页、网上搜索以及收发邮件。

3. 制作要求

(1) 某网站的主页地址是 http://www.2345.com,打开此主页,通过对 IE 浏览器参数设置,使其成为 IE 的默认主页。设置网页在历史记录中保存的天数为 2 天。

(2) 使用 Internet Explorer 浏览器,通过百度搜索引擎(网址为 http://www.baidu.com)搜索“黄山”的资料,将搜索到的第一个网页内容以文本文件的格式保存到考生文件夹下,命名为“hs.txt”。

(3) 启动电子邮件收发软件(Windows Live Mail),创建一封新邮件,收件人为 xxjs2012@126.com,邮件内容为“定于周五出发去黄山旅游,收到请回复。”并插入图片(素材\hs1.jpg)。

三、文字资源整合(30 分)

(一) 文字录入题(10 分)

在 Word 中输入下列文字,以“Word 文档. docx”为文件名,保存在指定的考生文件夹中:

> 黄山风景区(HuangshanMountain)是中国著名风景区之一,世界游览胜地,位于安徽省南部黄山市。主峰莲花峰,海拔 1 864.8 米。
>
> 黄山集名山之长。泰山之雄伟,华山之险峻,衡山之烟云,庐山之瀑布,雁荡山之巧石,峨嵋山之秀丽,黄山无不兼而有之。并以奇松、怪石、云海、温泉四绝著称于世。其 2 湖,3 瀑,16 泉,24 溪相映争辉。黄山还兼有“天然动物园和天下植物园”的美称,有植物近 1 500 种,动物 500 多种。
>
> 1990 年 12 月被联合国教科文组织列入《世界文化与自然遗产名录》;2004 年 2 月入选世界地质公园;2007 年 5 月 8 日,黄山风景区经国家旅游局正式批准为国家 5A 级旅游景区。

(二) Word 文档编辑(20 分)

1. 项目背景　为做好黄山风景区的旅游工作,需要整理编辑一篇“黄山旅游报名表”的文字资料。

2. 项目任务　请使用“黄山旅游”文件夹中的素材,制作“黄山旅游报名表”,最后完成的作品以“黄山旅游报名表. docx”为文件名保存在考生文件夹中。

3. 设计要求

(1) 设计一张旅游报名表,使用 Word 表格形式。

(2) 报名表必须设置标题,符合报名表样式。

(3) 表格作适当美化。

(4) 整表设置美观、简洁、明了。

4. 制作要求

(1) 制作一张“黄山旅游报名表”表格。

(2) 表格中显示具体内容:姓名、人数,性别:男/女,旅游天数,出发日期,返程日期,购买保险,旅费单价,费用合计,交费方式,联系人,联系电话等。

(3) 报名标题为“黄山旅游报名表”。

(4) 表格边框线分明,设置两种以上线型。

(5) 表格格式设置(标题居中,字号 2 号,隶书;内容居中,字号 4 号、黑体)。

四、数据资源整合(20 分)

1. 项目背景　到黄山风景区旅游的人越来越多,为做好黄山风景区的旅游接待工作,需要对近 3 年的旅游情况进行分析统计。

2. 项目任务　请使用所给素材,对 2012～2014 年黄山旅游人员进行统计分析,并制作适当的统计图。最后完成的作品以“黄山旅游统计表. xlsx”为文件名保存在考生文件夹中。

3. 设计要求

(1) 利用给出的素材,统计2012～2014年黄山旅游情况。

(2) 使用公式和函数进行数据的统计,计算正确。

(3) 根据统计表数据,创建适当的统计图,格式设置,做到简洁、明了、美观。

4. 制作要求

(1) 在给出的sheet4数据表上插入一行标题"2012～2014年黄山旅游统计表",蓝色,隶书或黑体,18磅,居中。

(2) 计算sheet4表中1～12月的数据(提示:每个数据分别为3年同类数据的和,数据的引用可用如下方法:表名! 单元格名,如sheet1! B3)。

(3) 计算1～12月份每个栏目的总计、平均值、最大值、最小值(提示:平均值、最大值、最小值的函数分别是AVERAGE、MAX、MIN)。

(4) 表格样式套用"中等深浅3",并转换为区域;所有数字均保留2位小数;字体为:宋体,12磅。

(5) 对齐方式:所有文字左对齐,数字右对齐;自动调整列宽。

(6) 在sheet4数据表的A15:L30区域,将1～12月份的"平均值"用簇状圆柱图展示,标题"黄山旅游2012～2014年分月平均人数",边框样式为3磅、圆角。

五、多媒体作品编辑制作(30分)

1. 项目背景　黄山风景区被联合国教科文组织列入《世界文化与自然遗产名录》,是世界游览胜地,经国家旅游局正式批准的国家5A级旅游景区。

2. 项目任务　请使用"黄山旅游"文件夹中的素材,制作黄山旅游景区的演示文稿,完成的作品保存在指定考生文件夹中,文件名为"黄山旅游.PPTX"。

3. 设计要求

(1) 设计至少5张幻灯片,至少介绍4个黄山景点。

(2) 有主题和各景点文字介绍及名称。

(3) 每张幻灯片介绍一个洋房,应包含有合适图片及相应的文字说明。

(4) 幻灯片图文并茂,排版合理,字体大小合适。

4. 制作要求

(1) 至少设计5张以上幻灯片,分别介绍4个以上的景点。要求图文并茂,版面合理。

(2) 第一张幻灯片是标题"黄山旅游"和介绍黄山4个景点的名称。

(3) 后面每张幻灯片上要有标题、图片及相应的文字说明。

(4) 每一张幻灯片的标题要用统一字体和字号,并设置动画效果。

(5) 第三张幻灯片采用竖排文字标题,采用菱形图片样式。

(6) 各幻灯片播放时设置"推进"的切换方式,各对象设置"彩色脉冲"动画效果。

(7) 整套幻灯片的背景主题为"奥斯汀",背景样式设置为"样式6"效果。

(8) 幻灯片上使用的图片大小一致(有要求的图片另行设置),图片加3磅红色边框。

(9) 通过第一张幻灯片上文字或图片链接到相应的幻灯片,在相应的幻灯片上设置返回按钮,能返回到第一张幻灯片,返回按钮要求大小、位置相同。

模拟题 9

一、操作系统使用(10 分)

1. 项目背景　小刘在上海远盾智能科技公司办公室担任文秘,经常需要将电脑中的文件整理归档,按照不同的文件类型分类,存放在相应的文件夹中,把不必要的文件清理掉。

2. 项目任务　在素材“公司管理”文件夹中,存放有若干个文件,按操作要求将整理后的文件和文件夹存放在指定的考生文件夹中。

3. 操作要求

(1) 在“公司管理”文件夹中,设立 3 个名为“公司内部管理文件”“公司产品介绍”“公司销售记录”的文件夹。

(2) 将内容相关的文件,存放在指定文件夹中,每个文件夹中只能有指定类别的文件。

(3) 请将无法归类到上述 3 个文件夹中的文件及文件夹全部删除。

二、因特网操作(10 分)

1. 项目背景　在市场经济的大环境下,市场竞争不断激烈,公司要求员工必须掌握因特网技术,及时掌握市场的最新动态与最新技术,搜索市场信息,整理和保存相关市场资料。同时还要利用网络工具与客户进行信息交流。

2. 项目任务　根据要求修改默认主页,网上搜索,保存相关信息,利用电子邮件沟通交流。

3. 制作要求

(1) 将 IE 浏览器中的默认主页地址修改为 http://www. sh - hongdun. com。

(2) 使用 Internet Explorer 浏览器,通过百度搜索引擎(网址为 http://www. baidu. com)搜索“泄露电缆”的资料,将搜索到的第一个网页内容以文本文件的格式保存到考生文件夹下,命名为“xldl. txt”。

(3) 启动电子邮件收发软件(Windows Live Mail),全部回复发件人为“报价表”邮件,回复内容为“收到,请等待通知”。

三、文字资源整合(30 分)

(一) 文字录入题(10 分)

在 Word 中输入下列文字,以“Word 文档. docx”为文件名,保存在指定的考生文件夹中:

HD-X1型泄漏电缆入侵探测器是一种室外周界入侵探测设备。浅埋于地面表层，形式隐蔽，不受地理形式和地表植被影响，可随地势的起伏和弯曲敷设。在被警戒目标周围产生一个约2.5米或4.5米宽的不可见的电磁场，当有人干扰该电磁场时，就会触发报警。

泄漏电缆入侵探测器采用的是一种大的空间场，对移动目标的导电性、体积、移动速度进行探测。人或车通过该电磁场均会被探测到，而小动物或鸟类却不会引起报警。同时可以滤除环境的影响，如植被、雨雪、风沙等的干扰，是一种具有高可靠性和低漏、误报率的，比较理想的软性周界报警设备。

（二）Word文档编辑(20分)

1. 项目背景　上海远盾智能科技公司是专业从事研制开发、生产销售及推广应用安全防范报警产品的高科技民营企业。为加大企业宣传力度，拟在6月20日下午一点，公司大礼堂，举办一场介绍公司产品的推介会，请你设计一张推介会的门票。

2. 项目任务　请使用“公司资料”文件夹中的素材，制作介绍公司产品推介会的入场券门票，最后完成的作品以“门票.docx”为文件名保存在指定文件夹中。

3. 设计要求

(1) 门票正面中应包含主题“入场券”及日期、时间、地点、座位等基本情况。

(2) 用虚线来分隔入场券的正券和副券。

(3) 符合门票设计规则。

(4) 各要素齐全，主题鲜明、布局合理美观。

4. 制作要求

(1) 门票纸张尺寸：宽21厘米、高8厘米；页边距上下左右均为0厘米。

(2) 门票的主题“上海远盾智能科技公司产品推介会”使用艺术字。

(3) 门票背景使用双色渐变。

(4) 插入文本框，输入座位号、副券、时间、地点等资料，并设置合适的格式和位置。

(5) 插入虚线，并用虚线来分隔入场券的正券和副券。

(6) 插入剪贴画，活跃和美化版面。

四、数据资源整合(20分)

1. 项目背景　随着上海远盾智能科技公司市场份额不断增加，产品每年销量节节攀升。为适应市场需要，做好售后服务，企业要加强对销售管理的力度。

2. 项目任务　请使用所给的素材“销售表.xlsx”，对去年的全年度公司销售情况进行统计分析，并制作适当的统计图。最后完成的作品以“销售表.xlsx”为文件名保存在指定文件夹中。

3. 设计要求

(1) 利用素材统计表，对去年的全年度公司销售情况进行统计分析。

(2) 使用公式和函数进行数据的统计，计算正确。

(3) 制作适当的统计图，根据统计表创建的统计图进行格式的设置，做到简洁、明了、美观。

4. 制作要求

(1) 数据表标题“全年销售统计表”蓝色，加粗，黑体，22 磅，跨列居中。

(2) 表格的表头(第二行)填充橙色，强调文字颜色 6，淡色 60%底纹。

(3) 计算全年及各季度各种电缆的销售量、销售金额，以及月平均销售量、销售金额。

(4) 表格样式套用“中等深浅 7”，并转换为区域。

(5) 整表字符：宋体、10 磅、水平垂直均居中、销售量取整数，列宽 7 磅；金额保留 2 位小数，并用货币形式呈现，列宽 9 磅。

(6) 在 D9:J22 区域，创建三维饼图，反映一年内各种电缆的销售量。图表标题“全年各类电缆销售统计表”，华文行楷、18 磅；其余字体均为 12 磅。

五、多媒体作品编辑制作(30 分)

1. 项目背景　上海远盾智能科技公司的主要产品泄漏电缆入侵探测器已全面通过有关部门的技术检测。产品自投放市场以来，以其优异的产品质量、不断拓展的应用领域和卓越的售后服务，赢得用户的信赖和认可。

2. 项目任务　有关资料存放在素材“公司简介”文件夹下，为提高公司知名度、推广公司产品，请你使用所给素材，制作一份远盾智能公司介绍演示文稿。将完成的作品以“远盾智能. pptx”为文件名保存在指定考生文件夹中。

3. 设计要求

(1) 设计至少 6 张幻灯片，至少介绍公司 5 各方面的情况。

(2) 每张幻灯片介绍公司的一个方面，应包含标题、图片及相应的文字说明。

(3) 幻灯片图文并茂，排版合理，字体大小合适。

4. 制作要求

(1) 要求不少于 6 张幻灯片，标题为“上海远盾智能科技公司”，并从公司简介、经营理念、产品介绍、适用范围、技术指标等 5 个方面制作演示文稿。

(2) 第一张幻灯片是主题，并能与后面相关的各幻灯片相互链接。在相应的幻灯片上设置返回按钮，能返回到第一张幻灯片，返回按钮要求大小、位置相同。

(3) 第二张幻灯片开始，每张幻灯片上介绍公司一个各方面相应的文字说明详细情况，有标题、有图片，图片要有形状变化。

(4) 利用母板，在各幻灯片的左上角适当位置，插入远盾智能公司的标志图。

(5) 每一张幻灯片标题用统一字体和字号，并设置为动画效果和切换方式。

(6) 整套幻灯片的设置统一的背景主题。

模拟题 10

一、操作系统使用(10 分)

1. 项目背景　小沈同学电脑里有许多文件,有各种图片、照片,还有音乐、铃声和其他文件。请你帮助小沈将“网络素材”文件夹进行整理,将不同的文件分类存放,并把不需要的文件删除。

2. 项目任务　请将“网络素材”文件夹中的文件,按设计要求将其进行整理,将整理后的文件和文件夹存放在指定的考生文件夹中。

3. 制作要求

(1) 在“网络素材”文件夹中,设立名为“图片”“音乐”的 2 个文件夹。

(2) 在“图片”文件夹中,建立“BMP”“TIF”“JPG”3 个文件夹;在“音乐”文件夹中,建立“RM”“WMA”“MP3”3 个文件夹。

(3) 将内容相关的文件,存放在指定文件夹中,每个文件夹中只能有指定类别的文件。

(4) 请将无法归类到上述文件夹中的文件全部删除。

二、因特网操作(10 分)

1. 项目背景　掌握因特网技术,已经是当今信息技术时代,必须具备的技能。通过网络,我们可以及时了解社会最新动态和时事新闻等,随时与别人进行信息交流。

2. 项目任务　根据要求修改默认主页、网上搜索与保存相关信息,利用电子邮件进行沟通交流。

3. 制作要求

(1) 删除 IE 记录中的所有临时文件、历史记录和 cookies。

(2) 使用 Internet Explorer 浏览器,通过百度搜索引擎(网址为 http://www. baidu. com)搜索“上海老洋房”的资料,将搜索到的第一个网页内容以文本文件的格式,保存到考生文件夹下,命名为“lyf. txt”。

(3) 启动电子邮件收发软件(Windows Live Mail),创建一封新邮件,收件人为 xxjs2012@126. com,邮件内容“定于本周六下午一点,全体团员参观“上海老洋房”图片展,请准时参加。”并插入一张图片(在素材中选择一张老洋房图片)。

三、文字资源整合(30 分)

(一) 文字录入题(10 分)

在 Word 中输入下列文字,以“Word 文档. docx”为文件名,保存在指定的考生文件夹中:

> 汾阳路45号-丁贵堂住宅。建于1932年，这幢别致的房屋属典型的西班牙建筑风格。由名鼎鼎的奥匈建筑师邬达克(L. E. HUDEC)设计。
>
> 占地面积8 000平方米，其中花园约4 000平方米，建筑面积1 236平方米。主楼底层有三个连续的拱形券门形成门廊，门及窗樘内竖立西班牙螺旋形柱作为外廊柱。券门上、屋檐下、窗周围均有精巧纤细的水泥沙浆雕饰。二层前有宽敞的阳台，阳台上及楼梯边用花铁栅栏杆。三层为阁楼，有老虎窗。室内装修十分讲究，冬天有壁炉生火，宅前有一对石象守护。

（二）Word文档编辑(20分)

1. 项目背景　上海宋庆龄故居是宋庆龄长期居住和生活的地方。1949年春，宋庆龄入居此处，在此迎来了上海的解放。1949年8月，宋庆龄就是在这里欣然接受中国共产党的邀请，北上出席中国人民政治协商会议，参与制定建国大政方针，并当选为中央人民政府副主席。

2. 项目任务　请使用"宋庆龄故居"文件夹中的素材，制作介绍宋庆龄故居概况的文字资料，最后完成的作品以"宋庆龄故居. docx"为文件名，保存在指定文件夹中。

3. 设计要求

(1) 利用素材，设计宋庆龄故居宣传资料。

(2) 宣传资料应该要有艺术字及适当的图形，并配上相关的文字介绍及图片。

(3) 文档排版合理，文字流畅，色彩素雅。

4. 制作要求

(1) 设置标题"宋庆龄故居"设置为艺术字；删除正文中所有的空格，并将正文中所有标点符号，设置为全角模式。

(2) 设置纸张大小为"信纸"；页边距为"普通"；页面边框为艺术型：10磅、样式自定。

(3) 合并第一二段落，设置正文所有段落首行缩进2字符，行距1.3倍，段前间距0.5行。

(4) 设计副标题"上海市少年宫"设置为垂直艺术字样式。

(5) 将第三段落分为3栏：第二三栏宽均为10字符，栏间距2字符，加分隔线。

(6) 插入椭圆形图片和长方形图片(素材\tu101. jpg、tu102. jpg)，宽度、高度自定，图片效果：预设4。

(7) 添加页眉文字"宋庆龄故居"字体为幼圆、小四、蓝色、左对齐。

四、数据资源整合(20分)

1. 项目背景　汽车给生活带来舒适和极大的便捷，同时也带来交通拥挤、环境污染、交通事故等负面效应，尤其是道路交通事故发生率的居高不下，已成为全社会共同关注的问题。

2. 项目任务　有关的资料已存放在素材"交通事故"文件夹下。请使用所提供的资料，完成相关数据的计算，将完成的统计表以"交通事故. xlsx"为文件名保存在指定文件夹中。

3. 设计要求

(1) 利用素材，统计3年交通事故情况。

(2) 设计合适的计算公式,计算每个栏目的相关数据。

(3) 对表格进行合适的格式化。

(4) 设计适当的统计图,能反映出3年合并后1～12月份的事故发生数。

(5) 对统计图表进行美化。

4. 制作要求

(1) 计算sheet4表中1～12月的数据(提示:每个数据分别为3年同类数据的和,数据的引用可用如下方法:表名! 单元格名,如sheet1! B3)。

(2) 计算1～12月份每个栏目的总计、最大值、最小值(提示:最大值、最小值的函数分别是MAX、MIN)。

(3) 除"经济损失"栏外,各项数据均保留整数,"经济损失"栏保留一位小数。

(4) 在sheet4数据表上插入标题"2013年—2015年交通事故统计表",字体:隶书、20磅、合并居中。

(5) 在sheet4数据表A18:C30区域,将3年合并后1～12月份的"事故发生数"用带数据标记的折线图展示。

(6) 自动套用表格样式,并转换为区域;表格外框线用双线、内部线用最细线。

(7) 整表字符:宋体、12磅;对齐方式:所有文字和数字均居中,自动调整列宽。

(8) 在sheet4数据表加页脚"交通事故",隶书、10磅、深蓝、居中。

五、多媒体作品编辑制作(30分)

1. 项目背景　上海老洋房大多集中在徐汇和长宁,丁香花园、丽波花园、高安公寓、荣德生私宅、席家花园等几乎都有自己的一段历史和若干故事。闹中取静的地理位置、历史的沉积、限量的数目以及不可再造性,都让人们对老洋房热度有增无减。

2. 项目任务　请你使用所给的素材,制作一个关于上海老洋房的多媒体演示文稿,向大家介绍一些有名的老洋房故事。完成的作品以"上海老洋房. pptx"为文件名保存在指定文件夹中。

3. 设计要求

(1) 设计至少5张幻灯片,至少介绍4个老洋房。

(2) 幻灯片中要有各个洋房的名称,并配合相关的图片及文字资料。

(3) 幻灯片图文并茂,排版合理,字体大小合适,美观大方。

4. 制作要求

(1) 设计5张幻灯片,第一张是标题"上海老洋房"和4个老洋房的名称。

(2) 第二张幻灯片开始,每张幻灯片上介绍一个关于上海老洋房的故事(可以是老洋房的来历、变迁,或者相关故事、人物)。有标题、图片及相应的文字说明。

(3) 通过第一张幻灯片上文字或图片链接到相应的幻灯片,在相应的幻灯片上设置返回按钮,能返回到第一张幻灯片,返回按钮大小、位置相同。

(4) 幻灯片上使用的图片大小统一,高度为7厘米,宽度为10厘米;图片加4.5磅彩色边框;预设效果4。

(5) 各幻灯片播放时设置“时钟”切换方式，效果选项为“顺时针”。

(6) 整套幻灯片的动画效果：各对象均设置为“陀螺旋”动画；效果选项：逆时针，作为一个对象，完全旋转。

(7) 整套幻灯片的背景主题为“Profile”模板。

(8) 整套幻灯片播放时间 2 分钟，循环播放。

模拟题 11

一、操作系统使用(10 分)

1. 项目背景　在所提供的素材“精选的照片”文件夹中，存放有若干个文件，请你整理该文件夹，将不同的文件分类存放。

2. 项目任务　请将素材提供的“精选的照片”文件夹，按要求将整理，将经过整理后的文件夹存放在指定目录中。

3. 操作要求

(1) 在“精选的照片”文件夹下建立“风光”“建筑”和“花卉”3 个文件夹。

(2) 将不同内容的照片分别存放在相应的文件夹中。

(3) 将无法分类的文件删除。

二、因特网操作(10 分)

1. 项目背景　掌握因特网技术是当今时代，必须具备的技能。

2. 项目任务　根据要求修改默认主页，网上搜索与保存相关信息，利用电子邮件沟通交流。

3. 操作要求

(1) 某网站的主页地址是 http://www. baidu. com，打开此主页，通过对 IE 浏览器参数设置，使其成为 IE 的默认主页。

(2) 使用 Internet Explorer 浏览器，通过百度搜索引擎(网址为 http://www. baidu. com)搜索“莫言小说”的资料，将搜索到的第一个网页内容以文本文件的格式保存到考生文件夹下，命名为“myxs. txt”。

(3) 启动电子邮件收发软件(Windows Live Mail)，创建一封新邮件，收件人为 zhengxiao@126. com，邮件内容为“最近身体好吗？有空联系。”并插入图片(路径为“我的文档\house. jpg”)。

三、文字资源整合(30 分)

(一) 文字录入题(10 分)

在 Word 中输入下列文字，以“Word 文档. docx”为文件名，保存在指定的考生文件夹中：

46 500 人,上海体育场创造了上海德比大战上座率纪录;只是出乎所有人意料的是,一场备受关注的上海德比,竟然以这样一种有些变味的方式收场。全场比赛申花吃到了三张红牌,创造了队史乃至中国职业足球顶级联赛单场单队红牌红录。由此所带来的巨大争议甚至让人忘记了最终比分。5 比 0,主场作战的上海上港在取得对阵申花首胜的同时,送给对手上海德比历史上最大比分失利。3 红 9 黄,创单场单队红牌数记录。

本场比赛从一开始就陷入无尽的冲突,在执法本场比赛过程中,马宁喜欢出牌的执法风格,遇上两队激烈的对抗,最终让比赛成为一场红黄牌大战。

(二) Word 文档编辑(20 分)

1. 项目背景　请运用所给的素材,制作介绍宇宙奥秘的宣传文稿。

2. 项目任务　请运用所给的素材,制作介绍宇宙奥秘的宣传文稿。最后完成的作品以"宇宙的奥秘. docx"为文件名保存在指定目录中。

3. 操作要求

(1) 纸张大小:宽度 20 厘米,高度 28 厘米;页边距:上、下 2.6 厘米,左、右 3.2 厘米;页眉 1.6 厘米,页脚 1.8 厘米。

(2) 标题设计:将标题"宇宙的奥秘"设置为艺术字。艺术字式样:第 4 行第 1 列;字体:黑体;形状:波形 2。

(3) 所有段落首行缩进 2 个字符。

(4) 从第二段开始,设置为两栏格式。

(5) 第一段文字底纹:填充色为茶色,背景 2;图案式样:10%,颜色:深蓝文字 2。

(6) 插入图片 solar. bmp,图片大小:宽度 6.4 厘米,高度 3.5 厘米。图片位置:中间居中,四周型文字环绕。

(7) 添加页眉文字"宇宙的奥秘"以及页码。

*** 补充说明:文字资源整合部分的题目为文字输入(10 分)+版面设计(20 分)或是文字输入(10 分)+表格设计**(20 分)。

表格设计:请运用所给的素材,根据样张制作班级课程表。最后完成的作品以"课程表. docx"为文件名保存在原目录中(20 分)。

操作要求

(1) 将"星期二"与"星期一"交换。

(2) 在"星期四"左侧插入一列,并在顶端单元格输入"星期三"。

(3) 合并或拆分表格中相应的单元格。

(4) 格式设置:星期一至星期五,字体黑体,字号小三;上午和下午字体黑体,字号四号。

(5) 对齐方式:中部两端对齐;调整列宽、行高。

(6) 为表格设置相应的边框线。

(7) 在表格左上角单元格中,画斜线。

四、数据资源整合(20 分)

1. 项目背景　请运用所给的素材,制作“家电部销售统计表”。

2. 项目任务　在 Excel 中,以表格的形式对各家电的销售情况进行统计分析。最后完成的统计表格以原文件名保存在原目录中。

3. 操作要求

(1) 将 Sheet1 工作表命名为“家电销售统计”。

(2) 设计标题,标题格式(字体黑体;字号 20;粗体;跨列居中;单元格底纹:颜色浅绿色;字体颜色蓝色)。

(3) 表格中的数据单元格区域设置为会计专用格式,应用货币符号,右对齐;其他单元格内容居中。

(4) 在“名称”单元格前插入名为“序号”一列,并设置序号内容(1～4)。

(5) 设置相应的边框线,外框使用粗线线型,内框使用单线和双线两种线型。

(6) 计算各家电总和以及平均销售量,将结果填入相应的单元格中。

(7) 设计一个三维簇状柱形图反映各家电的平均销售情况。

五、多媒体作品编辑制作(30 分)

1. 项目背景　制作一个介绍“文明礼仪”的多媒体演示文稿。

2. 项目任务　请你使用所给素材,制作介绍文明礼仪的多媒体演示文稿,完成的作品以“文明礼仪.pptx”为文件名保存在指定文件夹中。

3. 操作要求

(1) 设计不少于 5 张幻灯片,要求图文并茂。

(2) 幻灯片的背景为双色渐变。

(3) 其中第一张幻灯片是主题、前言以及目录。

(4) 从第二张幻灯片开始每张幻灯片上介绍一个“文明礼仪”项目。

(5) 通过第一张幻灯片上文字或图片链接到相应的幻灯片,在相应的幻灯片上设置返回按钮,能返回到第一张幻灯片。

(6) 幻灯片排版合理、色彩搭配协调,标题使用艺术字。

(7) 幻灯片上使用的图片大小一致。

(8) 各张幻灯片的对象设置动画效果。

模拟题 12

一、操作系统使用(10 分)

1. 项目背景　电脑里有许多数码照片、短信文本和音乐等文件。请你整理“下载资料”

文件夹,将不同的文件分类存放。

2. 项目任务　请按设计要求整理素材“下载资料”文件夹中的文件,将整理后的文件和文件夹存放在指定的考生文件夹中。

3. 制作要求

(1) 在“下载资料”文件夹中,设计名为“照片”“文本”和“音乐”3 个文件夹。

(2) 将所有照片文件存放在“照片”文件夹,文本文件存放在“文本”文件夹,所有的声音文件存放到“音乐”文件夹中。

(3) 请将无法归类到上述文件夹中的文件全部删除。

二、因特网操作(10 分)

1. 项目背景　通过网络,我们可以及时了解社会时事新闻,知天下大事,随时与远方的朋友、亲人进行信息交流。所以,掌握因特网技术是当今时代,必须具备的技能。

2. 项目任务　根据要求修改默认主页、网上搜索与保存相关信息,利用电子邮件进行沟通交流。

3. 制作要求

(1) 将 IE 浏览器中的默认主页地址修改为 http://www. shedu. net

(2) 使用 Internet Explorer 浏览器,通过百度搜索引擎(网址为 http://www. baidu. com)搜索中国五大名山的资料,将搜索到的网页内容以文本文件的格式,保存到考生文件夹下,命名为“wdms. txt”。

(3) 启动电子邮件收发软件(Windows Live Mail),创建一封新邮件,收件人为 xxjs2016@126. com,邮件内容“本月底将举办《五大名山》摄影图片展,请大家踊跃交稿参与。”并插入一张图片(在素材中选择五大名山的图片)。

三、文字资源整合(30 分)

(一) 文字录入题(10 分)

在 Word 中输入下列文字,以“Word 文档. docx”为文件名,保存在指定的考生文件夹中:

> 五岳,中国五大名山的总称。即东岳泰山(位于山东省泰安市,海拔 1 524 米)、南岳衡山(位于湖南省衡山县,海拔 1 290 米),西岳华山(位于陕西省华阴市,海拔 1 997 米),北岳恒山(位于山西省浑源县,海拔 2 017 米),中岳嵩山(位于河南省登封市,海拔 1 440 米)。古代帝王附会五岳为群神所居,在诸山举行封禅、祭祀盛典。五岳说始于汉武帝。唐玄宗、宋真宗封五岳为王,为帝。明太祖尊五岳为神。
>
> 泰山乃五岳之首,位于山东省中部,绵亘于济南、泰安、长清等市县间。有“五岳独尊”的称誉。

(二) Word 文档编辑(20 分)

1. 项目背景　我国五大名山绝佳的自然风光令人心驰神往,也流传着许多美丽的神话故事。

2. 项目任务　请运用有关“劈山救母”文件夹中的素材，制作介绍华山神话故事概况的文字资料，最后完成的作品以“救母.docx”为文件名，保存在指定文件夹中。

3. 设计要求

(1) 利用素材，设计“劈山救母”宣传资料。

(2) 宣传资料应该要有艺术字及适当的图形，并配上相关的文字介绍及图片。

(3) 整篇宣传资料有艺术型的页面边框。

(4) 文档排版合理、文字流畅、色彩醒目艳丽。

4. 制作要求

(1) 设置标题“劈山救母”设置为艺术字，字体：48 磅。

(2) 设置纸张大小为“信纸”；页面边框为艺术型：10 磅、样式自选。

(3) 合并第 1、2 段落，设置正文所有段落首行缩进 2 字符，行距 1.6 倍，段后间距 1 行。

(4) 设计副标题：“华山传说”设置为艺术字样式，文字方向垂直居中、水平右对齐页边距。

(5) 将第三段落分为二栏，加分隔线。

(6) 插入两张图片(素材\tu121.jpg、tu122.jpg)，图片位置自定，要求图文并茂、美观。

(7) 添加页眉文字“五大名山神话传说”字体为楷体、小四、深红色、居中。

四、数据资源整合(20 分)

1. 项目背景　家庭中的水、电、煤气、电话费等开销，是日常生活消费的基础，请你将家庭一年内水电煤气费等开支情况，作统计分析，以便更好提倡节约、用好资源。

2. 项目任务　有关家庭费用开支情况资料，已放在桌面上的“家庭费用”文件夹中。设计合适的统计表。完成的作品以“家庭费用.xlsx”为文件名保存在指定文件夹中。

3. 设计要求

(1) 设计合适的数据表格，在表格中显示家庭水电煤气费使用的各项数据。

(2) 利用合适的公式计算相关数据。

(3) 对表格内容进行格式设置。

(4) 设计适当的统计图，能反映出全年的各项费用情况。

(5) 对统计表进行美化。

4. 制作要求

(1) 从提供的素材中整理有关的数据，在电子表格文件中设计家庭水电煤气费使用统计表，包含每月的用量和费用，以及每月各项费用小计及一年内各项费用与用量的总计。

(2) 利用公式计算每月水、电、煤气、电话费等的用量和费用，以及每月各项费用小计，及一年内各项费用与用量的总计。

(3) 计算 1～12 月份每个栏目的总计、最大值、最小值、平均值(提示：最大值、最小值的函数分别是 MAX、MIN)。

(4) 统计表标题为“2015 年家庭费用统计表”，字体：绿色、隶书、20 磅、合并居中。

(5) 在 sheet1 数据表 A22:I35 区域,将全年的各项费用,用带数据标记的饼图展示。

(6) 表格样式套用“中等深浅 3”,并转换为区域;表格外框线用双线、内部线最细线。

(7) 整表字符:宋体、12 磅;所有文字左对齐、和数字右对齐,自动调整列宽。

(8) 在 sheet1 数据表加页脚“家庭费用”,华文彩云、10 磅、深蓝、居中。

五、多媒体作品编辑制作(30 分)

1. 项目背景　“泰山如坐、华山如立、衡山如飞、恒山如行、嵩山如卧”,我国五岳绝佳的自然风光早就被人们所认识。中国古代,认为高山“峻极于天”,把位于中原地区的东、南、西、北方和中央的五座高山定为“五岳”、五岳中“岳”意即高峻的山。

2. 项目任务　请你使用所给素材,制作一个关于中国五岳的多媒体演示文稿,完成的作品以“中国五岳. pptx”为文件名保存在指定文件夹中。

3. 设计要求

(1) 至少设计 6 张以上幻灯片,介绍中国的五大名山。

(2) 其中第一张幻灯片是标题“中国五岳”和中国五大名山的名称。

(3) 后面每张幻灯片上要有标题、图片及相应的文字说明。

(4) 每一张幻灯片的标题要用统一字体和字号。

(5) 幻灯片图文并茂,排版合理,字体大小合适。

4. 制作要求

(1) 要求不少于 6 张幻灯片,第一张是标题“中国五岳”和五大名山的名称。

(2) 第二张幻灯片开始,每张幻灯片上介绍一个名山的概括,有标题、图片及相应的文字说明。

(3) 通过第一张幻灯片上文字或图片链接到相应的幻灯片,在相应的幻灯片上设置返回按钮,能返回到第一张幻灯片,返回按钮大小、位置相同。

(4) 幻灯片上使用的图片大小统一,图片加 4.5 磅彩色边框。

(5) 最后一张幻灯片插入一段视频文件,并配上合适的框架图片。

(6) 各幻灯片播放时设置切换方式和动画效果。

(7) 整套幻灯片的背景主题为“穿越”模板。

(8) 整套幻灯片播放时间 1 分钟,循环播放。

图书在版编目(CIP)数据

信息技术基础实践指导/本书编写组编. —7 版. —上海：复旦大学出版社，2015.8（2020.8 重印）
ISBN 978-7-309-11519-2

Ⅰ. 信… Ⅱ. 本… Ⅲ. 电子计算机-中等专业学校-教学参考资料 Ⅳ. TP3

中国版本图书馆 CIP 数据核字(2015)第 131809 号

信息技术基础实践指导(第七版)
本书编写组 编
责任编辑/张志军

复旦大学出版社有限公司出版发行
上海市国权路 579 号 邮编：200433
网址：fupnet@ fudanpress. com http://www. fudanpress. com
门市零售：86-21-65102580 团体订购：86-21-65104505
外埠邮购：86-21-65642846 出版部电话：86-21-65642845
浙江临安曙光印务有限公司

开本 890 × 1240 1/16 印张 12. 75 字数 280 千
2020 年 8 月第 7 版第 11 次印刷
印数 48 301—52 400

ISBN 978-7-309-11519-2/T · 538
定价：29. 00 元